职业教育电子信息类新型融媒体系列教材

基于STM32的嵌入式系统设计与开发

李宇峰 王巍 李平安◎主 编

马勇赞◎副主编

雷道仲◎主 审

中南大学出版社

www.csupress.com.cn

·长沙·

图书在版编目(CIP)数据

基于 STM32 的嵌入式系统设计与开发 / 李宇峰, 王巍,
李平安主编. —长沙：中南大学出版社, 2021.7
ISBN 978-7-5487-4356-9

Ⅰ. ①基… Ⅱ. ①李… ②王… ③李… Ⅲ. ①微型计算
机—系统设计—高等职业教育—教材②微型计算机—系统开
发—高等职业教育—教材 Ⅳ. ①TP360.21

中国版本图书馆 CIP 数据核字(2021)第 023376 号

基于 STM32 的嵌入式系统设计与开发
JIYU STM32 DE QIANRUSHI XITONG SHEJI YU KAIFA

主编 李宇峰 王 巍 李平安

□责任编辑	胡小锋	
□责任印制	唐 曦	
□出版发行	中南大学出版社	
	社址：长沙市麓山南路	邮编：410083
	发行科电话：0731-88876770	传真：0731-88710482
□印　　装	湖南省汇昌印务有限公司	

□开　　本	787 mm×1092 mm 1/16	□印张 16.5	□字数 422 千字	
□版　　次	2021 年 7 月第 1 版	□2021 年 7 月第 1 次印刷		
□书　　号	ISBN 978-7-5487-4356-9			
□定　　价	42.00 元			

前言

Foreword

　　高校很多专业(物联网、自动化、电子、通信、机电和计算机)都开设了单片机技术课程，并将其作为专业基础课。20世纪90年代，ARM 32位嵌入式处理器占据了低功耗低成本和高性能的嵌入式系统应用领域的领先地位，其中典型的STM32可以说是最璀璨的新星，大受工程师和市场的青睐。很多高校开设STM32单片机课程，用来取代传统的8位单片机。然而STM32单片机课程不仅难教且难学。STM32功能强大导致系统结构复杂，这样给理解带来诸多困难，使得从传统的8位单片机系统转过来的学习者感觉难以适应，因为传统的8位单片机，例如51单片机，功能相对单一，结构原理相对简单。传统的重视理论讲述的教材形式难以满足要求，急需以满足行业应用为出发点，结合行业应用特点选取案例的教材，以帮助学习者掌握相关技术理论。在无人驾驶日趋普及的今天，无人机、无人车、无人船、无人潜器、智能机器人等市场方兴未艾。本书紧扣教学需求，以满足无人驾驶行业应用需求为主线，根据无人驾驶控制系统的特点，选取无人驾驶装置基本功能作为实践内容，理论与实践结合，将行业应用融合到教学中，将无人驾驶装置控制系统各个功能模块的原理和设计分解成难易不同的子项目，并以"够用、适用、易学"为原则，降低读者入门和理解的难度。

　　本书完全站在学习者学习的角度，以行业应用为主线设计整个教材的逻辑关系和内容体系，在简明扼要地阐述STM32常用的每一个典型外设模块的原理的基础上，围绕其应用，均以一个以上完整案例的形式讨论其设计方案、硬件设计、软件设计和项目仿真，并在教材的最后给出了一个完整的工程案例，所有这些案例的硬件和软件完全公开、毫无保留，因此十分有利于学习者学习和模仿。

　　全书共8个项目，包括：

　　项目一：无人驾驶装置开发基础。介绍了常见的无人驾驶装置控制系统，STM32嵌入式芯片的基本概念，STM32软件开发环境的搭建，通过案例一实现MDK5下第一个STM32程序的开发，通过案例二实现在Proteus 8下STM32的软硬件联合仿真。

项目二：无人驾驶装置的启停控制。介绍了 STM32 GPIO 外设、SysTick 定时器和 STM32 中断系统，通过案例三实现无人驾驶装置指示灯(I/O 位输出)设计，通过案例四实现无人驾驶装置系统启停电路(I/O 位输入)设计，通过案例五实现无人驾驶装置系统启停电路(中断方式)设计。

项目三：无人驾驶装置人机交互系统。介绍了 STM32 通用定时器、OLED 显示器的基本概念，通过案例六实现无人驾驶装置显示系统(OLED)设计。

项目四：无人驾驶装置驱动系统。介绍了直流电机调速原理、STM32 的 PWM 外设，通过案例七实现无人驾驶装置驱动系统(PWM)设计。

项目五：无人驾驶装置数据存储系统。介绍了常用存储器、I2C 协议原理、STM32 的 I2C 外设，通过案例八实现无人驾驶装置系统参数存储之 EEPROM 设计。

项目六：无人驾驶装置的通信系统。介绍了串口通信协议、STM32 的 USART 外设，通过案例九实现无人驾驶装置系统通信接口(RS-232)设计。

项目七：无人驾驶装置的感知系统。介绍了模数转换器 ADC 功能、惯性导航系统和超声测距的工作原理，通过案例十实现无人驾驶装置姿态检测，通过案例十一实现无人驾驶装置障碍物探测。

项目八：工程实例：基于 STM32 的智能机器人。介绍了智能机器人工作原理、智能机器人的硬件资源，并完成 10 个智能机器人实验。

项目一、项目二由湖南信息职业技术学院王巍编写，项目三至项目六由湖南信息职业技术学院李宇峰编写，项目七由长沙民政职业技术学院马勇赞编写，项目八由湖南信息职业技术学院李平安编写。

本书的出版得到了中南大学出版社的大力支持，在此表示诚挚的感谢。本书编写时参考了大量相关资料，部分资料来自互联网，无法详细列举资料来源，因此特向相关资料的作者表示感谢。

由于时间仓促，加上编者水平有限，书中难免会有疏漏之处，肯请各位读者、老师批评指正，有兴趣的读者请发送邮件到 57678525@qq.com，在此编者表示衷心的感谢。

编者

2021 年 5 月于长沙

目录

Contents

项目一

无人驾驶装置开发基础

学习目标

1. 了解无人驾驶装置的构成原理;
2. 了解 ARM 处理器的特点和分类;
3. 掌握 ARM Cortex-M3 系列处理器的性能特点及应用;
4. 掌握 STM32 芯片的系统架构;
5. 了解 STM32 的开发方式和最小系统设计;
6. 理解 STM32 的存储空间和时钟系统;
7. 结合 MDK5 平台,掌握 STM32 的编程与调试步骤;
8. 结合 PROTEUS 平台,掌握 STM32 应用的原理图绘制与仿真步骤。

1.1　常见无人驾驶装置简介

本节所述的无人驾驶装置泛指不载有操作人员、能够自主或遥控驾驶的装置。在无人驾驶日趋普及的今天,无人机、无人车、无人船、无人潜器、智能机器人等市场方兴未艾。下面分别介绍智能机器人、自动驾驶汽车和无人机的构成原理。

1.1.1　智能机器人的架构介绍

一般可以分为硬件和软件两部分,具体包括识别环境、超快大脑、多功能本体和自主学习。

1)识别环境

我们人类是通过眼睛来观察事物、耳朵来辨别声音、手脚来触摸事物、鼻子来辨别气味、舌头来感觉味道等的,那机器人用什么来感知世界呢? 各种传感器。

● 碰撞传感器(图 1-1)

碰撞传感器是使智能机器人有感知碰撞信息能力的传感器,也叫"限位开关"。

图 1-1　碰撞传感器

- 光敏传感器(图 1-2)

光敏传感器其实是一个光敏电阻,它的阻值受照射在它上面的光线强弱的影响。智能机器人所用的光敏电阻的阻值在很暗的环境下为 75 kΩ,室内照度下几千欧,阳光或强光下几十欧。

- 麦克风(图 1-3)

麦克风(Microphone)是能够识别声音声强大小的声音传感器。

图 1-2　光敏传感器

图 1-3　MEMS 麦克风

- 光电编码器(图 1-4)

光电编码器是一种能够传递位置信息的传感器,它由光电编码模块及码盘组成。

- 热释电传感器(图 1-5)

热释电传感器对移动的人体热源敏感,可以探测几米外的人体。机器人装上 1 个或几个热释电传感器后,你可以让它一看见你,就向你迎过来,让它跟着你走。

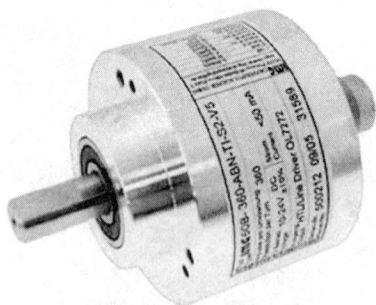

图 1-4　光电编码器

图 1-5　热释电传感器

- 超声传感器(图 1-6)

超声传感器是机器人测距的专业传感器,测量距离一般为 20~6 m,测量精度为 1%,是通过测量声波发射与收到回波之间的时间差来测量距离的。

- 连续测距红外传感器(图 1-7)

SHARP 公司推出了创新的 GP2D02/ GP2D12 连续测距红外传感器,测量范围为 10~80 cm,参加灭火比赛时,用它来找房间门非常棒。

图1-6　超声传感器

图1-7　连续测距红外传感器

● 数字罗盘(图1-8)

自主机器人的导航至今仍是世界性难题,借助数字罗盘,可以使机器人辨别方位,数字罗盘又称电子罗盘。

● 温度传感器(图1-9)

想让机器人动态告诉你气温吗?加一个温度传感器是个好方法。温度传感器可以用来感知温度。

图1-8　数字罗盘

图1-9　温度传感器18B20

● 无线视觉传感器(图1-10)

可用智能机器人来作移动的监视平台。你可以在机器人上安装无线摄像头,通过无线摄像头把视频信号发射出来,用PC机接收后进行图像处理。

还有各种各样的传感器,如火星车上的矿物质传感器,用来探测火星上的岩石的元素,从而来推测火星上是否有水的存在;湿度传感器、烟雾传感器;等等。

总之,随着电子技术、纳米技术、控制技术、机械加工等科技的发展,传感器技术进一步发展,能够为智能机器人提供更多的先进的传感器,使其"感觉"更加丰富。

图1-10　无线视觉传感器

2）超快大脑

我们人类是通过眼睛来观察事物、耳朵来辨别声音、手脚来触摸事物、鼻子来辨别气味、舌头来感觉味道等的，并把这些信息送到大脑里，进行判断处理，指挥我们的肢体进行相应的动作。那机器人是用什么来进行思考呢？各种处理器。

处理器通常指微处理器、微控制器和数字信号处理器这三种类型的芯片。

● 微处理器（MPU）（图 1-11）

微处理器（MPU）通常代表一个功能强大的 CPU，但不是为任何已有的特定计算目的而设计的芯片。这种芯片往往是个人计算机和高端工作站的核心 CPU。微处理器在电路板上必须包含 ROM、RAM、总线接口及这种外设器件，从而降低了系统的可靠性。如 INTEL X86 等。

● 微控制器（MCU）（图 1-12）

微控制器一般以某一种内核为核心，芯片内部集成

图 1-11　intel i7 处理器

ROM、E2ROM、RAM、总线、总线逻辑、定时、计数器、看门狗、GPIO、PWM、AD、DA、FLASH 等各种必要功能和外设，实现嵌入式应用，故称单片机（single chip microcomputer）。为了更好满足控制领域的嵌入式应用，单片机中不断扩展满足控制要求的电路单元。目前，单片机已广泛称作微控制器（MCU），如 ARM7、ARM Cortex-M3 内核组成的芯片等。

● 数字信号处理器（DSP）（图 1-13）

数字信号处理器（DSP）里的 CPU 是专门设计用来极快地进行离散时间信号处理计算的，比如那些需要进行音频和视频通信的场合。DSP 内含乘加器，能比其他处理器更快地进行这类运算。最常见的是 TI 的 TMS320CXX 系列和 Motorola 的 5600X 系列。

图 1-12　STM32F103XX 控制器

图 1-13　TI 数字信号处理器

3）多功能本体

机器人通过各种传感器把外部信息传给它的大脑（各种处理器）进行判断处理，对应地输出给它的各个执行机构（器件）等。那么机器人的本体包括什么呢？机器人的外形、内部支撑（骨骼）、执行机构（肌肉）。机器人的应用场合各不相同，它的本体结构也不同。

有飞鸟、鱼形等的机器人，根据其功能的不同，要设计出不同的本体。图 1-14 为探测用的机器人。未来可能还会有细胞大小的本体，可以灵活地构成不同形态的机器人。

图 1-14　某机器人

4）自主学习

各种机器人都有自己的"大脑"——处理器，那么每种处理器，都有其对应的编程软件。它的"自主学习"，其实是算法，也就是程序。现代的控制理论有很多，如"人工神经网络""模糊控制""专家系统"等。可以自主学习的主要是"人工神经网络"。

通过以上分析，基于 STM32 的智能机器人控制系统架构图如图 1-15 所示。

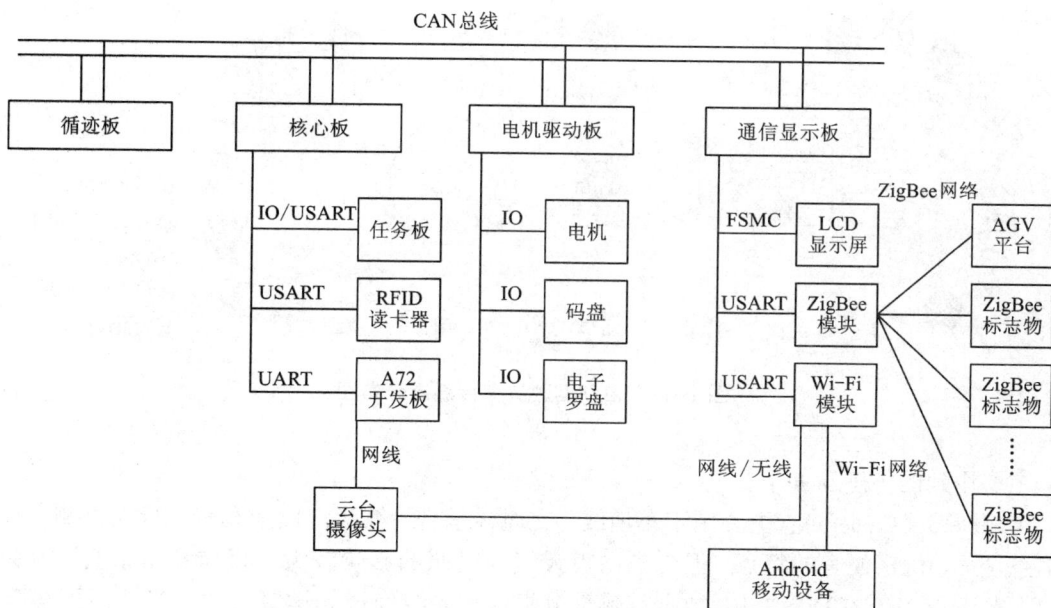

图 1-15　基于 STM32 的智能机器人控制系统架构图

1.1.2　自动驾驶系统的架构介绍

自动驾驶系统的架构大体可分为三部分：感知→认知→执行。如图 1-16 所示。

（1）感知层：检测驾驶员的输入及状态、车辆自身的运动状态以及车辆周围的环境情况，如图 1-17 所示。

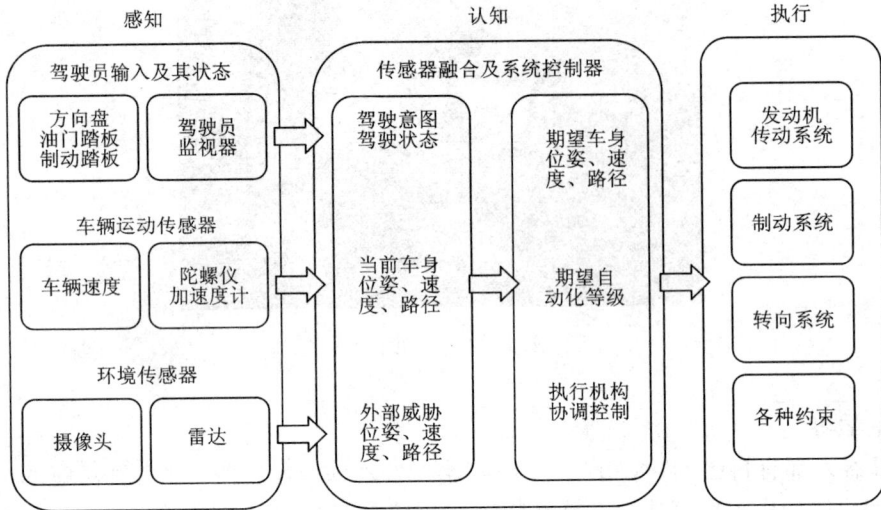

图 1-16 自动驾驶控制系统架构图

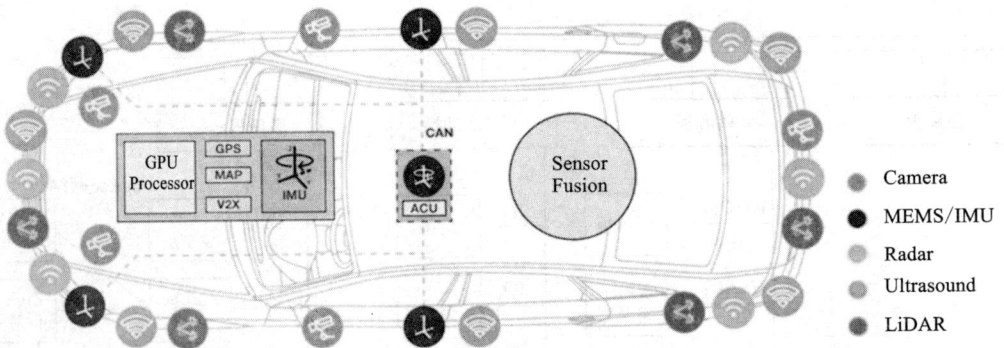

图 1-17 自动驾驶汽车传感器分布图

主要用到的传感器如下：

• 摄像头（Camera）：主要用于车道线、交通标示牌、红绿灯以及车辆、行人检测，有检测信息全面、价格便宜的特点，但受到雨雪天气和光照的影响较大。摄像头由镜头、镜头模组、滤光片、CMOS/CCD、ISP、数据传输部分组成。光线经过光学镜头和滤光片后聚焦到传感器上，通过 CMOS 或 CCD 集成电路将光信号转换成电信号，再经过图像处理器（ISP，Image Signal Processing）转换成标准的 RAW，RGB 或 YUV 等格式的数字图像信号，通过数据传输接口传到处理器端。

• 激光雷达（LiDAR，Light Detection and Ranging）：主要用于高精地图制作、障碍物识别和跟踪以及自身定位，是目前公认 L3 级以上自动驾驶必不可少的传感器。激光雷达具有高精度、高分辨率的优势，同时具有建立周边 3D 模型的前景，但其劣势在于对静止物体（如隔离带、护栏等)的探测较弱且成本高昂。它由激光发射机、光学接收机、转台和信息处理系统等组成。其工作原理是向目标发射探测信号(激光束),然后将接收到的从目标反射回来的信号(目标回波)与发射信号进行比较,作适当处理后,就可获得目标的有关信息,如目标距离、方位、高度、速度、姿态甚至形状等参数,从而对目标进行探测、跟踪和识别,输出的数据称为"点云"(Point Cloud),目前有 PCL(Point Cloud Library)开源库支持这类数据的读写处理。为了覆盖一定角度范围,需要进行角度扫描,从而出现了各种激光雷达扫描原理,主要分为:同轴旋转、棱镜旋转、MEMS 扫描、相位式、闪烁式。目前激光雷达制造商最先进的是以色列的 Velodyne,它在激光雷达界的地位,就如芯片界的英特尔、搜索界的谷歌,是绝对的盟主。

● 毫米波雷达(Radar):主要用于交通车辆和行人的检测,具有检测速度快、准确,穿透雾、烟、灰尘的能力强,具有全天候(大雨天除外)全天时的特点,但其劣势在于雨、雾和雪等高潮湿环境的信号衰减,以及对树丛穿透能力差和无法检测车道线交通标志等。毫米波雷达工作在毫米波段。通常毫米波是指 30~300 GHz 频段(波长为 1~10 mm)。毫米波的波长介于厘米波和光波之间,因此毫米波兼有微波制导和光电制导的优点。毫米波雷达由芯片、天线、算法共同组成,基本原理是发射一束电磁波,观察回波与入射波的差异来计算距离、速度等。成像精度的衡量指标为距离探测精度、角分辨率、速度差分辨率。毫米波频率越高,带宽越宽,成像越精细,主要有 77GHz 和 24GHz 两种类型。

● 定位系统(Localization System):主要由定位导航卫星、位置接收器(如 GPS 接收器)和惯性测量单元(IMU, Inertial Measurement Unit)、基站等组成。GNSS 板卡通过天线接收所有可见 GPS(Global Positioning System)卫星和 RTK(Real Time Kinematic)的信号后,进行解译和计算得到自身的空间位置。当车辆通过隧道或行驶在高耸的楼群间的街道时,这种信号盲区由于信号受遮挡而不能实施导航的风险,就需要融合 INS(Inertial Navigation System,即惯性导航系统)的信息,INS 具有全天候、完全自主、不受外界干扰、可以提供全导航参数(位置、速度、姿态)等优点,组合之后能达到比两个独立运行的最好性能还要好的定位测姿性能。

● 超声波传感器(Ultrasonic Sensor):超声波传感器主要用于近距离和低矮障碍物探测,避免车辆周围近距离感知盲区。超声波具有易于定向发射、方向性好、强度易控制、与被测量物体不需要直接接触的优点,但易受环境温度影响,测量精度不够。虽然目前的超声波测距量程上能达到百米,但测量的精度往往只能达到厘米级。超声波传感器一般由超声波发射器、超声波接收器、计时器、温度感知器等组成,其测距原理是利用超声波在空气中的传播速度为已知(20℃下为 344 m/s),测量声波在发射后遇到障碍物反射回来的时间,根据发射和接收的时间差计算出发射点到障碍物的实际距离。

(2)认知层:根据感知层得到的驾驶员驾驶意图和驾驶状态、当前车身的速度和位姿以及外部威胁情况,通过一定的决策逻辑、规划算法,得出期望的车辆速度、行驶路径等信息,下发给执行层。

(3)执行层:执行认知层下发的控制指令。

1.1.3　无人机机载控制系统架构的介绍

无人驾驶飞机简称"无人机",英文缩写为"UAV",是利用无线电遥控设备和自备的程序控制装置操纵的不载人飞机，或者由机载计算机完全地或间歇地自主地操作。

　　无人机按应用领域，可分为军用与民用。军用方面，无人机分为侦察机和靶机。民用方面，无人机+行业应用，是无人机真正的刚需；目前在航拍、农业、植保、微型自拍、快递运输、灾难救援、观察野生动物、监控传染病、测绘、新闻报道、电力巡检、救灾、影视拍摄、制造浪漫等领域的应用，大大地拓展了无人机本身的用途，发达国家也在积极扩展行业应用与发展无人机技术。

　　无人机的控制系统主要包括传感器、主控制器和伺服驱动设备三部分，其功能有：

　　（1）无人机姿态稳定与控制；

　　（2）无人机导航与航迹控制；

　　（3）无人机起飞和着陆控制；

　　（4）无人机任务设备管理与控制等。

　　无人机控制系统架构图如图 1-18 所示。

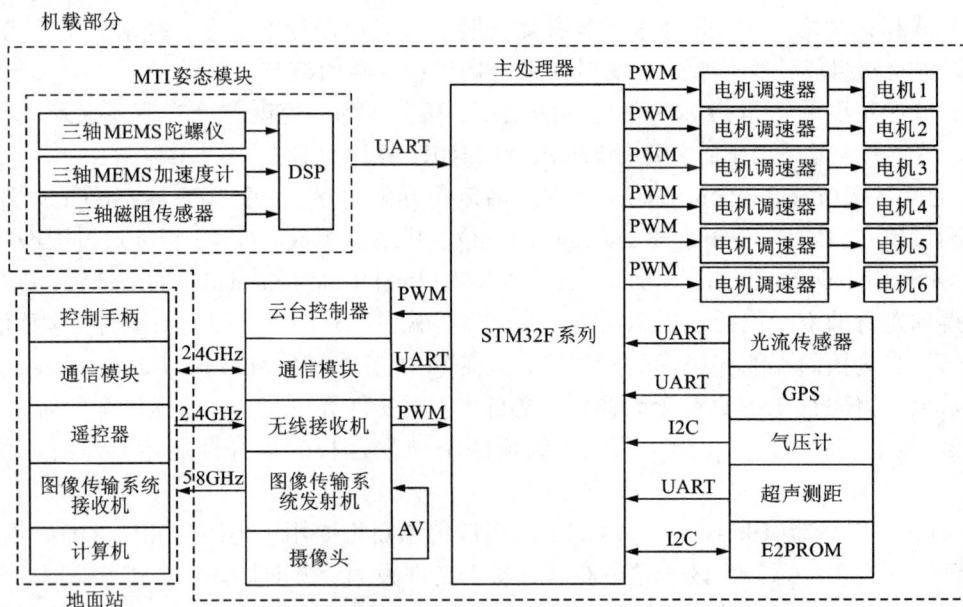

图 1-18　无人机控制系统架构图

1.2 STM32 概述

1.2.1 ARM 处理器简介

ARM 处理器是英国 Acorn 公司设计的低功耗、低成本的第一款 RISC 微处理器。1978 年 12 月 5 日,物理学家赫尔曼·豪泽(Hermann Hauser)和工程师 Chris Curry,在英国剑桥创办了 CPU 公司(Cambridge Processing Unit),主要业务是为当地市场供应电子设备。1979 年,CPU 公司改名为 Acorn 公司。

起初,Acorn 公司打算使用摩托罗拉公司的 16 位芯片,但是发现这种芯片太慢也太贵。"一台售价 500 英镑的机器,不可能使用价格 100 英镑的 CPU!"他们转而向 Intel 公司索要 80286 芯片的设计资料,但是遭到拒绝,于是被迫自行研发。1985 年,Roger Wilson 和 Steve Furber 设计了他们自己的第一代 32 位、6 MHz 的处理器,用它做出了一台 RISC 指令集的计算机,简称 ARM(Acorn RISC Machine)。这就是 ARM 这个名字的由来。RISC 的全称是"精简指令集计算机"(Reduced Instruction Set Computer),它支持的指令比较简单,所以功耗小、价格便宜,特别适合移动设备。1990 年 11 月 27 日,Acorn 公司正式改组为 ARM 计算机公司。苹果公司出资 150 万英镑,芯片厂商 VLSI 出资 25 万英镑,Acorn 本身则以 150 万英镑的知识产权和 12 名工程师入股。公司的办公地点非常简陋,就是一个谷仓。20 世纪 90 年代,ARM 32 位嵌入式 RISC 处理器扩展到世界范围,占据了低功耗、低成本和高性能的嵌入式系统应用领域的领先地位。全世界超过 95% 的智能手机和平板电脑都采用 ARM 架构。ARM 设计了大量高性价比、耗能低的 RISC 处理器、相关技术及软件。2014 年基于 ARM 技术的芯片全年全球出货量是 120 亿颗,从诞生到 2015 年为止基于 ARM 技术的芯片有 600 亿颗。2016 年,ARM 公司成为软银集团旗下子公司。

ARM 处理器采用 RISC 体系结构,RISC 结构优先选取使用频率最高的简单指令,避免复杂指令;将指令长度固定,指令格式和寻址方式种类减少;以控制逻辑为主,不用或少用微码控制等。RISC 体系结构应具有如下特点:

- 采用固定长度的指令格式,指令归整、简单、基本寻址方式有 2~3 种。
- 使用单周期指令,便于流水线操作执行。
- 大量使用寄存器,数据处理指令只对寄存器进行操作,只有加载/存储指令可以访问存储器,以提高指令的执行效率。
- 所有的指令都可根据前面的执行结果决定是否被执行,从而提高指令的执行效率。
- 可用加载/存储指令批量传输数据,以提高数据的传输效率。
- 可在一条数据处理指令中同时完成逻辑处理和移位处理。
- 在循环处理中使用地址的自动增减来提高运行效率。

除此以外,ARM 体系结构还采用了一些特别的技术,在保证高性能的前提下尽量缩小芯片的面积,并降低功耗。

ARM 处理器共有 37 个寄存器,被分为若干个组(BANK),这些寄存器包括:

- 31 个通用寄存器,包括程序计数器(PC 指针),均为 32 位的寄存器。
- 6 个状态寄存器,用以标识 CPU 的工作状态及程序的运行状态,均为 32 位,只使用了其中的一部分。

ARM 处理器支持两种指令集：ARM 指令集和 Thumb 指令集。其中，ARM 指令为 32 位的长度，Thumb 指令为 16 位的长度。Thumb 指令集为 ARM 指令集的功能子集，但与等价的 ARM 代码相比较，可节省 30% 以上的存储空间，同时具备 32 位代码的所有优点。

ARM 处理器按照基于指令集体系结构的分类，包括 ARMv1，ARMv2，ARMv3，ARMv4，ARMv5，ARMv6 和 ARMv7，如表 1-1 所示；按照基于处理器内核的分类，包括 ARM7，ARM9，ARM9E，ARM10E，StrongARM，XScale，ARM11，ARMCortex 等。

表 1-1　ARM 处理器分类

体系架构	处理器内核
ARMv1	ARM1
ARMv2	ARM2、ARM3
ARMv3	ARM6、ARM600、ARM610、ARM7、ARM700、ARM710
ARMv4	StrongARM、ARM8、ARM810、ARM7-TDMI、ARM9-TDMI
ARMv5	ARM7EJ、ARM9E、ARM10E、XScale
ARMv6	ARM11
ARMv7	Cortex-A、Cortex-R、Cortex-M

1）ARM7

ARM7 系列微处理器为低功耗的 32 位 RISC 处理器，最适合用于对价位和功耗要求较高的消费类应用。ARM7 微处理器系列具有如下特点：

- 具有嵌入式 ICE-RT 逻辑，调试开发方便。
- 极低的功耗，适合对功耗要求较高的应用，如便携式产品。
- 能够提供 0.9MIPS/MHz 的三级流水线结构。
- 代码密度高并兼容 16 位的 Thumb 指令集。
- 对操作系统的支持广泛，包括 Windows CE、Linux、Palm OS 等。
- 指令系统与 ARM9 系列、ARM9E 系列和 ARM10E 系列兼容，便于用户的产品升级换代。
- 主频最高可达 130MIPS，高速的运算处理能力能胜任绝大多数的复杂应用。

ARM7 系列微处理器的主要应用领域为：工业控制、Internet 设备、网络和调制解调器设备、移动电话等多种多媒体和嵌入式应用。ARM7 系列微处理器包括如下几种类型的核：ARM7TDMI、ARM7TDMI-S、ARM720T、ARM7EJ。其中，ARM7TDMI 是目前使用最广泛的 32 位嵌入式 RISC 处理器，属低端 ARM 处理器核。TDMI 的基本含义为：

T：支持 16 位压缩指令集 Thumb；

D：支持片上 Debug；

M：内嵌硬件乘法器；

I：嵌入式 ICE，支持片上断点和调试点。

2）ARM9

ARM9 系列微处理器在高性能和低功耗特性方面提供最佳的性能。具有以下特点：

- 5 级整数流水线，指令执行效率更高。
- 提供 1.1MIPS/MHz 的哈佛结构。
- 支持 32 位 ARM 指令集和 16 位 Thumb 指令集。
- 支持 32 位的高速 AMBA 总线接口。
- 全性能的 MMU，支持 Windows CE、Linux、Palm OS 等多种主流嵌入式操作系统。
- MPU 支持实时操作系统。
- 支持数据 Cache 和指令 Cache，具有更高的指令和数据处理能力。

ARM9 系列微处理器主要应用于无线设备、仪器仪表、安全系统、机顶盒、高端打印机、数字照相机和数字摄像机等。ARM9 系列微处理器包含 ARM920T、ARM922T 和 ARM940T 三种类型，以适用于不同的应用场合。

3）ARM9E

ARM9E 系列微处理器为可综合处理器，使用单一的处理器内核提供了微控制器、DSP、Java 应用系统的解决方案，极大地减少了芯片的面积和系统的复杂程度。ARM9E 系列微处理器提供了增强的 DSP 处理能力，很适合于那些需要同时使用 DSP 和微控制器的应用场合。

ARM9E 系列微处理器的主要特点如下：

- 支持 DSP 指令集，适合于需要高速数字信号处理的场合。
- 5 级整数流水线，指令执行效率更高。
- 支持 32 位 ARM 指令集和 16 位 Thumb 指令集。
- 支持 32 位的高速 AMBA 总线接口。
- 支持 VFP9 浮点处理协处理器。
- 全性能的 MMU，支持 Windows CE、Linux、Palm OS 等多种主流嵌入式操作系统。
- MPU 支持实时操作系统。
- 支持数据 Cache 和指令 Cache，具有更高的指令和数据处理能力。
- 主频最高可达 300MIPS。

ARM9E 系列微处理器主要应用于下一代无线设备、数字消费品、成像设备、工业控制、存储设备和网络设备等领域。ARM9E 系列微处理器包含 ARM926EJ-S、ARM946E-S 和 ARM966E-S 三种类型，以适用于不同的应用场合。

4）ARM10E

ARM10E 系列微处理器具有高性能、低功耗的特点，由于采用了新的体系结构，与同等的 ARM9 器件相比较，在同样的时钟频率下，性能提高了近 50%，同时，ARM10E 系列微处理器采用了两种先进的节能方式，使其功耗极低。

ARM10E 系列微处理器的主要特点如下：

- 支持 DSP 指令集，适合于需要高速数字信号处理的场合。
- 6 级整数流水线，指令执行效率更高。
- 支持 32 位 ARM 指令集和 16 位 Thumb 指令集。
- 支持 32 位的高速 AMBA 总线接口。
- 支持 VFP10 浮点处理协处理器。
- 全性能的 MMU，支持 Windows CE、Linux、Palm OS 等多种主流嵌入式操作系统。

- 支持数据 Cache 和指令 Cache，具有更高的指令和数据处理能力。
- 主频最高可达 400MIPS。
- 内嵌并行读 / 写操作部件。

ARM10E 系列微处理器主要应用于下一代无线设备、数字消费品、成像设备、工业控制、通信和信息系统等领域。ARM10E 系列微处理器包含 ARM1020E、ARM1022E 和 ARM1026EJ-S 三种类型，以适用于不同的应用场合。

5）StrongARM

Intel StrongARM SA-1100 处理器是采用 ARM 体系结构高度集成的 32 位 RISC 微处理器。它融合了 Intel 公司的设计和处理技术以及 ARM 体系结构的电源效率，采用在软件上兼容 ARMv4 体系结构和具有 Intel 技术优点的体系结构。

Intel StrongARM 处理器是便携式通信产品和消费类电子产品的理想选择，已成功应用于多家公司的掌上电脑系列产品。

6）XScale

XScale 处理器是基于 ARMv5TE 体系结构的解决方案的，是一款全性能、高性价比、低功耗的处理器。它支持 16 位的 Thumb 指令集和 DSP 指令集，已使用在数字移动电话、个人数字助理和网络产品等场合。XScale 处理器是 Intel 主要推广的一款 ARM 微处理器。

7）ARM11

ARM11 系列微处理器是 ARM 公司推出的 RISC 处理器，它是 ARMv6 的第一代设计实现。该系列主要有 ARM1136J、ARM1156T2 和 ARM1176JZ 三个内核型号，分别针对不同应用领域。

8）ARMCortex

ARM11 芯片之后，也就是从 ARMv7 架构开始，ARM 的命名方式有所改变。新的处理器家族，改以 Cortex 命名，并分为三个系列，分别是 Cortex-A、Cortex-R、Cortex-M。

- Cortex-A 系列（A：Application）

针对日益增长的消费娱乐和无线产品设计，用于具有高计算要求、运行丰富操作系统及提供交互媒体和图形体验的应用领域，如智能手机、平板电脑、汽车娱乐系统、数字电视等。

- Cortex-R 系列（R：Real-time）

针对需要运行实时操作的系统应用，面向如汽车制动系统、动力传动解决方案、大容量存储控制器等深层嵌入式实时应用。

- Cortex-M 系列（M：Microcontroller）

该系列面向微控制器领域，主要针对成本和功耗敏感的应用，如智能测量、人机接口设备、汽车和工业控制系统、家用电器、消费性产品和医疗器械等。

1.2.2 Cortex-M3 内核简介

Cortex-M3 是一个 32 位处理器内核，如图 1-19 所示。内部的数据路径是 32 位的，寄存器是 32 位的，存储器接口也是 32 位的。Cortex-M3 采用了哈佛结构，拥有独立的指令总线和数据总线，可以让取指与数据访问并行不悖。这样一来数据访问不再占用指令总线，从而提升了性能，并选择了适合于微控制器应用的三级流水线，但增加了分支预测功能。现代处理器大多采用指令预取和流水线技术，以提高处理器的指令执行速度。流水线处理器在正常执行指令时,如果碰到分支(跳转)指令,由于指令执行的顺序可能会发生变化,指令预取队列和流水线中的部分指令就可能作废,而需要从新的地址重新取指、执行,这样就会使流水线"断流",处理器性能因此而受到影响。特别是现代 C 语言程序,经编译器优化生成的目标代码中,分支指令所占的比例可达 10%~20%,对流水线处理器的影响会更大。为此,现代高性能流水线处理器中一般都加入了分支预测部件,就是在处理器从存储器预取指令时,当遇到分支(跳转)指令时,能自动预测跳转是否会发生,再从预测的方向进行取指,从而提供给流水线连续的指令流,流水线就可以不断地执行有效指令,保证了其性能的发挥。Cortex-M3 内核上集成了嵌套向量中断控制器(NVIC)。Cortex-M3 加入了类似于 8 位处理器的内核低功耗模式,支持 3 种功耗管理模式(通过一条指令立即睡眠;异常/中断退出时睡眠;深度睡眠),使整个芯片的功耗控制更为有效。

基于 Cortex-M3 的 MCU 的主要组成有内核、存储器、外设,如图 1-20 所示。Cortex-M3 处理器内核是 MCU 的中央处理单元(CPU)。完整的基于 Cortex-M3 的 MCU 还需要很多其他组件。在芯片制造商得到 Cortex-M3 处理器内核的使用授权后,它们就可以把 Cortex-M3 内核用在自己的硅片设计中,添加存储器、外设、I/O 以及其他功能模块。不同厂家设计出的单片机会有不同的配置,包括存储器容量、类型、外设等都各具特色。

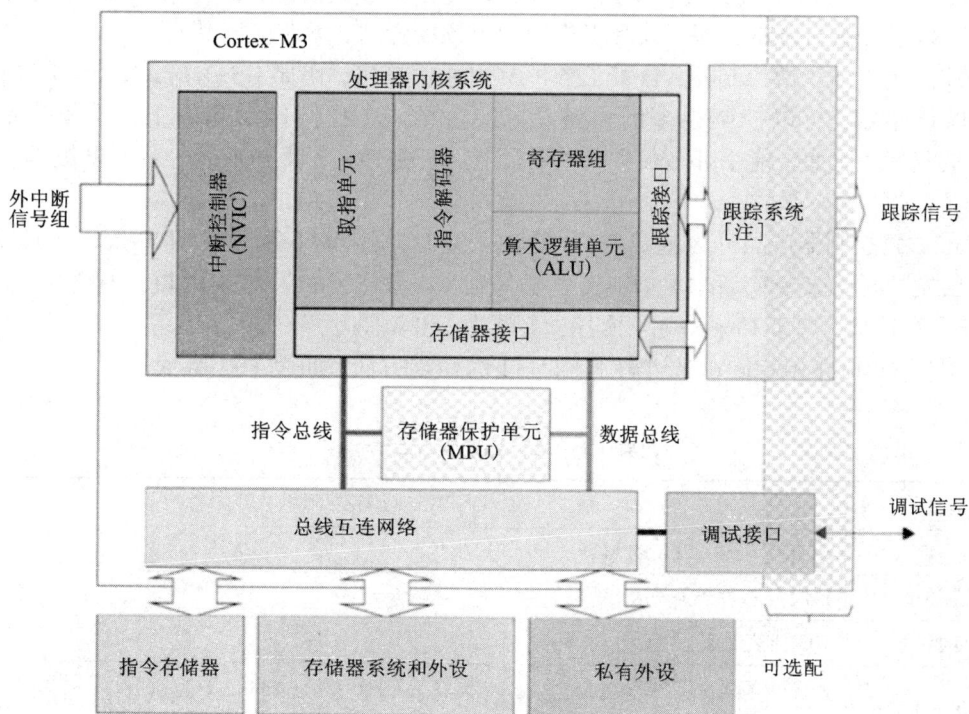

图 1-19 Cortex-M3 简化视图

[注]跟踪系统让调试者可以在程序执行时实时地(很小的延时)收集程序运行的信息。

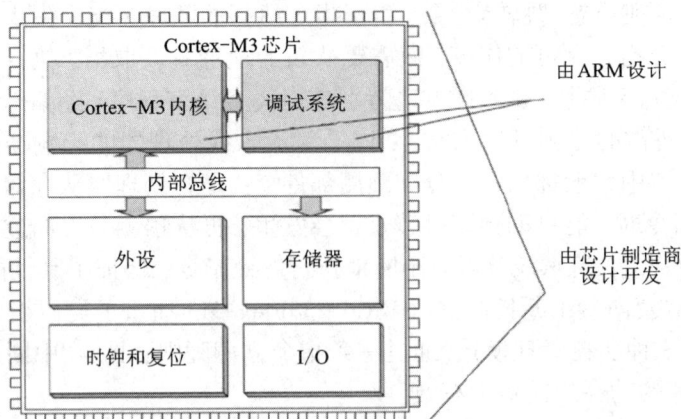

图 1-20　基于 Cortex-M3 的 MCU

1.2.3　STM32 MCU 简介

STM32，从字面上来理解，ST 是意法半导体，M 是 Microelectronics 的缩写，32 表示 32 位，合起来理解，STM32 就是指 ST 公司开发的 32 位微控制器。在如今的 32 位控制器当中，STM32 可以说是最璀璨的新星，大受工程师和市场的青睐，无芯能出其右。

STM32 属于一个微控制器，自带了各种常用通信接口，比如 USART、I2C、SPI 等，可接非常多的传感器，可以控制很多的设备。现实生活中，我们接触到的很多电器产品都有 STM32 的身影，比如智能手环、微型四轴飞行器、平衡车、移动 POS 机、智能电饭锅、3D 打印机等。

STM32 微控制器产品分为基础型 F、低功耗型 L、标准型 S 和无线型 W 等。单纯从学习的角度出发，可以选择 F1 和 F4，F1 代表了基础型，基于 Cortex-M3 内核，主频为 72 MHz；F4 代表了高性能，基于 Cortex-M4 内核，主频为 180 MHz。

以型号 STM32F103ZET6 来讲解下 STM32 的命名方法，如表 1-2 所示。

表 1-2　STM32 的命名方法

型号	STM32F103ZET6
家族	STM32 表示 32bit 的 MCU
产品类型	F 代表芯片子系列
具体特性	103 代表基础型
引脚数目	Z 表示 144 pin，其他常用的：C 表示 48 pin，R 表示 64 pin，V 表示 100 pin，B 表示 208 pin，N 表示 216 pin
FLASH 大小	E 表示 512 KB，其他常用的：C 表示 256 KB，E 表示 512 KB，I 表示 2048 KB
封装	T 表示 QFP 封装，这个是最常用的封装
温度	6 表示温度等级为 A：−40~85℃

其中 STM32 F1 是基于 Cortex-M3 内核的主流产品, 其类型包括小容量、中容量、大容量产品和互联型产品。

● 小容量产品是指闪存存储器容量在 16K 至 32K 字节之间的 STM32F101xx、STM32F102xx 和 STM32F103xx 微控制器。

● 中容量产品是指闪存存储器容量在 64K 至 128K 字节之间的 STM32F101xx、STM32F102xx 和 STM32F103xx 微控制器。

● 大容量产品是指闪存存储器容量在 256K 至 512K 字节之间的 STM32F101xx 和 STM32F103xx 微控制器。

● 互联型产品是 STM32F105xx 和 STM32F107xx 微控制器。

1）STM32 MCU 结构

在小容量、中容量和大容量产品中, 主系统由以下部分构成:

● 四个驱动单元:

— Cortex™-M3 内核 ICode/DCode 总线和系统总线(S-bus)

—通用 DMA1 和通用 DMA2

● 四个被动单元

—内部 SRAM

—内部闪存存储器

— FSMC

— AHB 到 APB 的桥(AHB2APBx), 它连接所有的 APB 设备

这些都是通过一个多级的 AHB 总线构架相互连接的, 如图 1-21 所示。

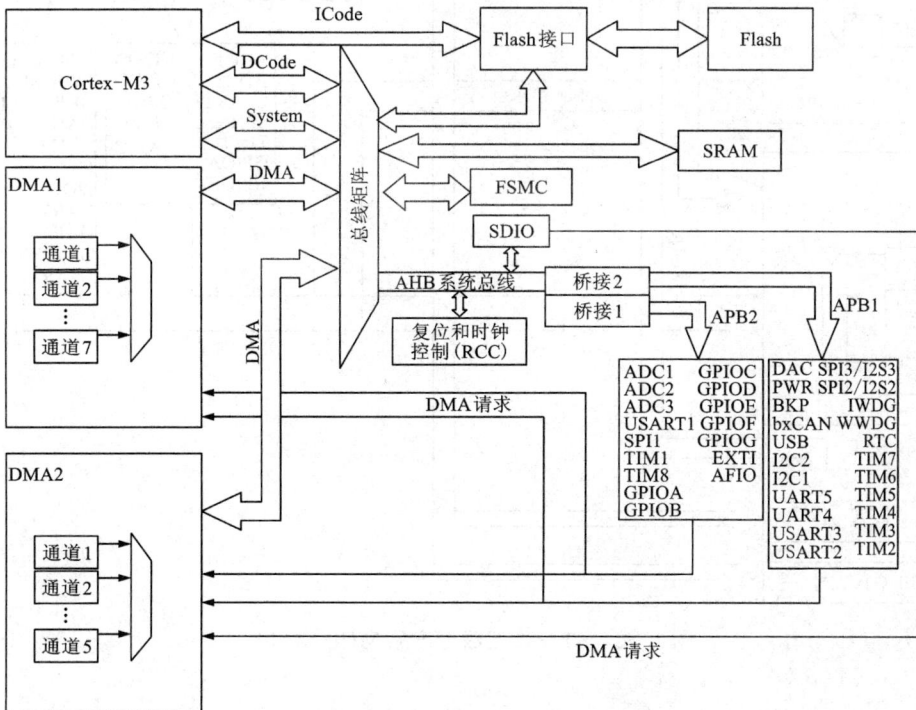

图 1-21　STM32 小容量、中容量和大容量产品 MCU 结构图

在互联型产品中，主系统由以下部分构成：

- 五个驱动单元：
— Cortex™-M3 内核 ICode/DCode 总线和系统总线(S-bus)
—通用 DMA1 和通用 DMA2
—以太网 DMA
- 三个被动单元：
—内部 SRAM
—内部闪存存储器
— AHB 到 APB 的桥(AHB2APBx)，它连接所有的 APB 设备

这些都是通过一个多级的 AHB 总线构架相互连接的，如图 1-22 所示。

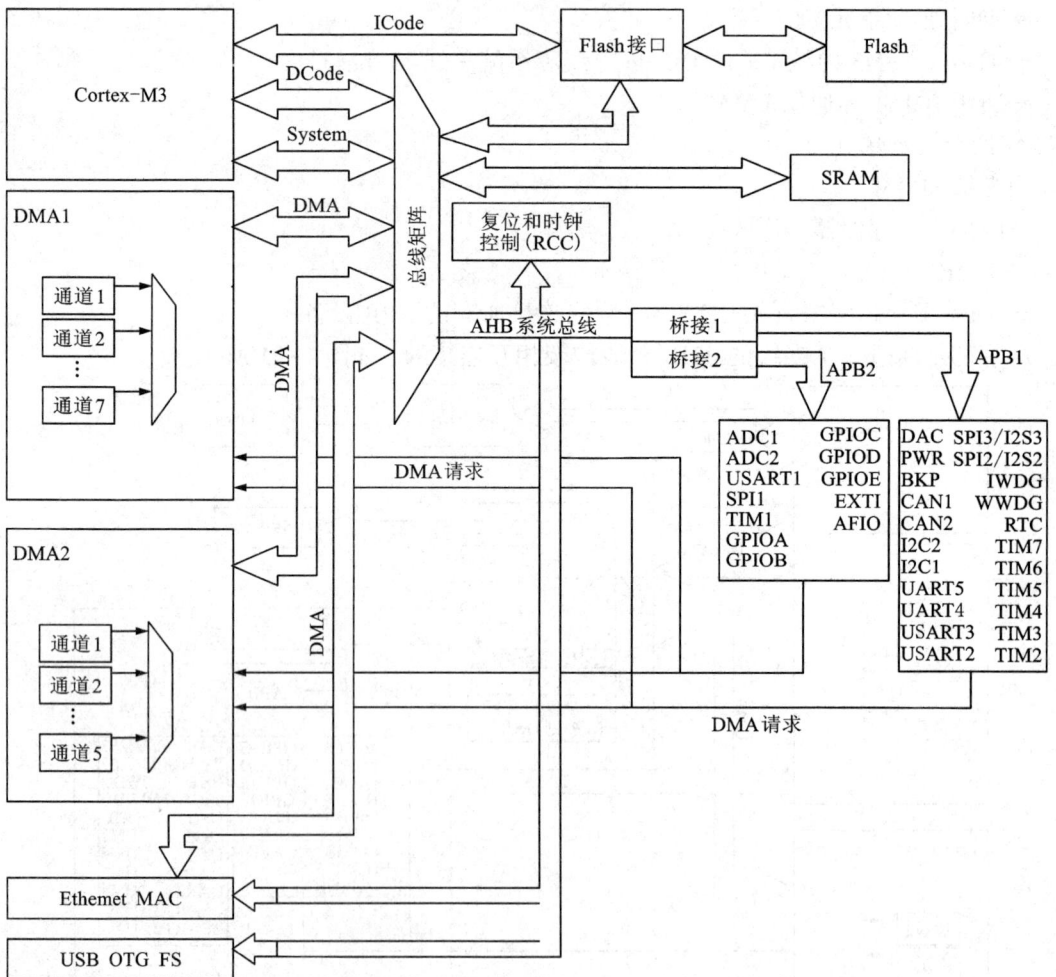

图 1-22　STM32 互联型产品 MCU 结构图

STM32 MCU 各单元之间通过如下总线结构相连：

- ICode 总线

该总线将 Cortex™-M3 内核的指令总线与闪存指令接口相连接。指令预取在此总线上完成。

- DCode 总线

该总线将 Cortex™-M3 内核的 DCode 总线与闪存存储器的数据接口相连接(常量加载和调试访问)。

- 系统总线

此总线连接 Cortex™-M3 内核的系统总线(外设总线)到总线矩阵,总线矩阵协调着内核和 DMA 间的访问。

- DMA 总线

此总线将 DMA 的 AHB 主控接口与总线矩阵相连,总线矩阵协调着 CPU 的 DCode 和 DMA 到 SRAM、闪存和外设的访问。

- 总线矩阵

总线矩阵协调内核系统总线和 DMA 主控总线之间的访问仲裁,仲裁利用轮换算法。在互联型产品中,总线矩阵包含 5 个驱动部件(CPU 的 DCode、系统总线、以太网 DMA、DMA1总线和 DMA2 总线)和 3 个从部件[闪存存储器接口(FLITF)、SRAM 和 AHB2APB 桥]。在其他产品中总线矩阵包含 4 个驱动部件(CPU 的 DCode、系统总线、DMA1 总线和 DMA2 总线)和 4 个被动部件[闪存存储器接口(FLITF)、SRAM、FSMC 和 AHB2APB 桥]。AHB 外设通过总线矩阵与系统总线相连,允许 DMA 访问。

- AHB/APB 桥(APB)

两个 AHB/APB 桥在 AHB 和 2 个 APB 总线间提供同步连接。APB1 操作速度限于 36 MHz,APB2 操作于全速(最高 72 MHz)。

STM32F103xx 片内资源列表如表 1-3 所示。

表 1-3　STM32F103xx 片内资源列表

引脚数目	小容量产品		中等容量产品		大容量产品		
	16KB 闪存	32KB 闪存	64KB 闪存	128KB 闪存	258KB 闪存	384KB 闪存	512KB 闪存
	6KB RAM	10KB RAM	20KB RAM	20KB RAM	48KB 或 64KB RAM	64KB RAM	64KB RAM
144					3 个 USART+2 个 UART 4 个 16 位定时器、2 个基本定时器		
100			3 个 USART 3 个 16 位定时器 2 个 SPI、2 个 I²C、USB、CAN、1 个 PWM 定时器 1 个 ADC		3 个 SPI、2 个 I²S、2 个 I²C USB、CAN、2 个 PWM 定时器 3 个 ADC、1 个 DAC、1 个 SDIO FSMC(100 和 144 脚封装)		
64	2 个 USART 2 个 16 位定时器 1 个 SPI、1 个 I²C、USB、CAN、1 个 PWM 定时器 2 个 ADC						
48							
36							

2）STM32 MCU 存储器映像

程序存储器、数据存储器、寄存器和输入输出端口被组织在同一个 4GB 的线性地址空间内。数据字节以小端格式存放在存储器中。一个字里的最低地址字节被认为是该字的最低有效字节，而最高地址字节是最高有效字节。可访问的存储器空间被分成 8 个主要块，每个块为 512MB。其他所有没有分配给片上存储器和外设的存储器空间都是保留的地址空间，存储器功能分类表如表 1-4 所示。

表 1-4　存储器功能分类表

序号	用途	地址范围
Block0	Code	0x0000 0000~0x1FFF FFFF（512MB）
Block1	SRAM	0x2000 0000~0x3FFF FFFF（512MB）
Block2	片上外设	0x4000 0000~0x5FFF FFFF（512MB）
Block3	FSMC 的 bank1~bank2	0x6000 0000~0x7FFF FFFF（512MB）
Block4	FSMC 的 bank3~bank4	0x8000 0000~0x9FFF FFFF（512MB）
Block5	FSMC 寄存器	0xA000 0000~0xCFFF FFFF（512MB）
Block6	没有使用	0xD000 0000~0xDFFF FFFF（512MB）
Block7	Cortex-M3 内部外设	0xE000 0000~0xFFFF FFFF（512MB）

其中 STM32F10xxx 中片上外设的起始地址如表 1-5、表 1-6 所示。

表 1-5　片上外设的起始地址表（一）

起始地址	外设	总线
0x5000 0000~0x5003 FFFF	USB OTG 全速	AHB
0x4003 0000~0x4FFFF FFFF	保留	
0x4002 8000~0x4002 9FFF	以太网	
0x4002 3400~0x4002 3FFF	保留	
0x4002 3000~0x4002 33FF	CRC	
0x4002 2000~0x4002 23FF	闪存存储器接口	
0x4002 1400~0x4002 1FFF	保留	
0x4002 1000~0x4002 13FF	复位和时钟控制（RCC）	
0x4002 0800~0x4002 0FFF	保留	
0x4002 0400~0x4002 07FF	DMA2	
0x4002 0000~0x4002 03FF	DMA1	
0x4001 8400~0x4001 7FFF	保留	
0x4001 8000~0x4001 83FF	SDIO	

续表 1-5

起始地址	外设	总线
0x4001 4000~0x4001 7FFF	保留	APB2
0x4001 3C00~0x4001 3FFF	ADC3	
0x4001 3800~0x4001 3BFF	USART1	
0x4001 3400~0x4001 37FF	TIM8 定时器	
0x4001 3000~0x4001 33FF	SPI1	
0x4001 2C00~0x4001 2FFF	TIM1 定时器	
0x4001 2800~0x4001 2BFF	ADC2	
0x4001 2400~0x4001 27FF	ADC1	
0x4001 2000~0x4001 23FF	GPIO 端口 G	
0x4001 2000~0x4001 1FFF	GPIO 端口 F	
0x4001 1800~0x4001 1BFF	GPIO 端口 E	
0x4001 1400~0x4001 17FF	GPIO 端口 D	
0x4001 1000~0x4001 13FF	GPIO 端口 C	
0x4001 0C00~0x4001 0FFF	GPIO 端口 B	
0x4001 0800~0x4001 0BFF	GPIO 端口 A	
0x4001 0400~0x4001 07FF	EXTI	
0x4001 0000~0x4001 03FF	AFIO	
0x4000 7800~0x400 FFFF	保留	APB1
0x4000 7400~0x4000 77FF	DAC	
0x4000 7000~0x4000 73FF	电源控(PWR)	
0x4000 6C00~0x4000 6FFF	后备寄存器(BKR)	
0x4000 6800~0x4000 6BFF	bxCAN2	
0x4000 6400~0x4000 67FF	bxCAN1	
0x4000 6000(1)~0x4000 63FF	USB/CAN 共享的 512 字节 SRAM	

表 1-6　片上外设的起始地址表(二)

起始地址	外设	总线
0x4000 5C00~0x4000 5FFF	USB 全速设备寄存器	
0x4000 5800~0x4000 5BFF	I2C2	
0x4000 5400~0x4000 57FF	I2C1	
0x4000 5000~0x4000 53FF	UART5	
0x4000 4C00~0x4000 4FFF	UART4	
0x4000 4800~0x4000 4BFF	USART3	
0x4000 4400~0x4000 47FF	USART2	
0x4000 4000~0x4000 3FFF	保留	
0x4000 3C00~0x4000 3FFF	SPI3/I2S3	
0x4000 3800~0x4000 3BFF	SPI2/I2S3	
0x4000 3400~0x4000 37FF	保留	
0x4000 3000~0x4000 33FF	独立看门狗(IWDG)	
0x4000 2C00~0x4000 2FFF	窗口看门狗(WWDG)	
0x4000 2800~0x4000 2BFF	RTC	
0x4000 1800~0x4000 27FF	保留	
0x4000 1400~0x4000 17FF	TIM7 定时器	
0x4000 1000~0x4000 13FF	TIM6 定时器	
0x4000 0C00~0x4000 0FFF	TIM5 定时器	
0x4000 0800~0x4000 0BFF	TIM4 定时器	
0x4000 0400~0x4000 07FF	TIM3 定时器	
0x4000 0000~0x4000 03FF	TIM2 定时器	

3)STM32 的时钟系统

时钟对于单片机来说是非常重要的,它为单片机工作提供一个稳定的机器周期从而使系统能够正常运行。时钟系统犹如人的心脏,一旦有问题整个系统就崩溃。STM32 内部有很多的外设,但不是所有外设都使用同一时钟频率工作,比如内部看门狗和 RTC,它只需三十几千赫兹的时钟频率即可工作,所以内部时钟源就有多种选择。STM32 系统复位后首先进入 SystemInit 函数进行系统时钟的设置,然后进入主函数。那么这个系统时钟大小如何得来,其他外设的时钟又如何划分,这些问题都可以通过一张时钟结构图找到答案,只要理解好时钟系统结构图(图 1-23),STM32 一切时钟的来龙去脉就会非常清楚。

STM32 有 5 个时钟源:HSI、HSE、LSI、LSE、PLL。

①HSI 是高速内部时钟,RC 振荡器,频率为 8 MHz,精度不高。

②HSE 是高速外部时钟,可接石英/陶瓷谐振器,或者接外部时钟源,频率范围为 4~16 MHz。

③LSI 是低速内部时钟,RC 振荡器,频率为 40 kHz,提供低功耗时钟。

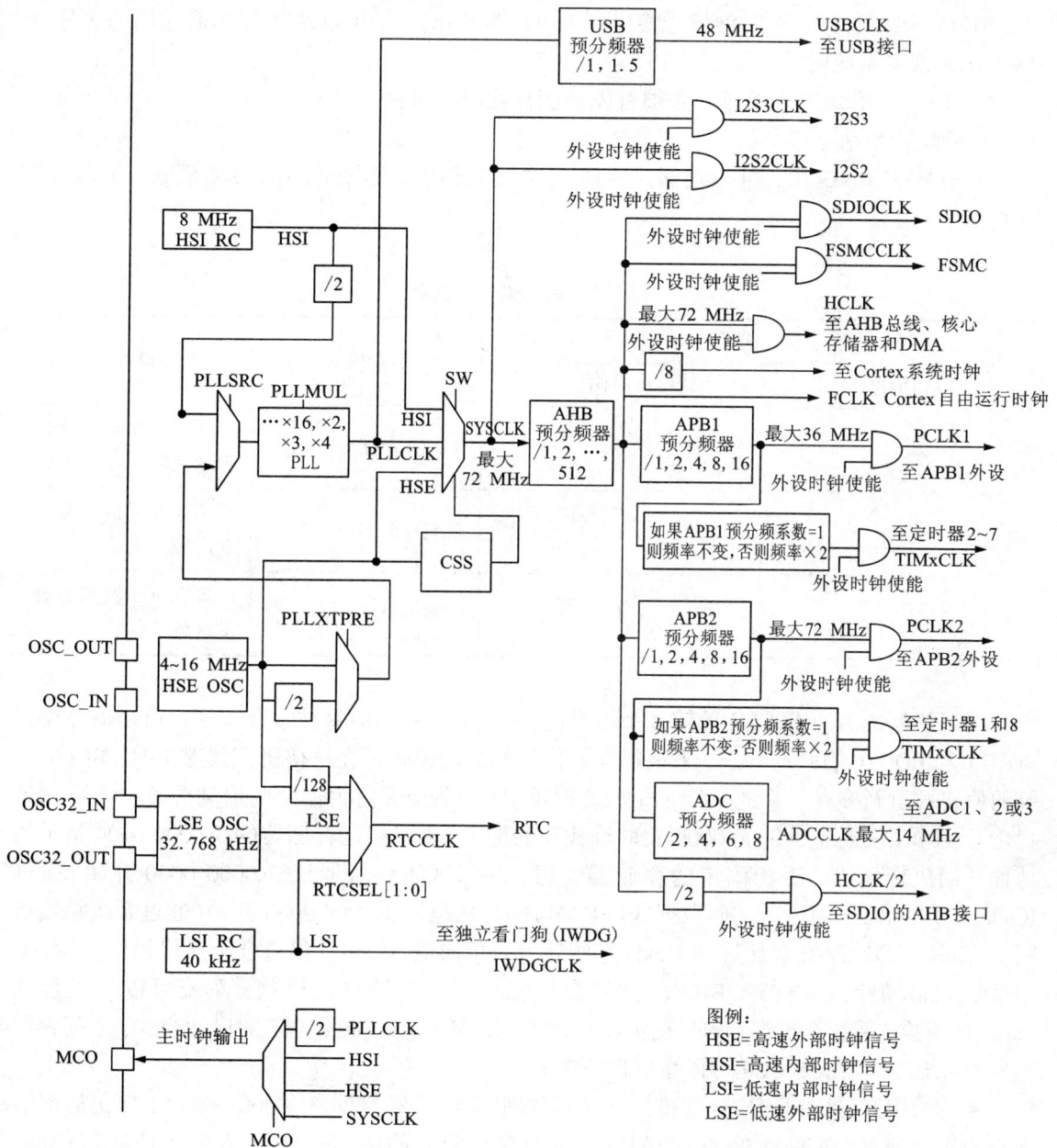

图 1-23 STM32 时钟系统结构图

④LSE 是低速外部时钟，接频率为 32.768 kHz 的石英晶体。

⑤PLL 为锁相环倍频输出，其时钟输入源可选择为 HSI/2、HSE 或者 HSE/2。倍频可选择为 2~16 倍，但是其输出频率最大不得超过 72 MHz。

系统时钟 SYSCLK 可来源于三个时钟源：

①HSI 振荡器时钟。

②HSE 振荡器时钟。

③PLL 时钟。

STM32 可以选择一个时钟信号输出到 MCO 脚(PA8)上,可以选择为 PLL 输出的 2 分频、HSI、HSE 或者系统时钟。

任何一个外设在使用之前,必须首先使能其相应的时钟。

4)STM32 启动方式

在 STM32F10xxx 里,可以通过 BOOT[1:0]引脚选择三种不同的启动模式,如表 1-7 所示。

表 1-7　启动模式配置表

启动模式选择引脚		启动模式	说明
BOOT1	BOOT0		
X	0	主闪存存储器	主闪存存储器被选为启动区域
0	1	系统存储器	系统存储器被选为启动区域
1	1	内置 SRAM	内置 SPAM 被选为启动区域

在系统复位后,SYSCLK 的第 4 个上升沿,BOOT 引脚的值将被锁存。用户可以通过设置 BOOT1 和 BOOT0 引脚的状态,来选择在复位后的启动模式。在从待机模式退出时,BOOT 引脚的值将被重新锁存。因此,在待机模式下 BOOT 引脚应保持为需要的启动配置。在启动延迟之后,CPU 从地址 0x0000 0000 获取堆栈顶的地址,并从启动存储器的 0x0000 0004 指示的地址开始执行代码。因为固定的存储器映像,代码区始终从地址 0x0000 0000 开始(通过 ICode 和 DCode 总线访问),而数据区(SRAM)始终从地址 0x2000 0000 开始(通过系统总线访问)。Cortex-M3 的 CPU 始终从 ICode 总线获取复位向量,即启动仅适合于从代码区开始(典型地从 Flash 启动)。STM32F10xxx 微控制器实现了一个特殊的机制,系统可以不仅仅从 Flash 存储器或系统存储器启动,还可以从内置 SRAM 启动。根据选定的启动模式,主闪存存储器、系统存储器或 SRAM 可以按照以下方式访问:

● 从主闪存存储器启动:主闪存存储器被映射到启动空间(0x0000 0000),但仍然能够在它原有的地址(0x0800 0000)访问它,即闪存存储器的内容可以在两个地址区域访问,0x0000 0000 或 0x0800 0000。

● 从系统存储器启动:系统存储器被映射到启动空间(0x0000 0000),但仍然能够在它原有的地址(互联型产品原有地址为 0x1FFF B000,其他产品原有地址为 0x1FFF F000)访问它。

● 从内置 SRAM 启动:只能在 0x2000 0000 开始的地址区访问 SRAM。

1.3　搭建软件开发环境

1.3.1　MDK-Keil μVision 简介

　　Keil 是公司的名称，有时候也指 Keil 公司的所有软件开发工具。2005 年 Keil 由 ARM 公司收购，成为 ARM 的子公司之一。

　　μVision 是 Keil 公司开发的一个集成开发环境(IDE)，和 Eclipse 类似。它包括工程管理、源代码编辑、编译设置、下载调试和模拟仿真等功能。μVision 有 μVision2、μVision3、μVision4、μVision5 等版本。它提供一个环境，让开发者易于操作，并不提供具体的编译和下载功能，需要软件开发者添加。μVision 通用于 Keil 的开发工具中，例如 Keil C51、MDK 等。

　　MDK(Microcontroller Development Kit)的设备数据库中有很多厂商的芯片，是专为微控制器开发的工具，为满足基于 MCU 进行嵌入式软件开发的工程师需求而设计，支持 ARM7、ARM9、Cortex-M4/M3/M1、Cortex-R0/R3/R4 等 ARM 微控制器内核。

　　μVision5 向后兼容 MDK-Keil μVision4，以前的项目同样可以在 MDK v5 上进行开发，MDK v5 同时加强了针对 Cortex-M 微控制器开发的支持，并且对传统的开发模式和界面进行升级，将分成两个部分：MDK Core 和 Software Packs。其中，Software Packs 可以独立于工具链进行新芯片支持和中间库的升级。

　　● MDK Core——MDK 核心

　　MDK Core 包含微控制器开发的所有组件，包括 IDE(μVision5)、编辑器、ARM C/C++编辑器、μVision 调试跟踪器和 Pack Installer。

　　μVision5 IDE 集成开发环境与 μVision4 相差不大，在编译工具栏右侧多了两个绿色按钮，Manage Run-time Environment 和 Pack Installer 按钮。

　　MDK Core 是一个独立的安装包，大概 300MB，可以到 ARM 国内代理商米尔科技官网下载正式版本。下载安装以后就可以一直使用，如果 Keil 有芯片支持、CMSIS 或者中间库的升级，直接通过 Software Packs 本地升级即可。

　　● Software Packs——MDK 软件包

　　这部分较 MDK v4 版本做出了很大的更新。Software Packs 分为 Device、CMSIS、MDK Professional Middleware 三个小部分，包含了各类可用的设备驱动。

　　MDK v5 可以在 Software Packs 窗口选择需要安装或者更新的软件组件。

1.3.2　MDK-Keil μVision 5 安装与设置

　　(1)准备如图 1-24 所示三个软件。

　　　　　　Keil.STM32F1xx_DFP.2.2.0.pack
　　　　　　keygen.exe
　　　　　　mdk514.exe

图 1-24　MDK-Keil μVision 5 安装包

（2）双击"mdk514.exe"开始安装，出现如图 1-25 所示安装界面。

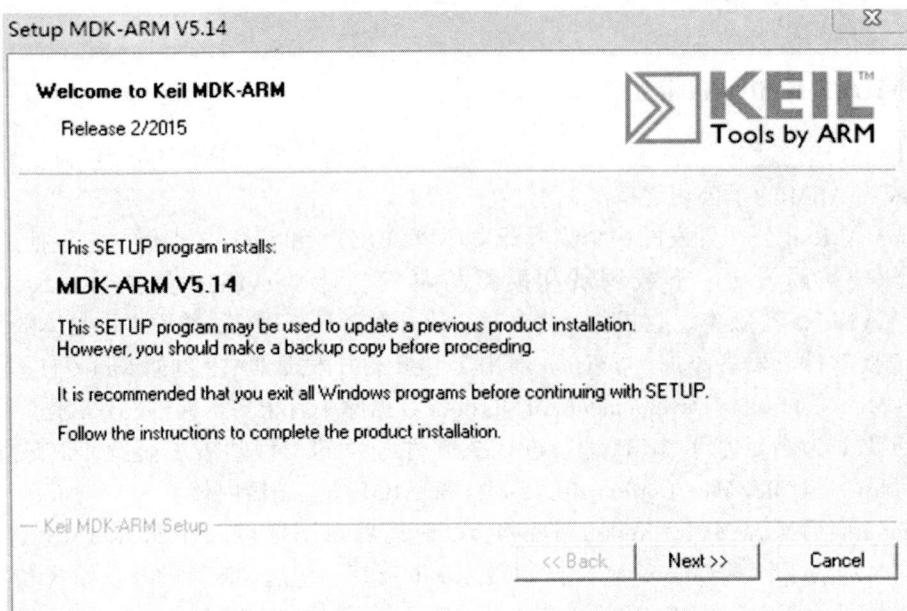

图 1-25　MDK-Keil μVision 5 安装界面

（3）选择用户协议，如图 1-26 所示。

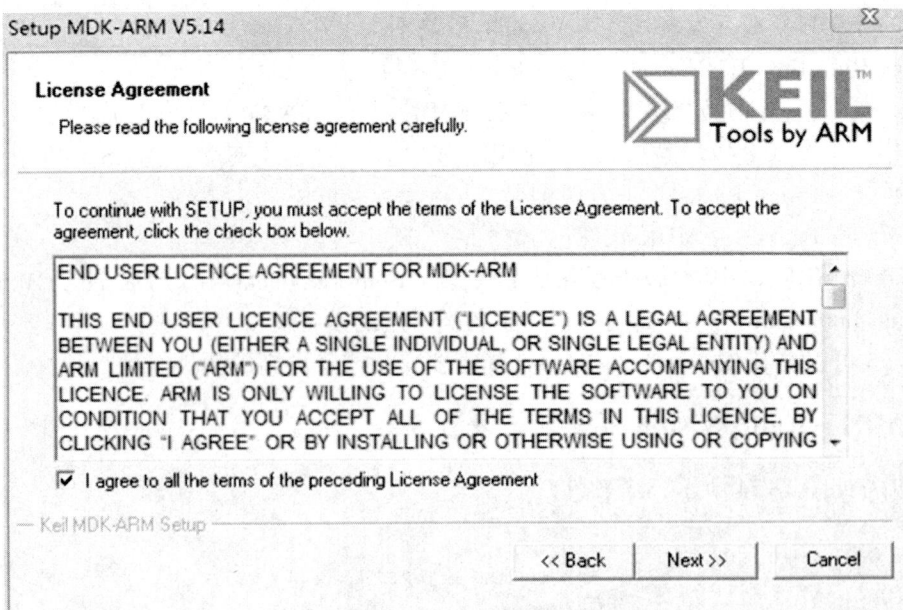

图 1-26　MDK-Keil μVision 5 用户协议界面

（4）单击"Next"，选择软件安装目录，如图 1-27 所示。

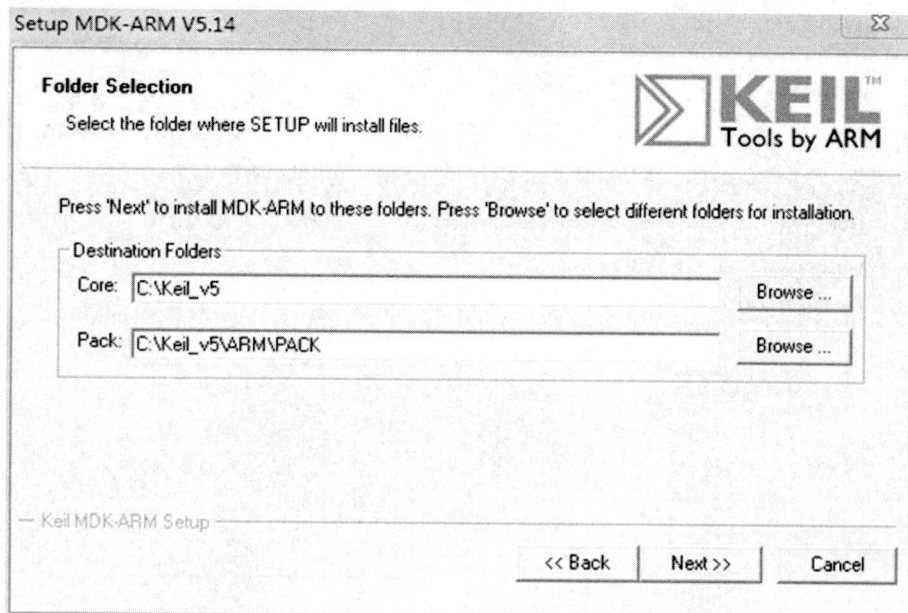

图 1-27　MDK-Keil μVision 5 安装目录配置界面

（5）输入任意 Name 等信息，如图 1-28 所示。

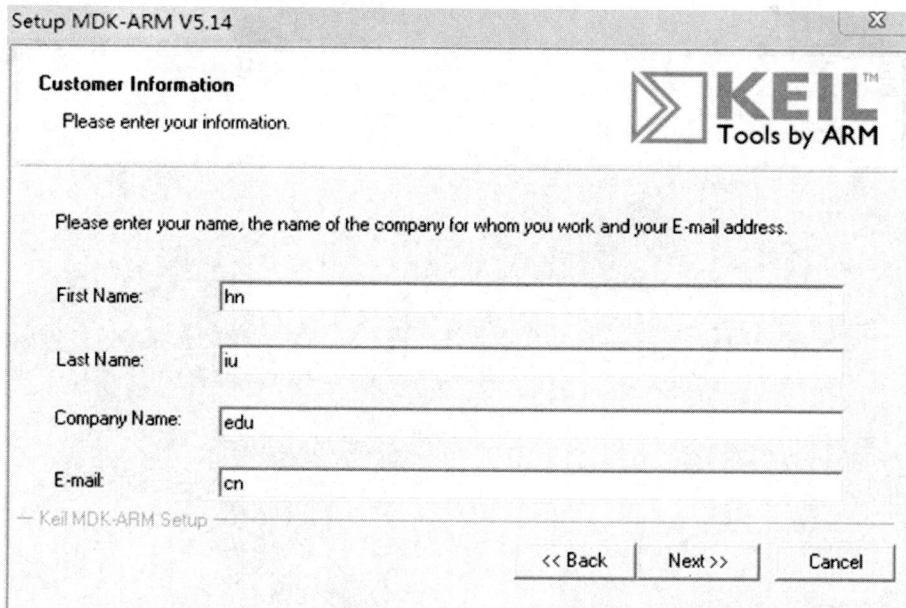

图 1-28　MDK-Keil μVision 5 用户信息配置界面

（6）安装完成后，点击"Finish"，安装进度界面如图 1-29 所示。

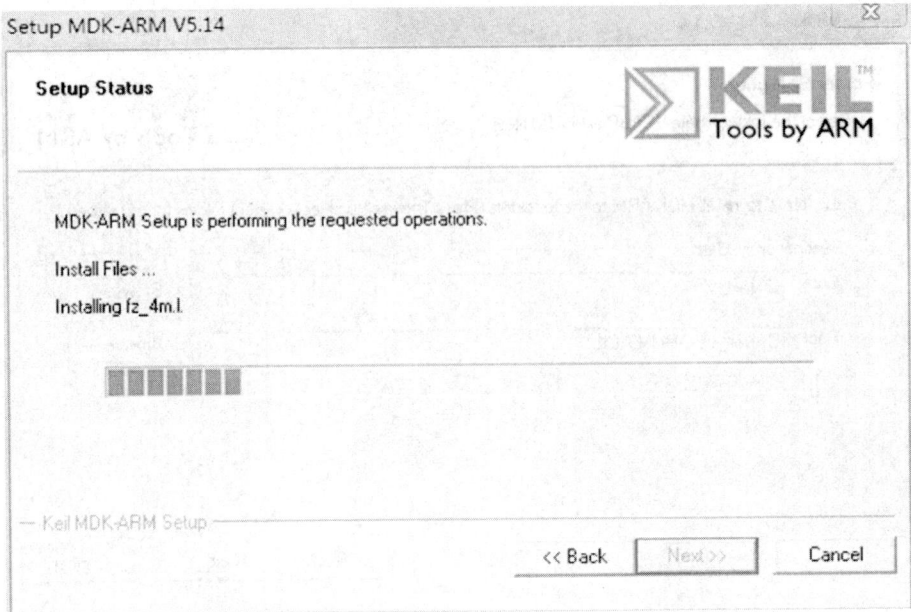

图 1-29　MDK-Keil μVision 5 安装进度界面

（7）右键单击桌面自动生成的"Keil μVision5"快捷方式，以管理员身份运行，点击"File"，选择"License Management"，进入安装密钥配置界面，如图 1-30 所示。

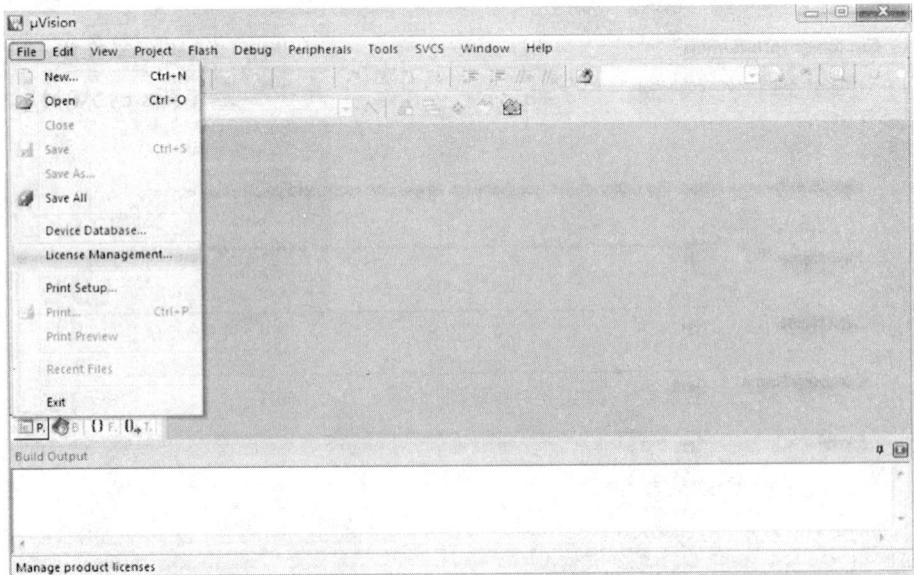

图 1-30　MDK-Keil μVision 5 密匙配置界面

（8）此时打开"keygen. exe"注册机，将注册界面的"CID"复制到注册机中，然后点击"Target"修改为"ARM"，点击"Generate"，生成注册码，如图 1–31 所示。

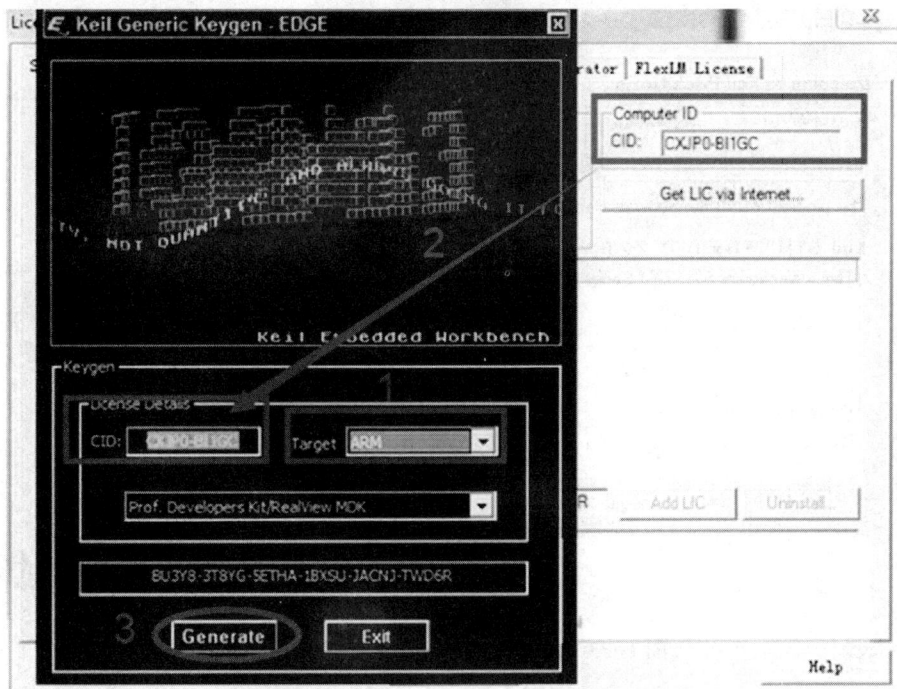

图 1–31　MDK–Keil μVision 5 密匙合成界面

（9）将注册码复制到注册界面，点击"AddLIC"，出现如图 1–32 所示界面说明破解完成。

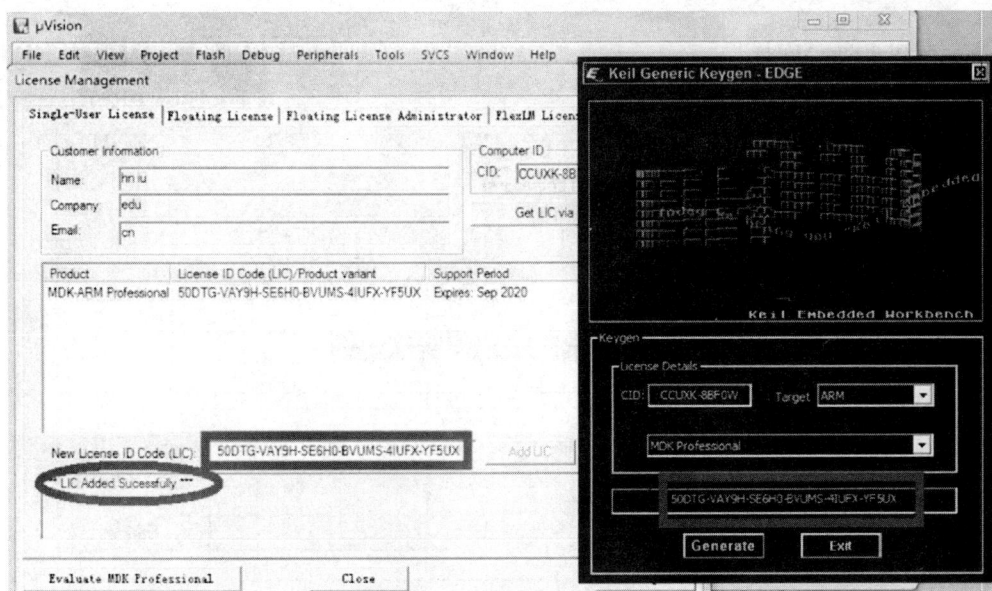

图 1–32　MDK–Keil μVision 5 激活界面

（10）双击运行"Keil. STM32F1xx_DFP. 2. 2. 0. pack"，如图 1-33 所示。

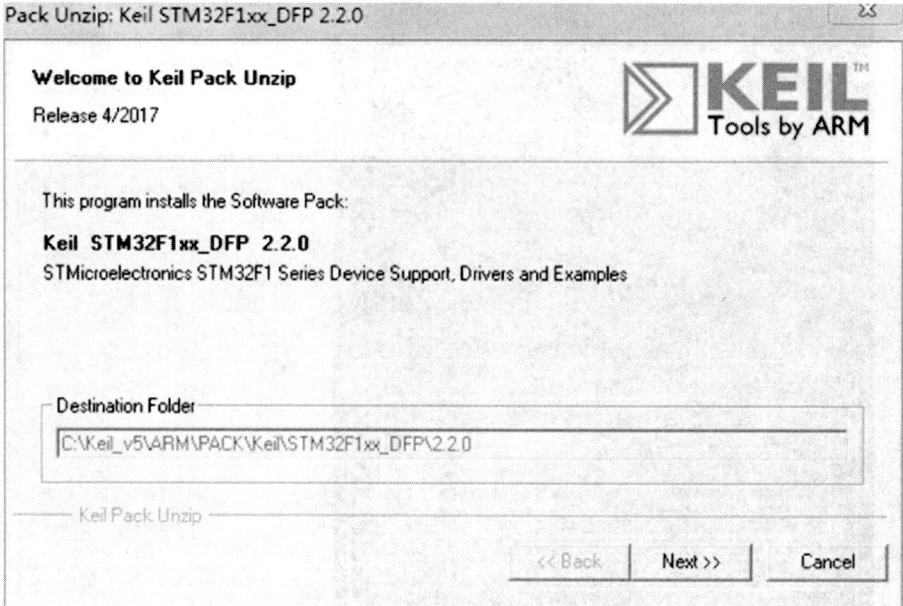

图 1-33　STM32F1 系列支持包安装界面

（11）单击"Next"，安装 STM32F1 系列支持包，如图 1-34 所示。

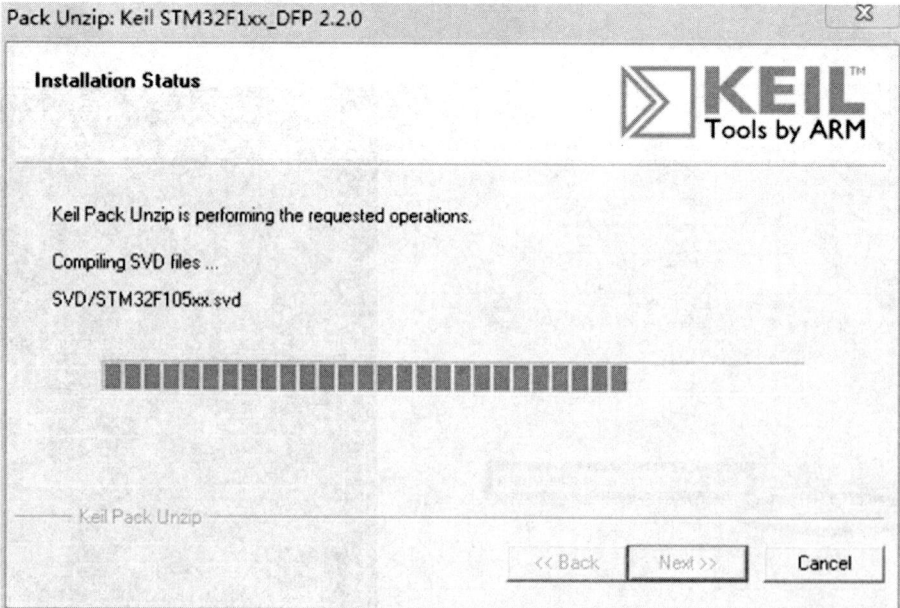

图 1-34　STM32F1 系列支持包安装进度

（12）单击"Finish"，结束安装，如图 1-35 所示。

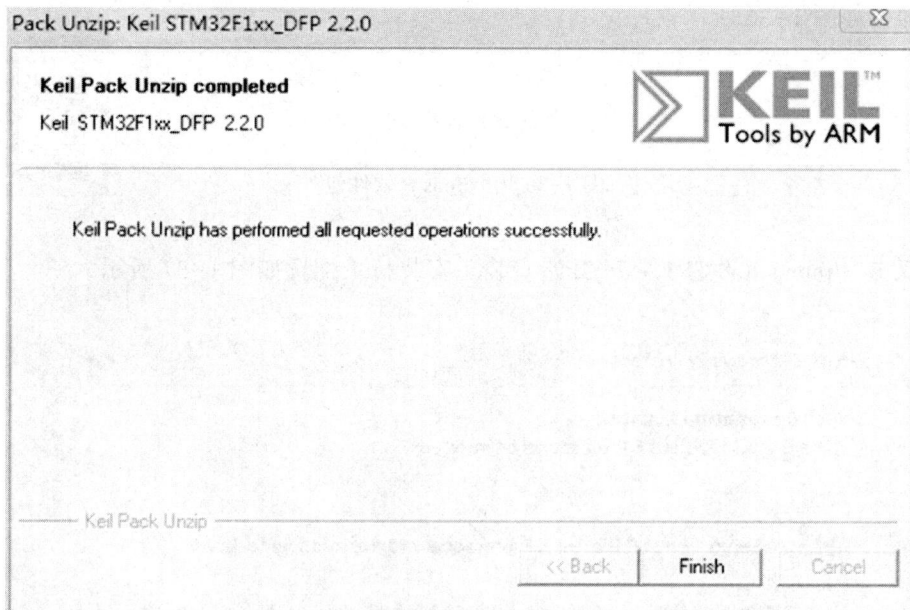

图 1-35　STM32F1 系列支持包安装完成界面

1.3.3　Proteus 简介

Proteus 软件是英国 Lab Center Electronics 公司出版的 EDA 工具软件。它不仅具有其他 EDA 工具软件的仿真功能，还能仿真单片机及外围器件。它是比较好的仿真单片机及外围器件的工具。虽然国内推广刚起步，但已受到单片机爱好者、从事单片机教学的教师、致力于单片机开发应用的科技工作者的青睐。

Proteus 是英国著名的 EDA 工具（仿真软件），从原理图布图、代码调试到单片机与外围电路协同仿真，一键切换到 PCB 设计，真正实现了从概念到产品的完整设计。其处理器模型支持 8051、HC11、PIC10/12/16/18/24/30、dsPIC33、AVR、ARM、8086 和 MSP430 等，2010 年又增加了 Cortex 和 DSP 系列处理器，并持续增加其他系列处理器模型。在编译方面，它也支持 IAR、Keil 和 MATLAB 等多种编译器。

其革命性的特点包括：

- 互动的电路仿真

用户甚至可以实时采用诸如 RAM、ROM、键盘、马达、LED、LCD、AD/DA、部分 SPI 器件、部分 IIC 器件。

- 仿真处理器及其外围电路

可以仿真 51 系列、AVR、PIC、ARM 等常用主流单片机。还可以直接在基于原理图的虚拟原型上编程，再配合显示及输出，能看到运行后输入输出的效果。配合系统配置的虚拟逻辑分析仪、示波器等，Proteus 建立了完备的电子设计开发环境。

1.3.4 Proteus 8 安装与设置

（1）准备如图 1-36 所示软件。

图 1-36 Proteus 8 软件包

（2）双击"Proteus 8.8 SP1.exe"开始安装。安装目录配置如图 1-37 所示。

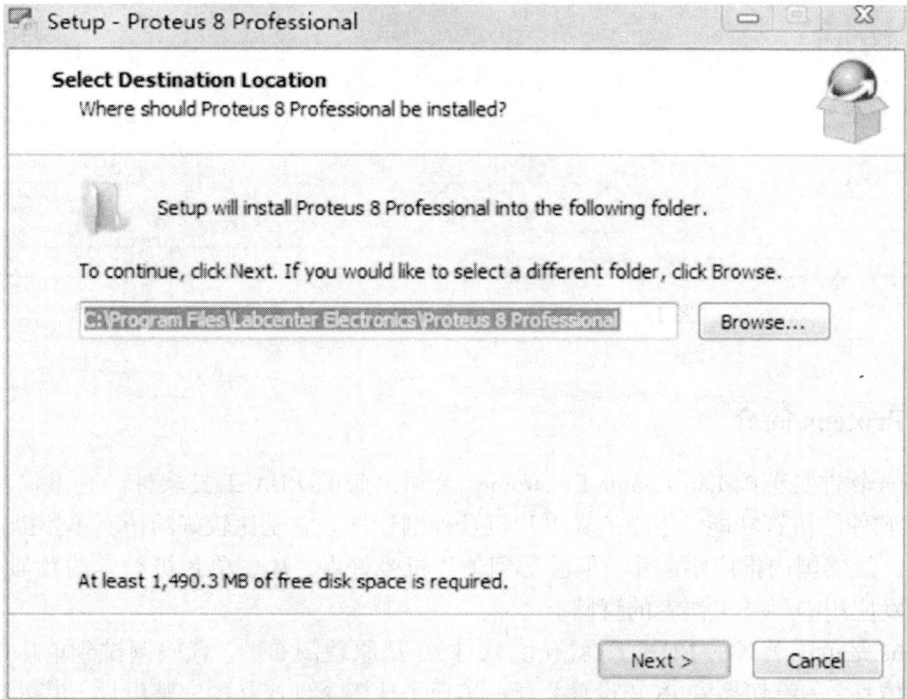

图 1-37 Proteus 8 安装目录配置

（3）选择安装目录，连续单击"Next"。Proteus 8 安装进度界面如图 1-38 所示。
（4）单击"Finish"，结束安装，如图 1-39 所示。

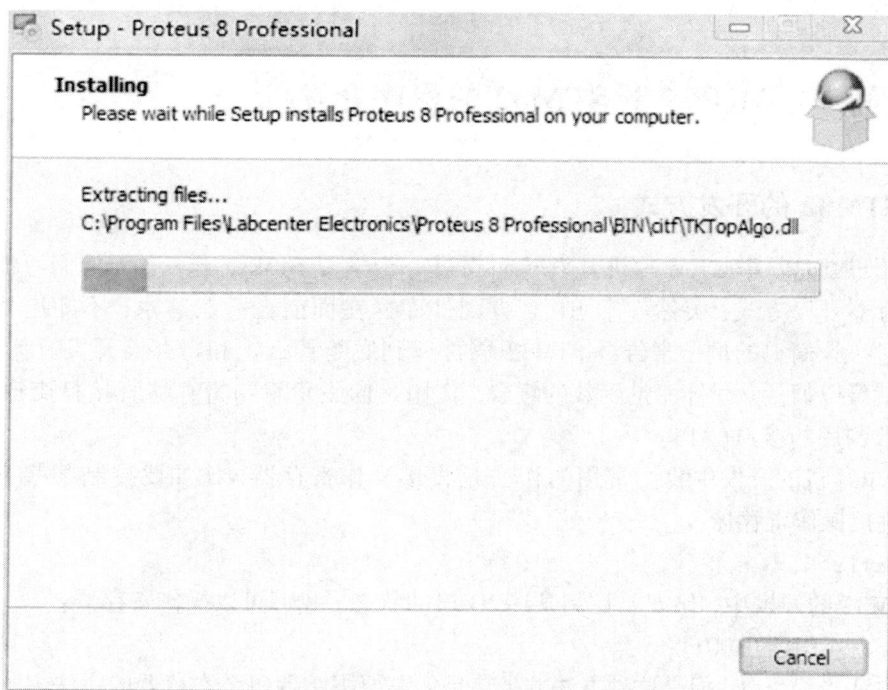

图 1-38　Proteus 8 安装进度界面

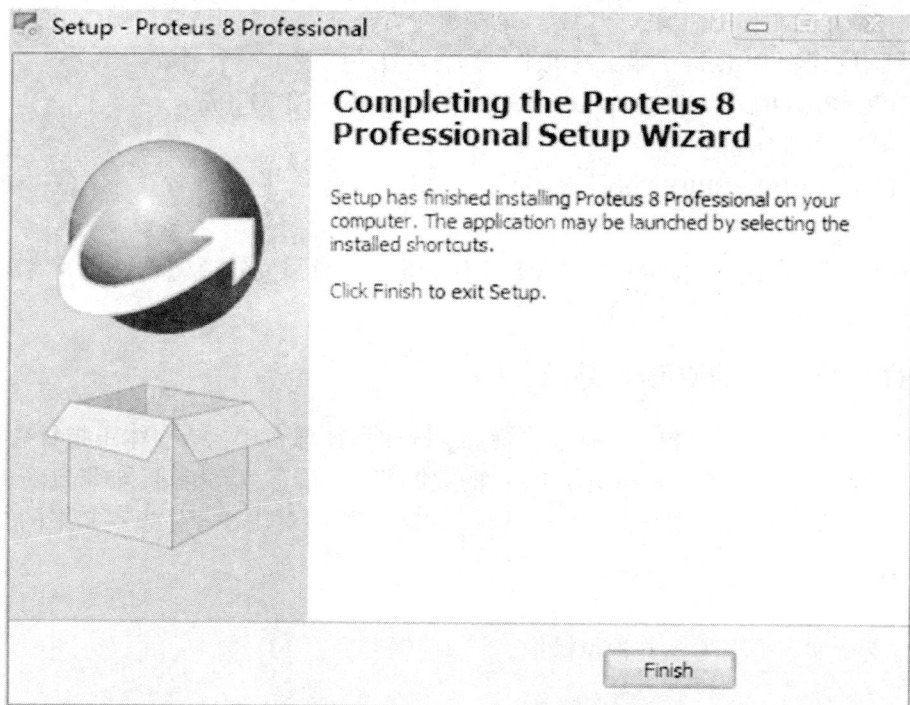

图 1-39　Proteus 8 安装完成界面

1.4　案例一　MDK5 下 STM32 的程序开发

1.4.1　STM32 的开发方式

很多用户都是从学 51 单片机开发转而想进一步学习 STM32 开发的，他们习惯了 51 单片机的寄存器开发方式，突然一个 ST 官方固件库摆在面前会一头雾水，不知道从何下手。我们将通过一个简单的例子来告诉 STM32 固件库到底是什么？和寄存器开发有何关系？其实一句话就可以概括：固件库是函数的集合，作用是向下负责与寄存器直接打交道，向上提供用户函数调用的接口（API）。

在 51 单片机的开发中我们常用的作法是直接操作寄存器，比如要控制某些 IO 口的状态，我们直接操作寄存器：

P0 = 0x11；

在 STM32 的开发中，比如要控制某些 IO 口的状态，我们可以操作寄存器：

GPIOx ->BRR = 0x0011；

这种方法当然可以，但是这种方法的劣势是你需要去掌握每个寄存器的用法，才能正确使用 STM32，而对于 STM32 这种级别的 MCU，数百个寄存器记起来又是谈何容易。于是 ST（意法半导体）推出了官方固件库，将这些寄存器底层操作都封装起来提供一整套接口（API）供开发者调用，大多数场合下你不需要去知道操作的是哪个寄存器只需要知道调用哪些函数即可。

比如上面的控制 BRR 寄存器实现电平控制，官方库封装了一个函数：

void GPIO_ResetBits(GPIO_TypeDef * GPIOx, uint16_t GPIO_Pin)
{

　　GPIOx->BRR = GPIO_Pin；

}

这个时候你不需要再直接去操作 BRR 寄存器了，你只需要知道怎么使用寄存器和怎么使用 GPIO_ResetBits（ ）这个函数就可以了。

1.4.2　STM32 编程的 C 语言基础

刚开始看 STM32 的库函数，会有很多疑惑，例如指针怎么用，结构体跟指针怎么配合；函数的参数有什么要求，如何实时更新 IO 口的数据等。C 语言博大精深，如果重新进行 C 语言的学习，那么要学很久才能够有系统的认识。本小节则将对比较容易想不起来的知识点进行简单的整理。

1) 位操作

C 语言支持如表 1-8 所示 6 种位操作。

表 1-8 位操作汇总表

运算符	含义	运算符	含义
&	按位与	~	取反
|	按位或	<<	左移
^	按位异或	>>	右移

下面着重讲解位操作在 STM32 编程中的使用技巧。

● 不改变其他位的值的状况下，对某几个位进行设值

这个场景在 STM32 开发中经常使用，方法就是先对需要设置的位用 & 操作符进行清零操作，然后用 | 操作符设值。比如要改变 GPIOA 的状态，可以先对寄存器的值进行 & 清零操作：

GPIOA->CRL&=0xFFFFFF0F; //将第 4~7 位清 0

然后再与需要设置的值进行位或运算

GPIOA->CRL|=0x00000040; //设置相应位的值，不改变其他位的值

● 移位操作提高代码的可读性

移位操作在 STM32 开发中也非常重要，下面让我们看看固件库的 GPIO 初始化的函数里面的一行代码：

GPIOx->BSRR=((uint32_t)0x01) << pinpos);

这个操作就是将 BSRR 寄存器的第 pinpos 位设置为 1，为什么要通过左移而不是直接设置一个固定的值呢？其实，这是为了提高代码的可读性以及可重用性。这行代码可以很直观明了地知道，是将第 pinpos 位设置为 1。如果写成：

GPIOx->BSRR =0x0020;

这样的代码既不好看也不好重用了。

● 取反操作

SR 寄存器的每一位都代表一个状态，某个时刻我们希望去设置某一位的值为 0，同时其他位都保留为 1，简单的作法是直接给寄存器设置一个值：

TIMx->SR=0xFFFE;

这样的作法设置第 0 位为 0，但是这样的作法同样不好看，并且可读性很差。看看库函数代码中是怎样使用的：

TIMx->SR=(uint16_t)~TIM_FLAG_Update;

而 TIM_FLAG 是通过宏定义定义的值：

#define TIM_FLAG_Update ((uint16_t)0x0001)

2）define 宏定义

define 是 C 语言中的预处理命令，用于宏定义，可以提高源代码的可读性，为编程提供方便。

常见的格式：#define 标识符 字符串

"标识符"为所定义的宏名。"字符串"可以是常数、表达式、格式串等。例如：

#define SYSCLK_FREQ_72 MHz 72000000

定义标识符 SYSCLK_FREQ_72 MHz 的值为 72000000。

3）ifdef 条件编译

在 STM32 程序开发过程中，经常会遇到一种情况，当满足某条件时对一组语句进行编译，而当条件不满足时则编译另一组语句。条件编译命令最常见的形式为：

#ifdef 标识符

　程序段 1

#else

　程序段 2

#endif

它的作用是：当标识符已经被定义过（一般是用 #define 命令定义），则对程序段 1 进行编译，否则编译程序段 2。其中 #else 部分也可以没有，即：

#ifdef 标识符

　程序段 1

#endif

这个条件编译在 MDK 里面是用得很多的，在 stm32f10x.h 这个头文件中经常会看到这样的语句：

#ifdef STM32F10X_HD

　大容量芯片需要的一些变定义

#endif

而 STM32F10X_HD 则是我们通过#define 来定义的。

4）extern 变量声明

C 语言中 extern 可以置于变量或者函数前，以表示变量或者函数的定义在别的文件中，提示编译器遇到此变量和函数时在其他模块中寻找其定义。这里面要注意，对于 extern 声明变量可以多次，但定义只有一次。在代码中你会看到这样的语句：

extern u16 USART_RX_STA;

这个语句是声明 USART_RX_STA 变量在其他文件中已经定义了，在这里要使用到。所以，你肯定可以找到在某个地方有变量定义的语句：

u16 USART_RX_STA;

下面通过一个例子说明一下使用方法。

在 main.c 定义的全局变量 id，id 的初始化都是在 main.c 里面进行的，main.c 文件如下：

u8 id; //定义只允许一次

main()

{

　id = 1;

　printf("d%", id);

　test();

　printf("d%", id);

}

但是我们希望在 test.c 的 test(void)函数中使用变量 id，这个时候我们就需要在 test.c 里面去声明变量 id 是外部定义的了，因为如果不声明，变量 id 的作用域是到不了 test.c 文件中的。看下面 test.c 中的代码：

extern u8 id; //声明变量 id 是在外部定义的

void test(void)

{

　　id=2;

}

在 test.c 中声明变量 id 在外部定义，然后在 test.c 中就可以使用变量 id 了。

5）结构体

很多读者经常提到，他们对结构体使用不是很熟悉，但是 MDK 中太多地方使用结构体以及结构体指针，这让他们一下子摸不着头脑，学习 STM32 的积极性大大降低，其实结构体并不是那么复杂，这里我们稍微提一下结构体的一些知识。

声明结构体：

Struct 结构体名

{

　　成员列表；

}变量名列表；

例如：

Struct U_TYPE

{

　　Int BaudRate；

　　Int WordLength；

}usart1,usart2；

在结构体声明的时候可以定义变量，也可以在声明之后定义，方法是：

Struct 结构体名字 结构体变量列表；

例如：struct U_TYPE usart1,usart2；

结构体成员变量的引用方法是：结构体变量名字.成员名

比如要引用 usart1 的成员 BaudRate，方法是：

usart1.BaudRate；

结构体指针变量定义也是一样的，跟其他变量没有啥区别。

例如：struct U_TYPE ＊usart3；//定义结构体指针变量 usart3；

结构体指针成员变量引用方法是通过"->"符号实现的，比如要访问 usart3 结构体指针指向的结构体的成员变量 BaudRate，方法是：usart3->BaudRate；

6）typedef 类型别名

typedef 用于为现有类型创建一个新的名字，或称为类型别名，用来简化变量的定义。typedef 在 MDK 中用得最多的就是定义结构体的类型别名和枚举类型了。

struct _GPIO

{

　　_IO uint32_t CRL；

```
    _IO uint32_t CRH;
    …
};
```
定义了一个结构体 GPIO，这样我们定义变量的方式为：

struct _GPIO GPIOA; //定义结构体变量 GPIOA

但是这样很繁琐，MDK 中有很多这样的结构体变量需要定义。这里我们可以为结构体定义一个别名 GPIO_TypeDef，这样我们就可以在其他地方通过别名 GPIO_TypeDef 来定义结构体变量了。方法如下：

```
typedef struct
{
    _IO uint32_t CRL;
    _IO uint32_t CRH;
    …
} GPIO_TypeDef;
```

Typedef 为结构体定义一个别名 GPIO_TypeDef，这样我们可以通过 GPIO_TypeDef 来定义结构体变量：GPIO_TypeDef GPIOA，GPIOB；

这里的 GPIO_TypeDef 就跟 struct _GPIO 有等同的作用了。

讲到这里，有人会问，结构体和类型别名到底有什么作用呢？为什么要使用结构体和类型别名呢？下面我们将简单地通过一个实例回答一下这个问题。

在我们单片机程序开发过程中，经常会遇到要初始化一个外设比如串口，它的初始化状态是由几个属性来决定的，比如串口号、波特率、极性以及模式。对于这种情况，在我们没有学习结构体的时候，我们一般的方法是：

void USART_Init(u8 usartx, u32 BaudRate, u8 parity, u8 mode);

这种方式是有效的，同时在一定场合是可取的。但是试想，如果有一天，我们希望往这个函数里面再传入一个参数，那么势必我们需要修改这个函数的定义。如加入字长这个入口参数，我们的定义被修改为：

void USART_Init (u8 usartx, u32 BaudRate, u8 parity, u8 mode, u8 wordlength);

但是如果我们这个函数的入口参数随着开发不断地增多，那么是不是我们就要不断地修改函数的定义呢？这是不是给我们开发带来很多的麻烦？那又怎样解决这种情况呢？

这样如果我们使用到结构体就能解决这个问题了。我们可以在不改变入口参数的情况下，只需要改变结构体的成员变量，就可以达到上面改变入口参数的目的。

结构体就是将多个变量组合为一个有机的整体。上面的函数，BaudRate，parity，mode，wordlength 这些参数，它们对于串口而言，是一个有机整体，都是用来设置串口参数的，所以我们可以将它们通过定义一个结构体组合在一起。MDK 中是这样定义的：

```
typedef struct
{
    uint32_t USART_BaudRate;
    uint16_t USART_WordLength;
    uint16_t USART_StopBits;
```

uint16_t USART_Parity；

uint16_t USART_Mode；

uint16_t USART_HardwareFlowControl；

｝USART_InitTypeDef；

于是，我们在初始化串口的时候入口参数就可以是 USART_InitTypeDef 类型的变量或者指针变量了，MDK 中是这样做的：

void USART_Init(USART_TypeDef ∗ USARTx, USART_InitTypeDef ∗ USART_InitStruct)；

这样，任何时候，我们只需要修改结构体成员变量，往结构体中间加入新的成员变量，而不需要修改函数定义就可以达到修改入口参数的目的了。这样的好处是不用修改任何函数定义就可以达到增加变量的目的。

理解结构体和类型别名在这个例子中间的作用了吗？在以后的开发过程中，如果变量定义过多，某几个变量是用来描述某一个对象，可以考虑将这些变量定义在结构体中，这样也许可以提高代码的可读性。

7) 文件的包含问题

#include 操作是，若后面带的是<>，则文件在安装路径中找；若后面带的是" "，则文件在源目录中找。

8) volatile

变量前若加有 volatile 这个关键字，则每当系统用到这个变量时，则必须重新读取这个变量的值。这种语句被大量用来描述一个对应于内存映射的输入输出端口，或者寄存器，如 IO 口的寄存器等。例如：

```
static int i=0;
int main( void)
｛
    ...
    while ( 1)｛
     if ( i)
        dosomething( );
    ｝
｝
/ ∗ Interrupt service routine. ∗/
void ISR_2( void)
｛
    i=1;
｝
```

程序的本意是希望 ISR_2 中断产生时，在 main 函数中调用 dosomething 函数，但是，由于编译器判断在 main 函数里面没有修改过 i，因此可能只执行一次对从 i 到某寄存器的读操作，然后每次 if 判断都只使用这个寄存器里面的"i 副本"，导致 dosomething 永远也不会被调用。如果将变量加上 volatile 修饰，则编译器保证对此变量的读写操作都不会被优化(肯定执行)。此例中 i 也应该如此说明。

1.4.3　STM32 固件库简介

1) STM32 固件库与 CMSIS 标准

CMSIS(CortexMicroController Software Interface Standard)标准,实际上是新建了一个软件抽象层。位于硬件层与操作系统或用户层之间,提供了与芯片生产商无关的抽象层,可以为接口外设、实时操作系统提供简单的处理器软件接口,屏蔽了硬件差异。CMSIS 架构如图1-40 所示。

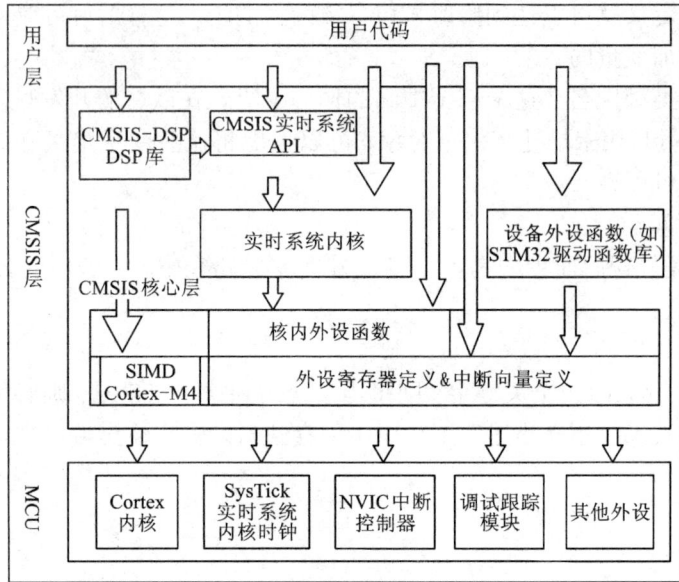

图 1-40　CMSIS 架构图

CMSIS 标准中最主要的为 CMSIS 层,它包括了:

● 内核函数层:其中包含用于访问内核寄存器的名称、地址定义,主要由 ARM 公司提供。

● 设备外设访问层:提供了片上的核外外设的地址和中断定义,主要由芯片生产商提供。

如果没有 CMSIS 标准,那么各个芯片公司就会设计自己喜欢风格的库函数,而 CMSIS 标准就是要强制规定芯片生产公司设计的库标准。芯片生产公司设计的库函数必须按照 CMSIS 标准来设计。例如,我们在使用 STM32 芯片的时候首先要进行系统初始化,CMSIS 规范就规定,系统初始化函数名字必须为 SystemInit,所以各个芯片公司写自己的库函数的时候就必须用 SystemInit 对系统进行初始化。CMSIS 还对各个外设驱动文件的文件名字规范化,以及函数名字规范化等一系列规定。前面章节讲的函数 GPIO_ResetBits 这个函数名字也是不能随便定义的,是要遵循 CMSIS 规范的。

STM32 的固件库,就是按照 CMSIS 标准建立的。

2) 固件库结构

STM32 标准库可以从官网获得，本书讲解的例程全部采用 3.5.0 库文件。解压库文件后进入其目录"STM32F10x_StdPeriph_Lib_V3.5.0\"，如图 1-41 所示。

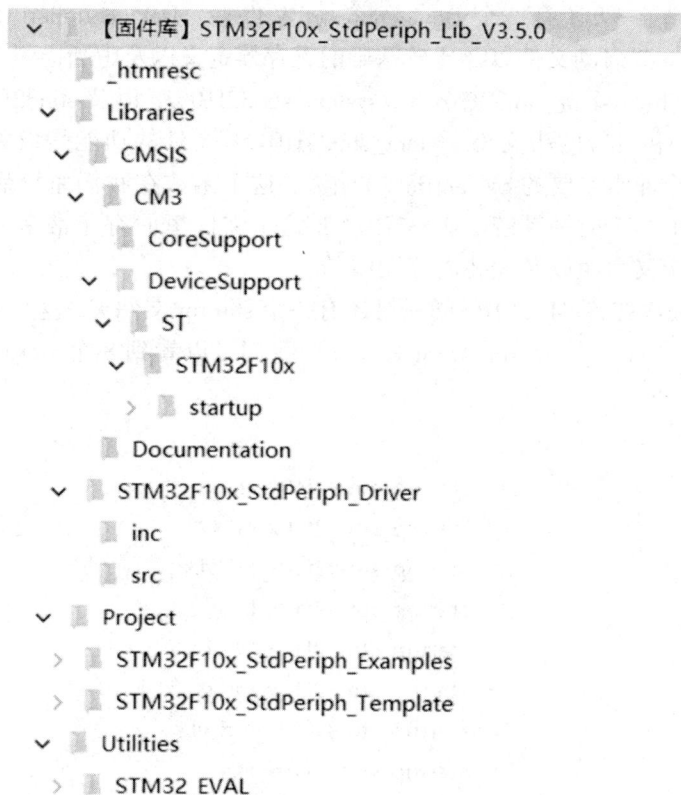

图 1-41　STM32F1 固件库目录展开图

Libraries 文件夹下面有 CMSIS 和 STM32F10x_StdPeriph_Driver 两个目录。这两个目录包含固件库核心的所有子文件夹和文件。其中 CMSIS 目录下面是启动文件，STM32F10x_StdPeriph_Driver 放的是 STM32 固件库源码文件。源文件目录下面的 inc 目录存放的是 stm32f10x_xxx.h 头文件，无须改动。src 目录下面放的是 stm32f10x_xxx.c 格式的固件库源码文件。每一个.c 文件和一个相应的.h 文件对应。这里的文件也是固件库的核心文件，每个外设对应一组文件。

Libraries 文件夹里面的文件在我们建立工程的时候都会使用到。

Project 文件夹下面有两个文件夹。STM32F10x_StdPeriph_Examples 文件夹下面存放的 ST 官方提供的固件实例源码，在以后的开发过程中，可以参考修改这个官方提供的实例来快速驱动自己的外设，很多开发板的实例都参考了官方提供的例程源码，这些源码对以后的学习非常重要。STM32F10x_StdPeriph_Template 文件夹下面存放的是工程模板。

Utilities 文件下就是官方评估板的一些对应源码，这个可以忽略不看。

根目录中还有一个 stm32f10x_stdperiph_lib_um.chm 文件，这是固件库的帮助文档。

下面我们要着重介绍 Libraries 目录下面几个重要的文件。

core_cm3. c 和 core_cm3. h 文件位于 \ Libraries \ CMSIS \ CM3 \ CoreSupport 目录下面,是 CMSIS 的核心文件,提供进入 M3 内核接口。这是由 ARM 公司提供,对所有 CM3 内核的芯片都一样。

和 CoreSupport 同一级还有一个 DeviceSupport 文件夹。DeviceSupport \ ST \ STM32F10x 文件夹下面主要存放一些启动文件以及比较基础的寄存器定义以及中断向量定义的文件。这个目录下面有三个文件:system_stm32f10x. c,system_stm32f10x. h 以及 stm32f10x. h 文件。其中 system_stm32f10x. c 和对应的头文件 system_stm32f10x. h 文件的功能是设置系统以及总线时钟,这个里面有一个非常重要的 SystemInit( ) 函数,这个函数在我们系统启动的时候都会调用,用来设置系统的整个时钟系统。stm32f10x. h 这个文件里面有非常多的结构体以及宏定义,主要是寄存器定义声明以及包装内存操作。

在 DeviceSupport \ ST \ STM32F10x 同一级还有一个 startup 文件夹,这个文件夹里面放的文件顾名思义是启动文件。在 \ startup \ arm 目录下,我们可以看到 8 个 startup 开头的. s 文件,如图 1-42 所示。

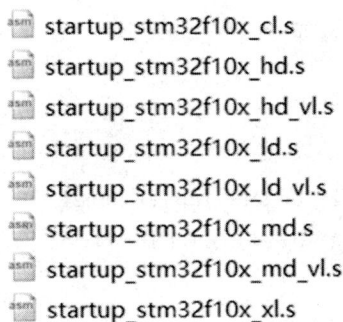

图 1-42　固件库启动文件汇总

这里之所以有 8 个启动文件,是因为对于不同容量的芯片启动文件不一样。对于 103 系列,主要是用其中 3 个启动文件:

startup_stm32f10x_ld. s:适用于小容量产品

startup_stm32f10x_md. s:适用于中等容量产品

startup_stm32f10x_hd. s:适用于大容量产品

这里的容量是指 FLASH 的大小,判断方法如下:

小容量:FLASH≤32KB

中容量:64KB≤FLASH≤128KB

大容量:256KB≤FLASH

1.4.4　创建第一个工程

(1)在新建工程之前,在电脑的某个目录下新建文件夹 example 1,然后在这个目录下新建 Lib、Usr、Startup、Sys 和 CMSIS 五个文件夹,如图 1-43 所示。

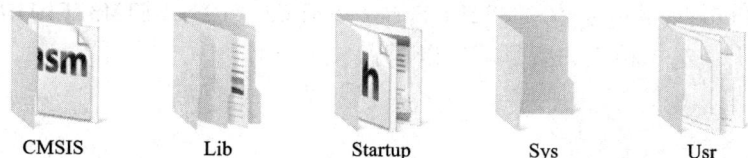

图 1-43 工程目录结构图

（2）点击 MDK 的菜单：Project->New μVision Project…（图 1-44），然后将目录定位到刚才建立的文件夹 example 1\Usr，我们的工程文件就都保存到 Usr 文件夹下面。工程命名为 Template，点击"保存"，如图 1-45 所示。

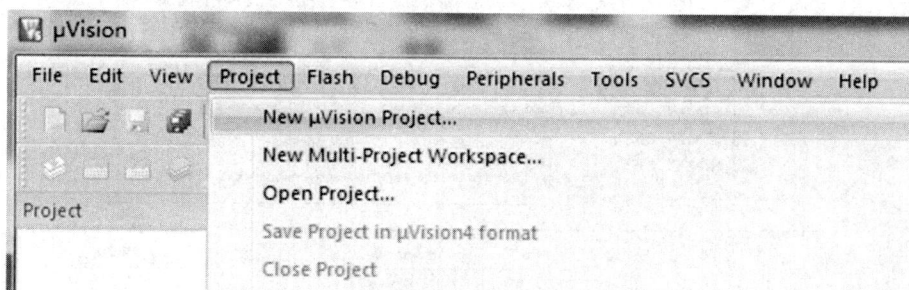

图 1-44 新建工程界面

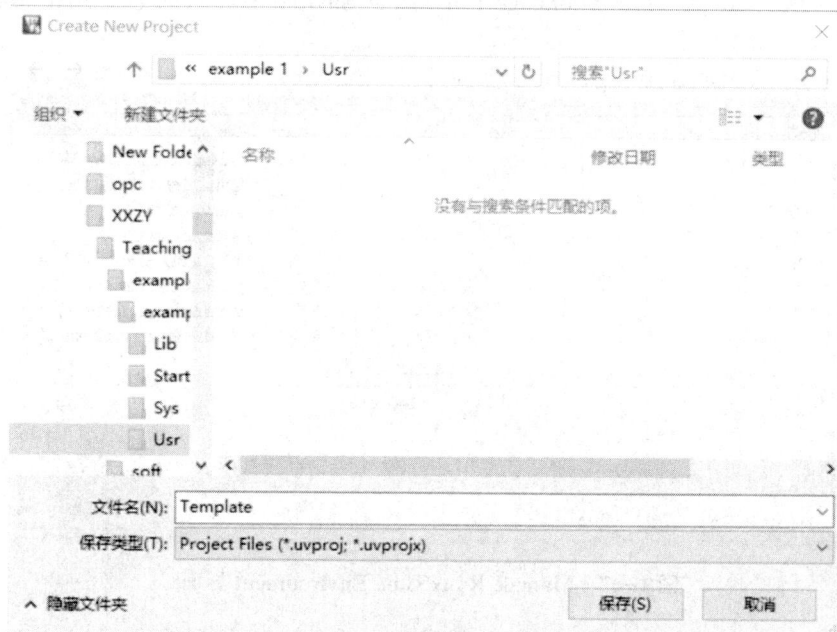

图 1-45 定义工程名界面

接下来会出现一个选择 CPU 的界面，就是选择我们的芯片型号。如图 1-46 所示，在这里我们选择 STMicroelectronics->STM32F1 Series->STM32F103->STM32F103R6（如果使用的是其他系列的芯片，选择相应的型号就可以了）。

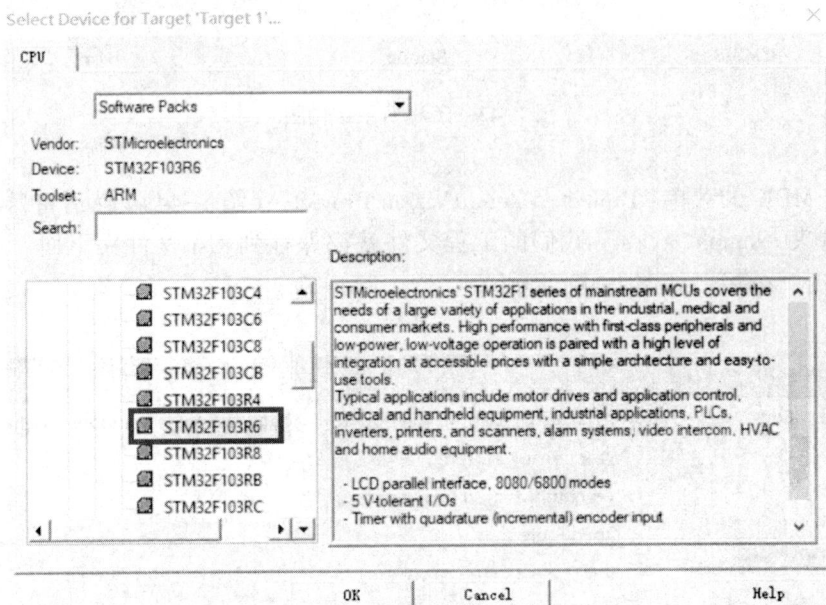

图 1-46　选择芯片型号界面

（3）点击"OK"，MDK 会弹出 Manage Run-Time Environment 对话框，如图 1-47 所示。

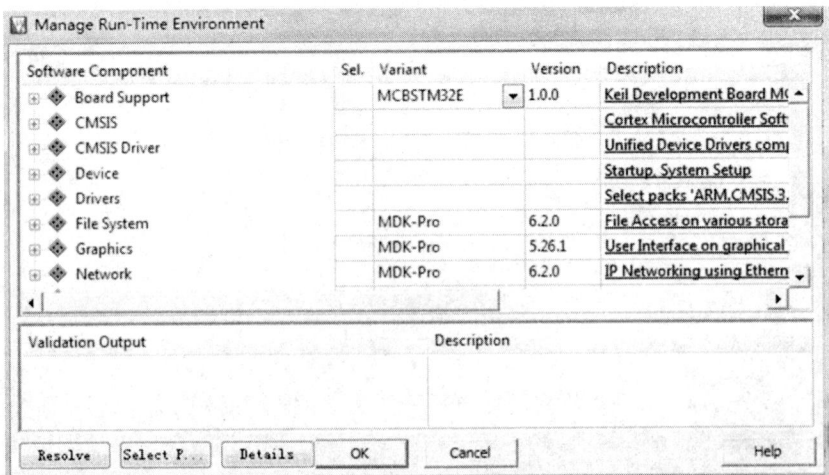

图 1-47　Manage Run-Time Environment 界面

这是 MDK5 新增的一个功能，在这个界面，我们可以添加自己需要的组件，从而方便构建开发环境，不过这里我们不做介绍。所以在所示界面，我们直接点击"Cancel"即可，得到如图 1-48 所示界面。

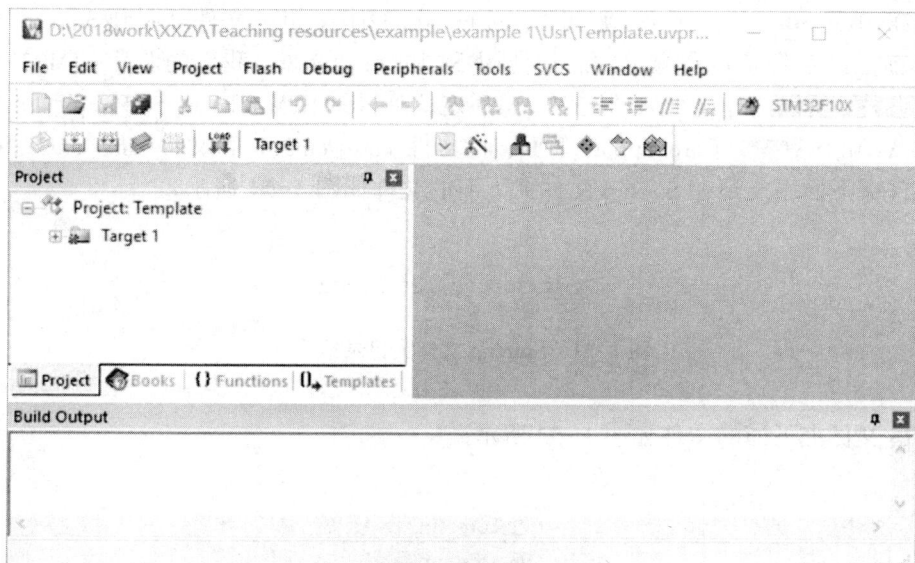

图 1-48　工程模板框架

到这里，我们还只是建了一个框架，还需要添加启动代码，以及.c 文件等。

(4)现在 Usr 目录下面包含 2 个文件夹和 2 个文件，如图 1-49 所示。

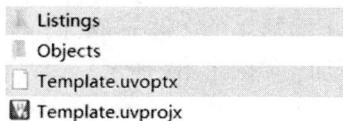

图 1-49　Usr 目录结构图

这里说明一下，Template. uvprojx 是工程文件，非常关键，不能轻易删除。Listings 和 Objects 文件夹是 MDK 自动生成的文件夹，用于存放编译过程产生的中间文件。

(5)将官方固件库中的源程序复制到工程目录文件夹下面。打开官方固件库包，定位到我们之前准备好的固件库包的目录 STM32F10x_StdPeriph_Lib_V3. 5. 0\Libraries\STM32F10x_StdPeriph_Driver 下面，将目录下面的 src、inc 文件夹复制到我们刚才建立的 Lib 文件夹下面，如图 1-50 所示。src 存放的是固件库的.c 文件，inc 存放的是对应的.h 文件。

图 1-50　Lib 文件夹目录结构图

（6）下面我们要将固件库包里相关的启动文件复制到工程目录 Startup 之下。打开官方固件库包，定位到目录 STM32F10x_StdPeriph_Lib_V3.5.0\Libraries\CMSIS\CM3\DeviceSupport\ST\STM32F10x\startup\arm 下面，将里面 startup_stm32f10x_ld.s 文件复制到 Startup 下面。这里我们之前已经解释了不同容量的芯片使用不同的启动文件，我们的芯片 STM32F103R6T6 是小容量芯片，所以选择这个启动文件。然后定位到目录 STM32F10x_StdPeriph_Lib_V3.5.0\Libraries\CMSIS\CM3\CoreSupport 下面，将文件 core_cm3.c 和文件 core_cm3.h 复制到 CMSIS 文件夹下面去。现在 Startup 文件夹下面的文件如图 1-51 所示。

图 1-51　Startup 文件夹目录结构图

CMSIS 文件夹下面的文件如图 1-52 所示。

图 1-52　CMSIS 文件夹目录结构图

（7）定位到目录 STM32F10x_StdPeriph_Lib_V3.5.0\Libraries\CMSIS\CM3\DeviceSupport\ST\STM32F10x 下面，将里面的三个文件 stm32f10x.h，system_stm32f10x.c，system_stm32f10x.h，复制到我们的 Usr 目录之下。然后将 STM32F10x_StdPeriph_Lib_V3.5.0\Project\STM32F10x_StdPeriph_Template 下面的 4 个文件 main.c，stm32f10x_conf.h，stm32f10x_it.c，stm32f10x_it.h 复制到 Usr 目录下面，如图 1-53 所示。

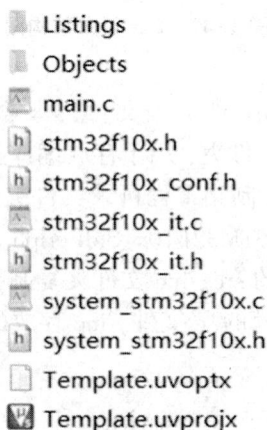

图 1-53　Usr 文件夹目录结构图

（8）工程分组。右键单击"Target 1"，选择"Add Group"，如图 1-54 所示。

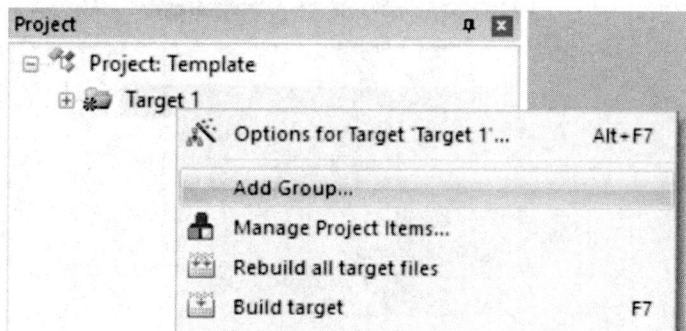

图1-54　工程分组路径界面

将文件夹example 1下面的5个文件夹都添加进来，如图1-55所示。

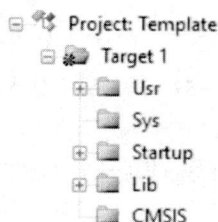

图1-55　工程分组界面

（9）给分组添加源文件。右键单击分组，选择"Add Existing Files to Group Lib…"，如图1-56所示。

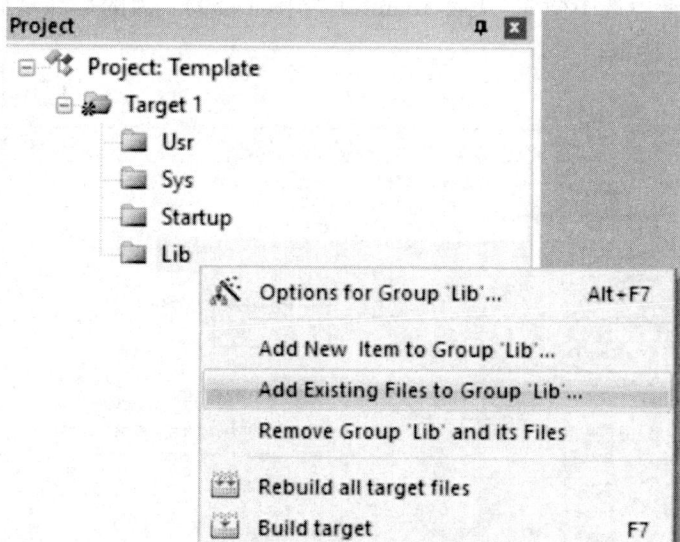

图1-56　添加源文件路径界面

将工程目录对应文件夹中的*.s和*.c文件添加进来，如图1-57所示。

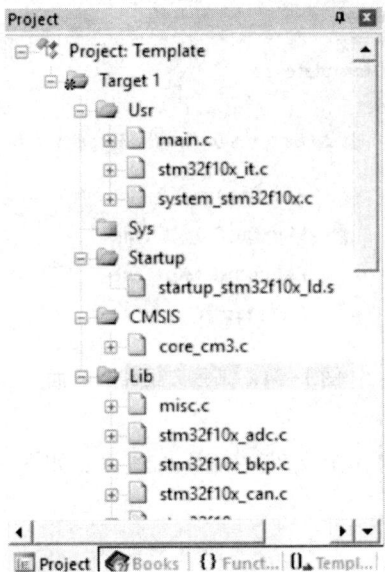

图 1-57　添加源文件界面

（10）单击圆圈所圈图标，配置魔术棒选项卡，如图 1-58 所示。

图 1-58　选择魔术棒选项卡界面

在 Target 选项卡中选中微库" Use MicroLIB"（图 1-59），为的是在日后编写串口驱动的时候可以使用 printf 函数。

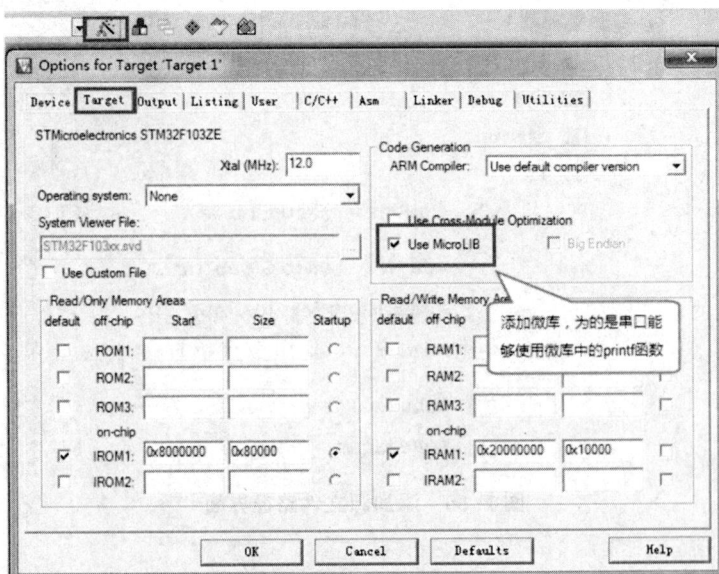

图 1-59　配置魔术棒选项卡 Target 界面

在 Output 选项卡中，如果想要在编译的过程中生成 hex 文件，那么把 Create HEX File 选项勾上，如图 1-60 所示。

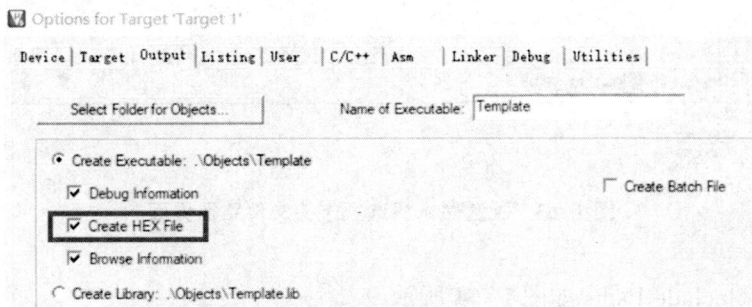

图 1-60　配置魔术棒选项卡 Output 界面

在 C/C++选项卡中添加处理宏及编译器编译的时候查找的头文件路径，如图 1-61 所示。如果头文件路径添加有误，则编译的时候会报错找不到头文件。

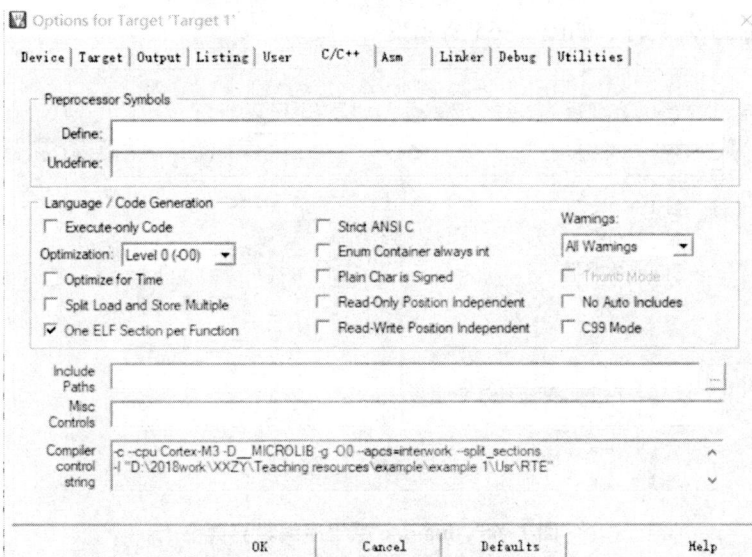

图 1-61　配置魔术棒选项卡 C/C++界面

首先，定位到 C/C++界面，然后填写"STM32F10X_HD, USE_STDPERIPH_DRIVER"到 Define 输入框里面，如图 1-62 所示。

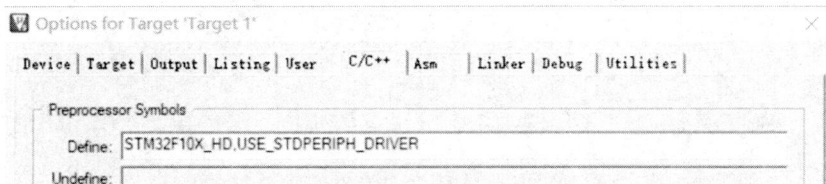

图 1-62　配置魔术棒选项卡预定义符号界面

然后，在 C/C++界面，单击 Include Paths 后面的浏览键，添加头文件路径，如图 1-63 所示。

图 1-63　配置魔术棒选项卡头文件路径界面

单击"OK"，Include Paths 如图 1-64 所示。

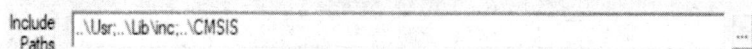

图 1-64　配置魔术棒选项卡头文件目录界面

（11）修改 main. c 文件，如图 1-65 所示。

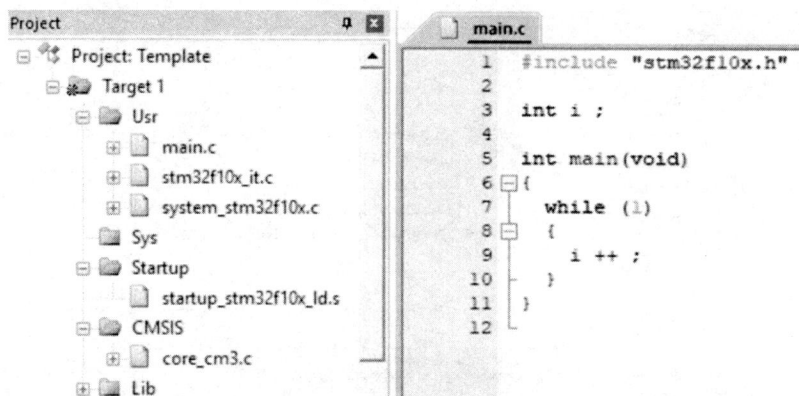

图 1-65　main. c 源程序编辑界面

（12）单击编译按钮，编译工程。记得在 main. c 文件最后要留一空行，见上图第 12 行，否则编译会有警告。等待 Build Output 窗口显示"0 Error, 0 Warning"，表示工程编译成功，如图 1-66 所示。

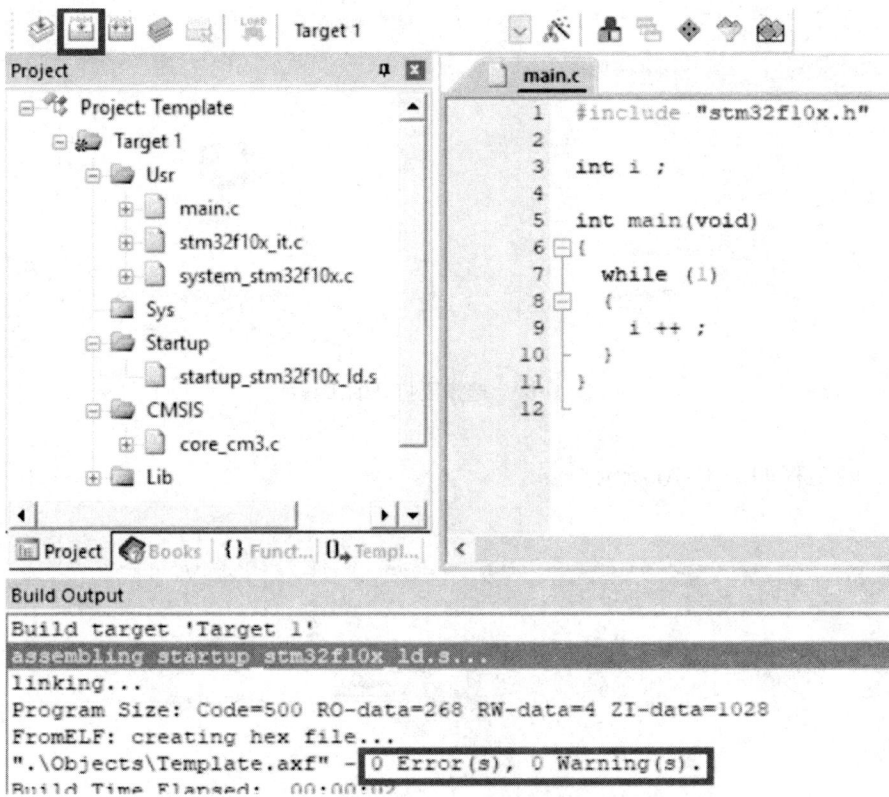

图 1-66　工程编译界面

编译出的 16 进制文件在 Usr->Objects 目录下，如图 1-67 所示。

图 1-67　HEX 文件目录界面

1.4.5　STM32 软件仿真

本小节介绍如何在 MDK5 下进行 STM32 程序的离线软件仿真。

（1）打开工程操作界面，如图 1-68 所示。

选择图 1-69 中 Template. uvprojx 文件，单击打开。

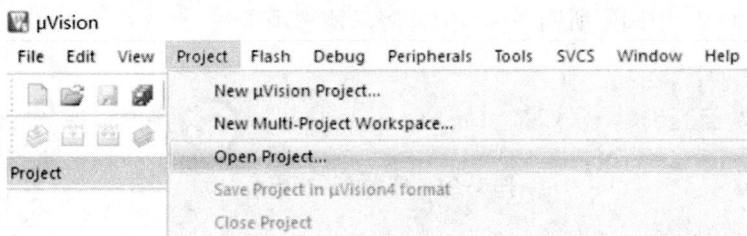

图 1-68　打开工程操作界面

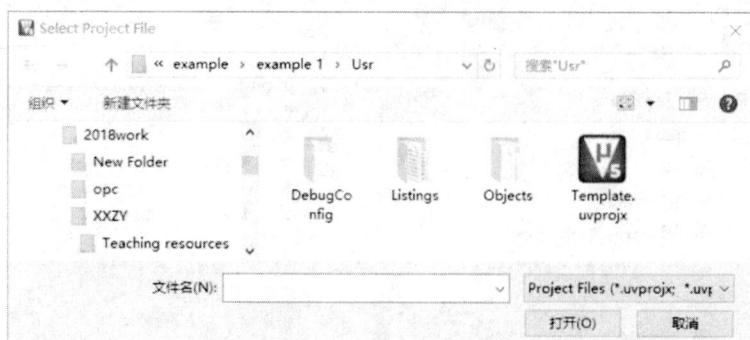

图 1-69　选择要打开的工程

打开后的工程如图 1-70 所示。

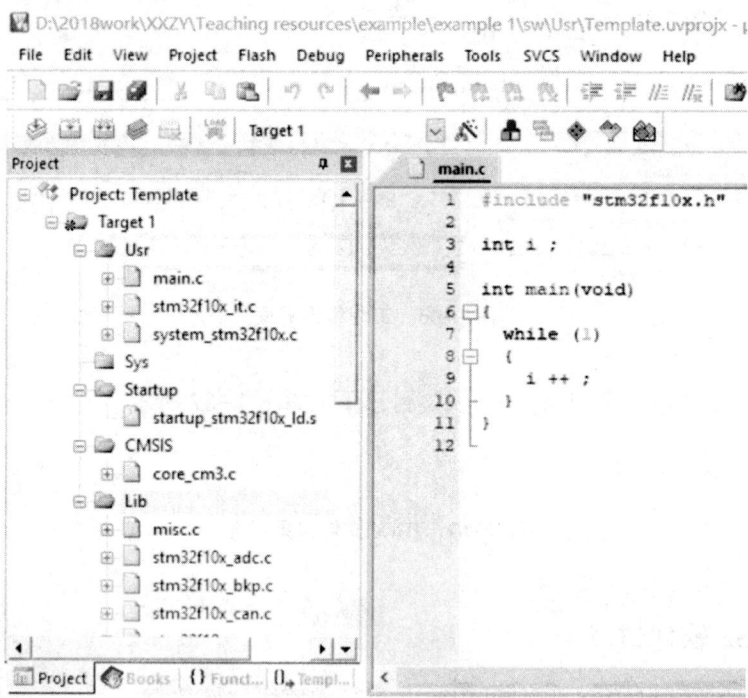

图 1-70　工程界面

（2）单击图 1-71 中圆圈所圈图标，配置魔术棒选项卡。

图 1-71　魔术棒选择界面

在图 1-72 中，配置 Debug 选项卡，选择 Use Simulator，即使用软件仿真；选择 Run to main( )，即跳过汇编代码，直接跳至 main( )函数进行仿真。设置下方的：Dialog DLL 分别为 DARMSTM. DLL 和 TARMSTM. DLL，Parameter 均为 - pSTM32F103R6，用于设置支持 STM32F103R6 的软件仿真(即可以通过 Peripherals 选择对应外设的对话框观察仿真结果)。最后点击"OK"，完成配置。

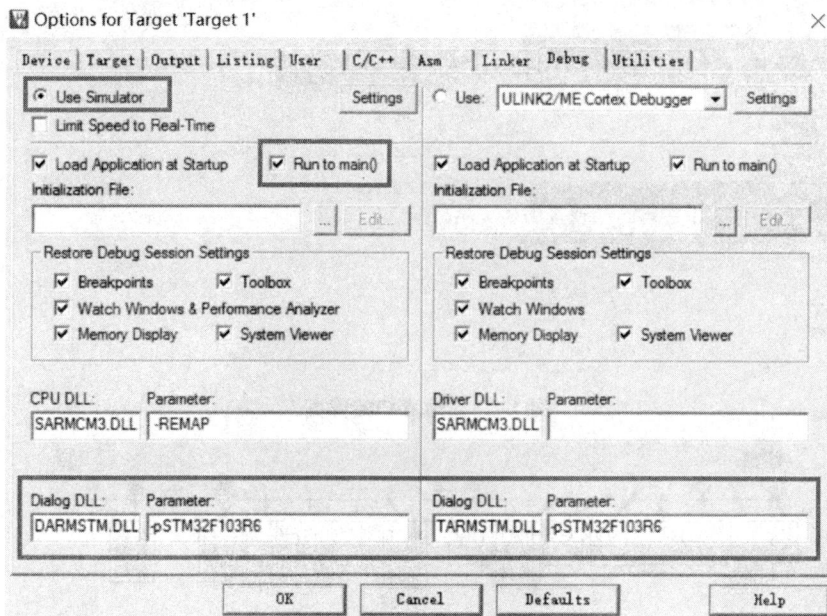

图 1-72　配置魔术棒 Debug 界面

(3)单击图 1-73 中圆圈所圈图标，开始仿真。

图 1-73　仿真按钮界面

注意，仿真之前，一定要编译工程，没有错误后才能进行仿真。仿真界面如图 1-74 所示，程序指针指向 main( )函数第一条语句。

可以发现，多出了一个工具条，见图 1-74 中方框，这就是 Debug 工具条，这个工具条在我们仿真的时候是非常有用的。下面简单介绍一下 Debug 工具条相关按钮的功能。Debug 工具条部分按钮的功能如图 1-75 所示：

● 复位：其功能等同于硬件上按复位按钮，相当于实现了一次硬复位。按下该按钮之后，代码会重新从头开始执行。

● 执行到断点处：该按钮用来快速执行到断点处，有时候你并不需要观看每步是怎么执行的，而是想快速地执行到程序的某个地方看结果，这个按钮就可以实现这样的功能，前提是你在查看的地方设置了断点。

● 执行进去：该按钮用来实现执行到某个函数里面去的功能，在没有函数的情况下，是

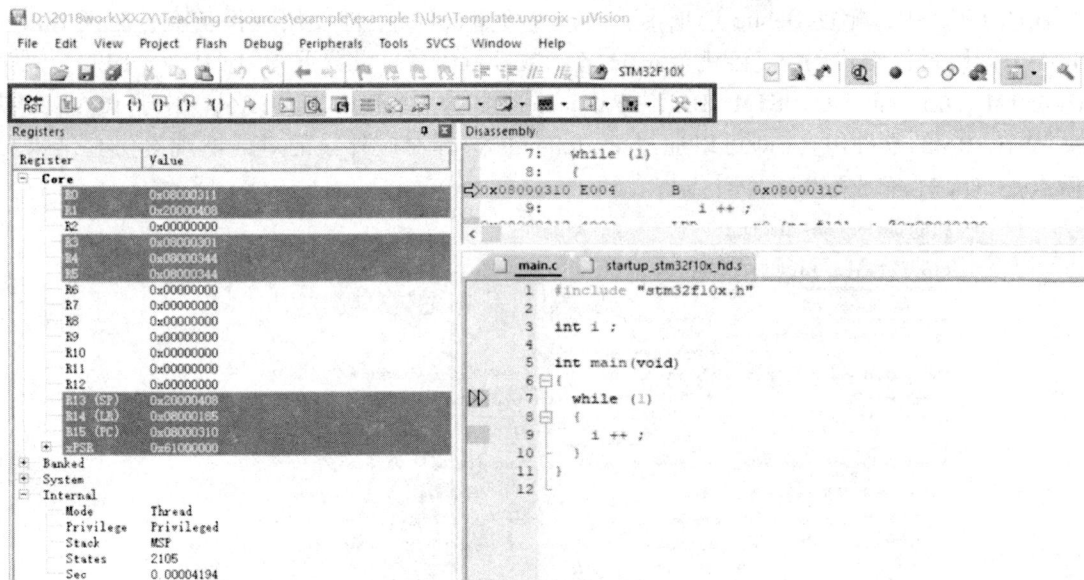

图 1-74　仿真初始界面

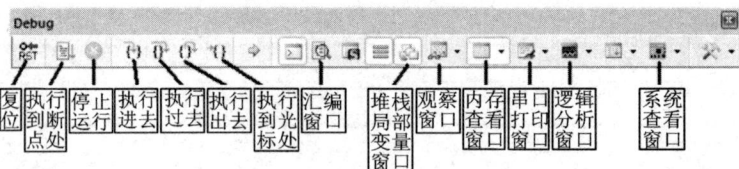

图 1-75　仿真工具条

等同于"执行过去"按钮的。

● 执行过去：在碰到有函数的地方，通过该按钮就可以单步执行过这个函数，而不进入这个函数单步执行。

● 执行出去：该按钮是在进入了函数单步调试的时候，有时候你可能不必再执行该函数的剩余部分了，通过该按钮就直接一步执行完函数余下的部分，并跳出函数，回到函数被调用的位置。

● 执行到光标处：该按钮可以迅速地使程序运行到光标处，其实是挺像"执行到断点处"的按钮功能，但是两者是有区别的，断点可以有多个，但是光标所在处只有一个。

● 汇编窗口：通过该按钮，就可以查看汇编代码，这对分析程序很有用。

● 串口打印窗口：该按钮按下，会弹出一个类似串口调试助手界面的窗口，用来显示从串口打印出来的内容。

● 内存查看窗口：该按钮按下，会弹出一个内存查看窗口，可以在里面输入你要查看的内存地址，然后观察这一片内存的变化情况，是很常用的一个调试窗口。

● 逻辑分析窗口：按下该按钮会弹出一个逻辑分析窗口，通过 SETUP 按钮新建一些 IO 口，就可以观察这些 IO 口的电平变化情况，以多种形式显示出来，比较直观。

Debug 工具条上的其他几个按钮用的比较少，这里就不介绍了。

(4)监视变量或外设寄存器。

以 Template 工程为例，下面介绍如何监视跟踪全局变量 i 的值。单击第 9 行左侧灰色位置，出现红色实心圆圈，表示设置好了断点，即程序执行到此处暂停，如图 1-76 所示。

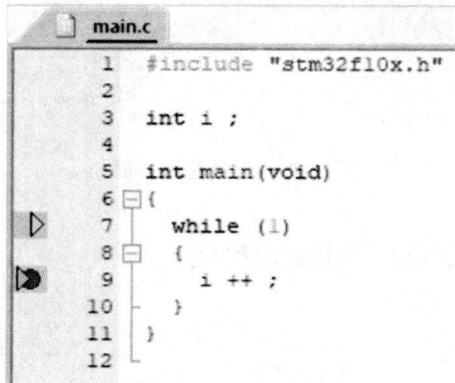

图 1-76　设置断点界面

打开 View 菜单，选择 Watch Windows->Watch 1，如图 1-77、图 1-78 所示。

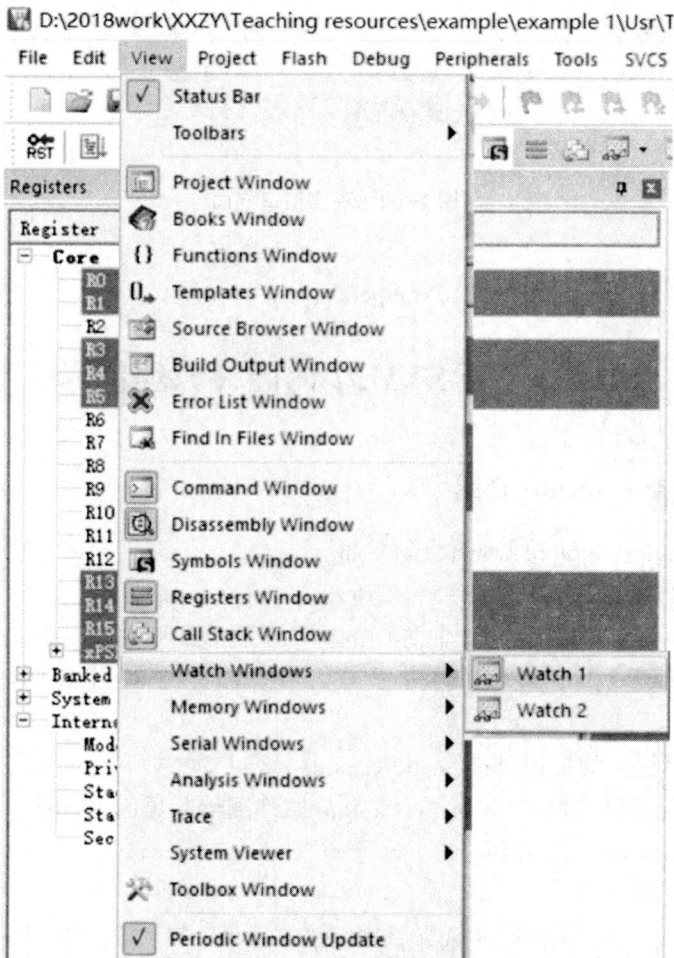

图 1-77　观察窗口选择界面

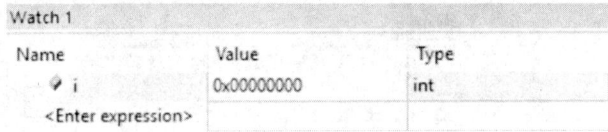

图 1-78　观察窗口界面

单击图 1-79 中方框中的按钮,执行程序到断点。

图 1-79　执行程序按钮界面

再次单击图 1-79 中方框中的按钮,观察 Watch 1 窗口的变化,如图 1-80 所示。

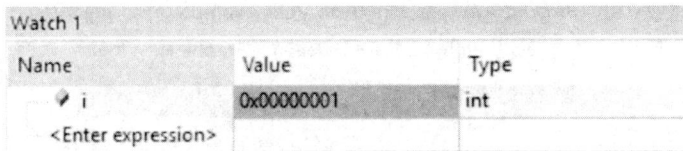

图 1-80　观察窗口界面

监视外设寄存器,请选择菜单栏 Perihperals。

1.5　案例二　Proteus 8 下 STM32 的硬件原理仿真

1.5.1　Schematic Captute 介绍

1)打开 Schematic Captute 原理图绘制界面

启动 Proteus 8 Professional,如图 1-81 所示。

打开 Schematic Captute 原理图绘制界面的方法主要有以下两种:

- 单击主菜单栏"File"→"New Project"或者单击 Home Page 中的"New Project"命令进行创建。
- 单击主工具栏上的按钮(Schematic Captute)。

上述两种方法都可以进入 Schematic Captute 原理图绘制界面,如图 1-82 所示。

2)Schematic Captute 界面介绍

- 原理图编辑窗口

点状的栅格(或直线式栅格)区域为原理图绘制区域,其主要功能用于放置元器件并进行连线绘制原理图、制作元器件模型、设计制作各种符号等,是各种电路仿真效果显示的平台,如图 1-83 所示。

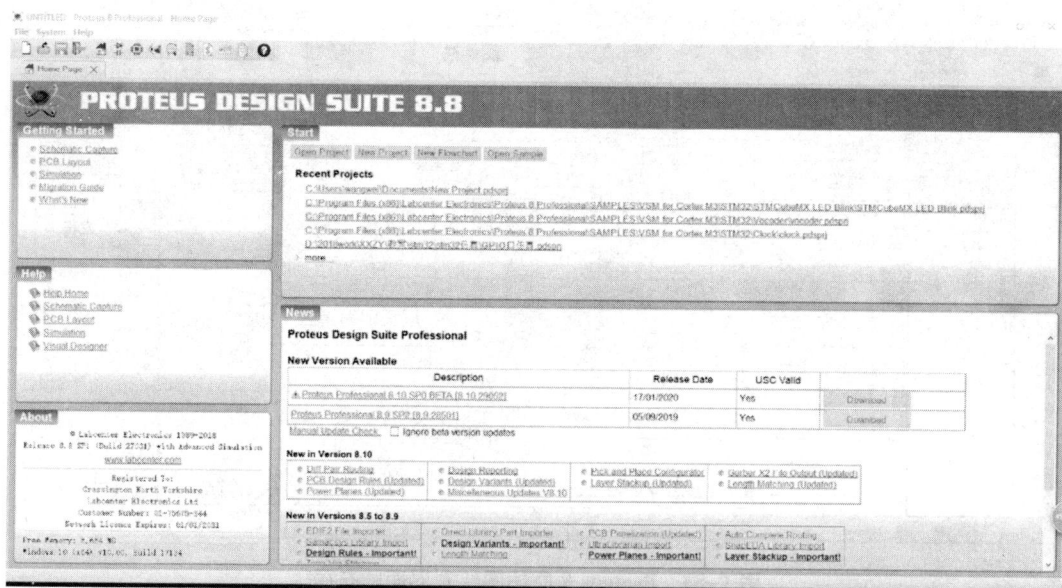

图 1-81 Proteus 8 主界面

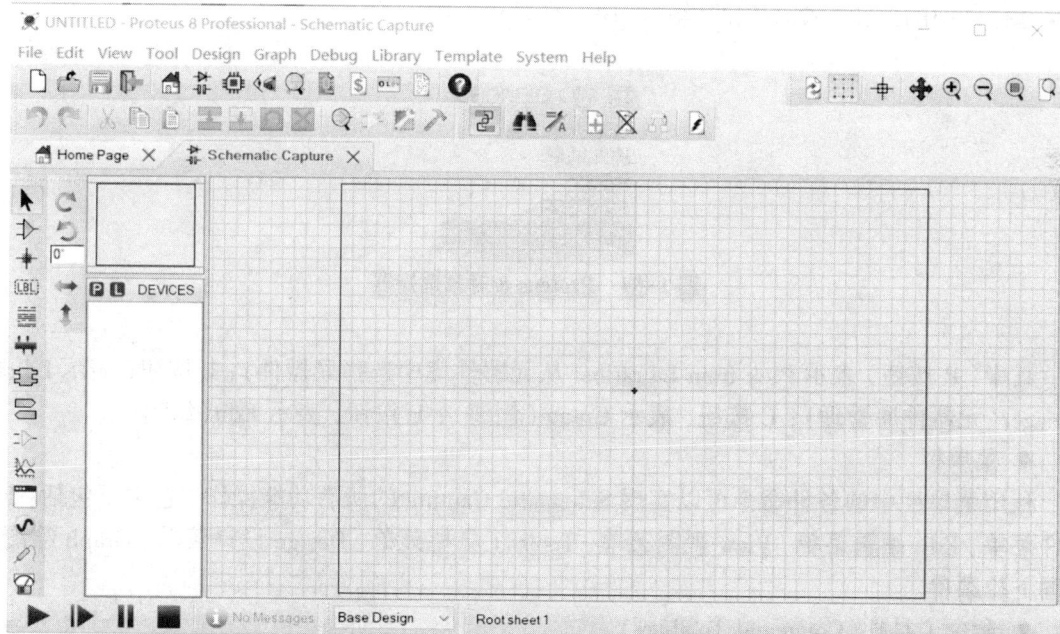

图 1-82 Proteus 8 原理图绘制界面

- 预览窗口(Overview Window)

预览窗口用于显示对象选择器中选中的对象或者编辑窗口整体的图布局。

- 对象选择器(Object Selector)

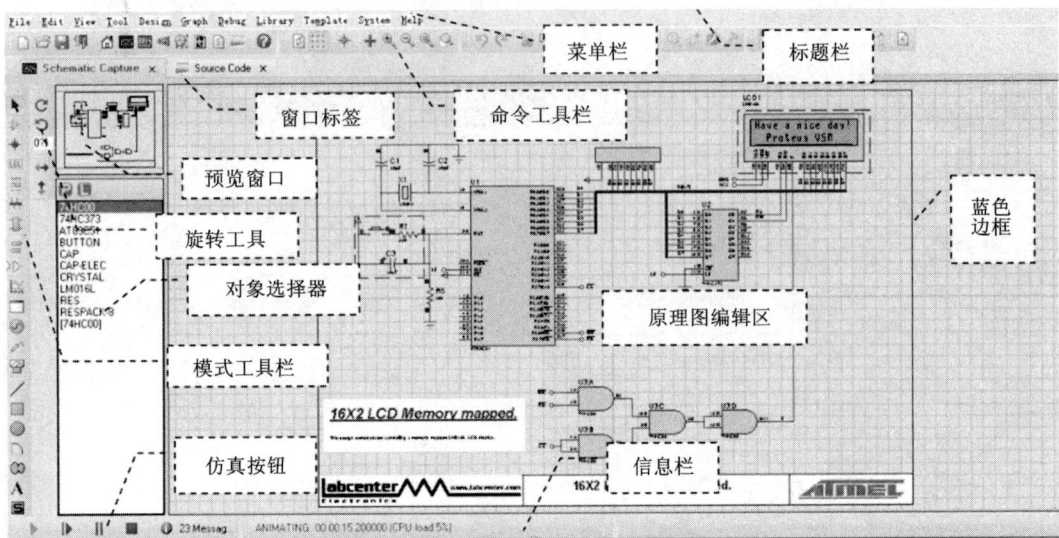

图 1-83　Proteus 8 原理图绘制界面的布局

　　对象选择器根据选择不同的模式工具栏显示不同的内容，可以显示元器件、终端、图表、信号发生器、虚拟仪器、二维符号等。以元件模式（Component Mode）为例，如图 1-84 所示，对象选择器中的按钮根据不同的模式选择工具显示不同。

图 1-84　Proteus 8 对象选择器

　　其中：P 按钮，表示 Pick from Libraries（从元器件库中选择元器件）；L 按钮，表示 Library Manager（元器件库管理）；C 按钮，表示 Create（创建）；E 按钮，表示 Edit（编辑）。
　　● 菜单栏
　　利用菜单栏中的各种命令可以实现 Schematic Captute 的所有功能操作，它主要包括：File 文件菜单、Edit 编辑菜单、View 视图菜单、Tools 工具栏菜单、Design 设计菜单、Graph 绘图菜单等下拉菜单。
　　● 命令工具栏（Command Toolbars）
　　Schematic Captute 的工具栏位于菜单栏下面，以图标的形式出现，主要包含四部分：主工具栏、View（显示）工具栏、Edit（编辑）工具栏和 Design（设计）工具栏。后面三种工具栏的显示与隐藏可通过菜单"View"→"Toolbars"菜单命令实现。
　　● 模式工具栏（Mode Selector Toolbar）
　　模式工具栏由主模式工具栏（Main Modes）、小工具箱（Gadgets）、2D 绘图工具栏（2D

Graphic）三部分组成。

- 旋转、镜像控制按钮

旋转、镜像控制按钮用来改变对象选择器中具有方向性的对象的方向，旋转角度只能是90°的整数倍数。旋转时，逆时针为正的角度，顺时针为负的角度（0°、±90°、±180°、±270°）。

- 交互式仿真按钮

交互式仿真按钮由一个类似播放机操作按钮的控制面板组成，用户可以通过交互式按钮操作观测电路各种状态和输出。仿真按钮主要用于交互式仿真过程中的实时控制。

- 状态栏

状态栏位于界面的最底下，主要由三部分组成：Message（信息栏）、Status Indicator（状态指示器）和 Cursor Coordinates（光标坐标栏）。

3）常用工具介绍

- 绘制导线工具

Schematic Captute 未设置连线模式，只要将光标移动到包含对象的引脚或者电气连线上或连线的默认小范围内，就会自动捕捉并且鼠标变成绿色铅笔，表示已捕捉到电气连线点。

- 总线操作模式工具

总线是多根导线的一种简化形式，常用在微处理或者集成电路中。总线一般指数据总线、地址总线和控制总线。Proteus 既支持在层次模块间运行总线，还支持定义库元器件为总线型引脚。总线操作包括总线绘制和总线分支的绘制。

- 导线标签模式（Wire Label Mode）工具

导线标签模式工具主要用来放置网络标号，同名网络标号表示它们之间有电气连接关系，可以代替导线连接。在绘制总线时，总线分支要具体以总线中的哪根导线连接，因此对总线分支也要进行标注。

- Selection Mode（选择模式）工具

选择模式工具主要用于选择元器件，系统默认为选择模式。

- Junction Dot Mode（接点模式）工具

接点模式工具主要用于表示线与线之间的连接关系，一般情况下，ISIS 会自动根据连线情况放置接点，删除导线可以自动删除接点。但是，在某些情况下，可以先绘制接点后绘制连线。用户可以设置接点属性。

- 终端模式工具

DEFAULT：默认端口，可以作为信号的输入或者输出端口。

INPUT：输入端口，作为信号的输入端口。

OUTPUT：输出端口，作为信号的输出端口。

BIDIR：双向端口，既可以作为信号的输入端口也可以作为信号的输出端口。

POWER：电源，在原理图中作为直流电源使用，可以在其"String"属性中修改电压值。如+5V，−5V 等。

GROUND：数字地，在原理图中作为地信号使用。

BUS：总线，作为总线端口。

CHASSIS：模拟地。

- 二维绘图工具

二维绘图工具包括 Line（线）、Box（矩形）、Circle（圆）、Arc（弧）、Closed Path（闭合路径曲线）、Text（文本）、Symbols（符号）和 Makers（图形符号）。

4）常用元器件的关键字

Proteus 8 常用元器件的关键字如表 1-9 所示。

表 1-9　Proteus 8 常用元器件的关键字

关键字	元器件	关键字	元器件	关键字	元器件
And	与门	Motor-servo	伺服电机	Cell	干电池
AERIAL	天线	Moto-pwmservo	PWM 电机	Respack	排电阻
AVR	AVR 微控制器	PIC10/12/16/18/24	PIC 微控制器	clock	时钟信号
CAP	电容	opamp	放大器	Relay	继电器
Capacitor	充电电容	Or	或门	7seg	7 段数码管
Cap-elce	极性电容	PNP	三极管	Diode	二极管
Cap-var	可调电容	POT-	电位器	TRAN-	变压器
Disply	显示器	RES	电阻	Comectors	连接器
Fuse	保险丝	SCR	晶闸管	Matrix	点阵
Inductor	电感	Source	电源类	Crystal	晶振
led	发光二极管	Switch	开关	Button	按钮
Lamp	灯泡	Socket	插座	LCDS	发光二极管
Motor	直流电机	Buffer	缓冲器	LEDS	发光二极管
buzzer	蜂鸣器	NPN	三极管	clock	数字方波
bridge	电桥	Not	非门	Sounder	喇叭

1.5.2　STM32 最小系统

STM32 最小系统由主芯片、上电复位电路、时钟电路、电源供电电路组成。同时一个基本完整的单片机功能还应包括下载电路和 LED 指示电路。

1）STM32F103R6T6 主芯片

- 系列：STM32
- 核心处理器：ARM © Cortex-M3
- CPU 处理的数据宽度：32 位
- 速度：72 MHz
- 连通性：CAN，I^2C，IrDA，LIN，SPI，UART/USART，USB
- 外围设备：DMA、电机控制 PWM、温度传感器、WDT
- 输入/输出数：51
- 程序存储器容量：32KB（32KB×8）
- 程序存储器类型：FLASH

- RAM 容量：10KB（10KB×8）
- 电源（VCC/VDD）：2~3.6 V
- 数据转换器：A/D 16×12 bit
- 振荡器类型：内部
- 工作温度：−40~85℃
- 封装/外壳：64-LQFP

STM32F103R6T6 引脚示意图如图 1-85 所示。

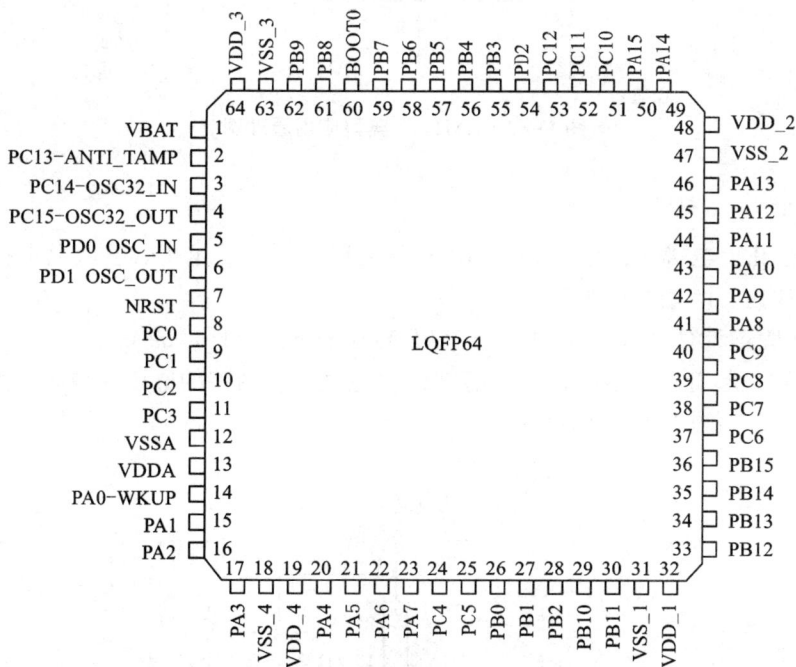

图 1-85 STM32F103R6T6 引脚示意图

2）电源电路

电源采用 LM1117-3.3 线性电源，如图 1-86，将 5 V 输入电源电压转换为 3.3 V，满足 STM32F103R6T6 输入电源范围要求。

图 1-86 LM1117-3.3 电源实物图

LM1117 是一个低压差电压调节器系列。其压差最小为 1.2 V，负载电流为 800 mA，其典型应用电路如图 1-87 所示。

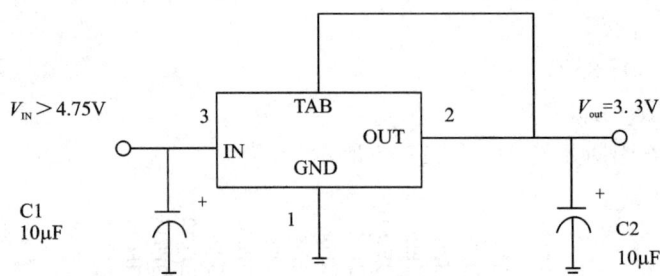

图 1-87　LM1117 典型应用原理图

3）复位电路

上电复位，在上电瞬间，电容充电，RESET 出现短暂的低电平，该低电平持续时间由电阻和电容共同决定，计算方式如下：

$t = 1.1RC$（固定计算公式），即 $1.1 \times 10(\text{k}\Omega) \times 0.1(\mu\text{F}) = 1.1(\text{ms})$

其中二极管是起着在断电的情况下能够很快地将电容两端的电压释放掉，为下次上电复位做准备的作用，如图 1-88 所示。

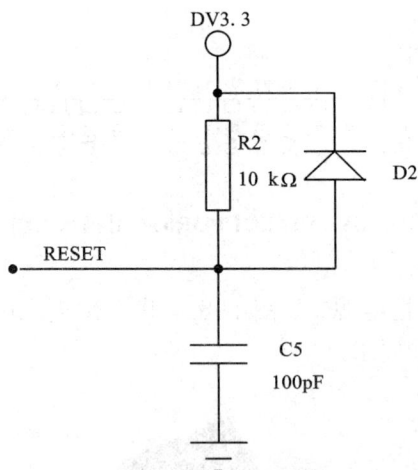

图 1-88　低有效阻容复位电路原理图

4）时钟电路

高速外部时钟电路可接石英/陶瓷谐振器，或者接外部时钟源，频率范围为 4~16 MHz，如图 1-89 所示。

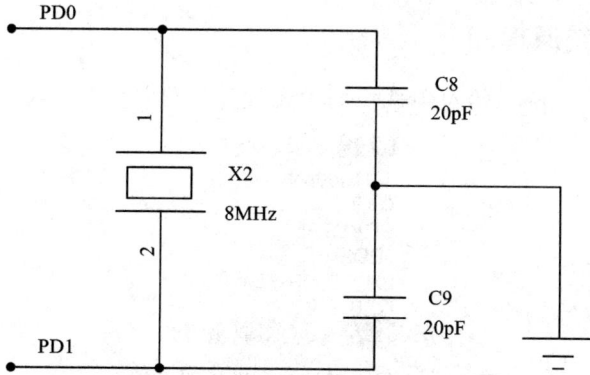

图 1-89 高速外部时钟电路原理图

低速外部时钟电路接频率为 32.768 kHz 的石英晶体，如图 1-90 所示。

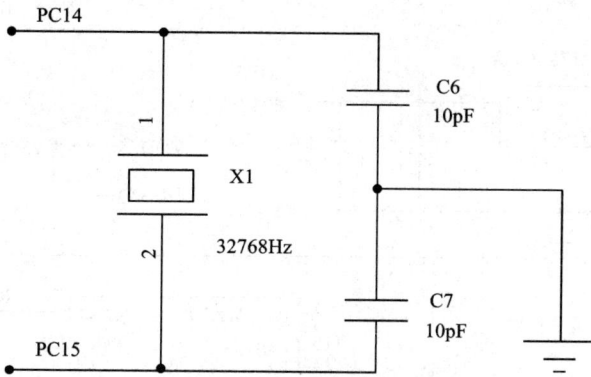

图 1-90 低速外部时钟电路原理图

5）LED 指示电路

LED 指示作为 STM32 最小系统上电指示，上电后，红色灯常亮。上电指示电路如图 1-91 所示。

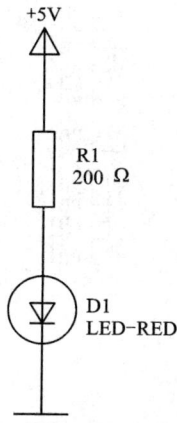

图 1-91 上电指示电路原理图

1.5.3　绘制最小系统原理图

（1）新建 Template. pdsprj，给对象选择器中添加元器件，如图 1-92 所示。

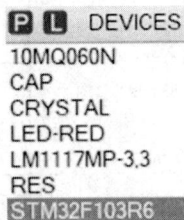

图 1-92　最小系统对象选择器元件图

（2）绘制 STM32 最小系统，如图 1-93 所示。

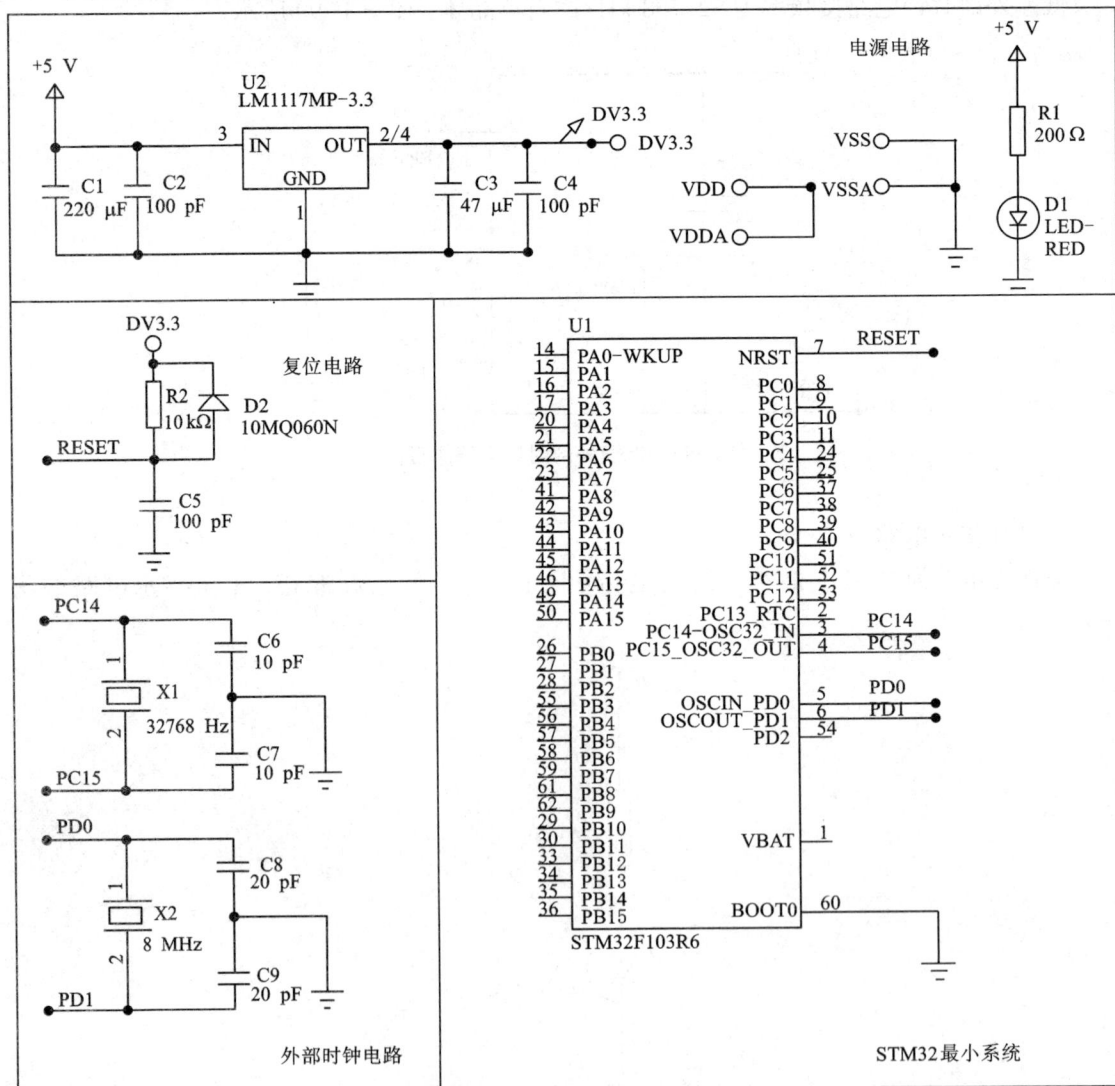

图 1-93　最小系统原理图

1.5.4　原理图仿真调试

（1）双击原理图中元件 U1，在编辑框 Program File 中选择 Keil 编译出的 16 进制文件 Template.hex，然后单击"OK"，如图 1-94 所示。

（2）单击仿真按钮，如图 1-95 所示。方框中的按钮表示开始仿真，圆圈中的按钮表示停止仿真。

开始仿真后，状态如图 1-96 所示。

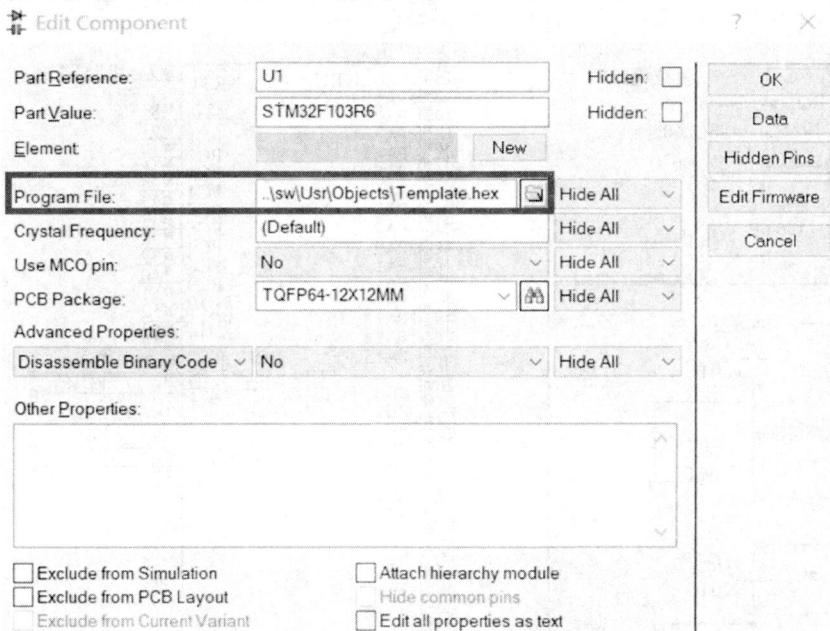

图 1-94　STM32F103R6T6 配置界面

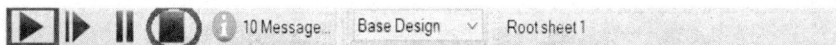

图 1-95　Proteus 8 仿真按钮界面

图 1-96　Proteus 8 仿真状态

原理图中指示灯点亮，可以发现原理图中出现了很多红色或蓝色方形小点点，红色小点点代表高电平，蓝色小点点代表低电平，如图 1-97 所示。

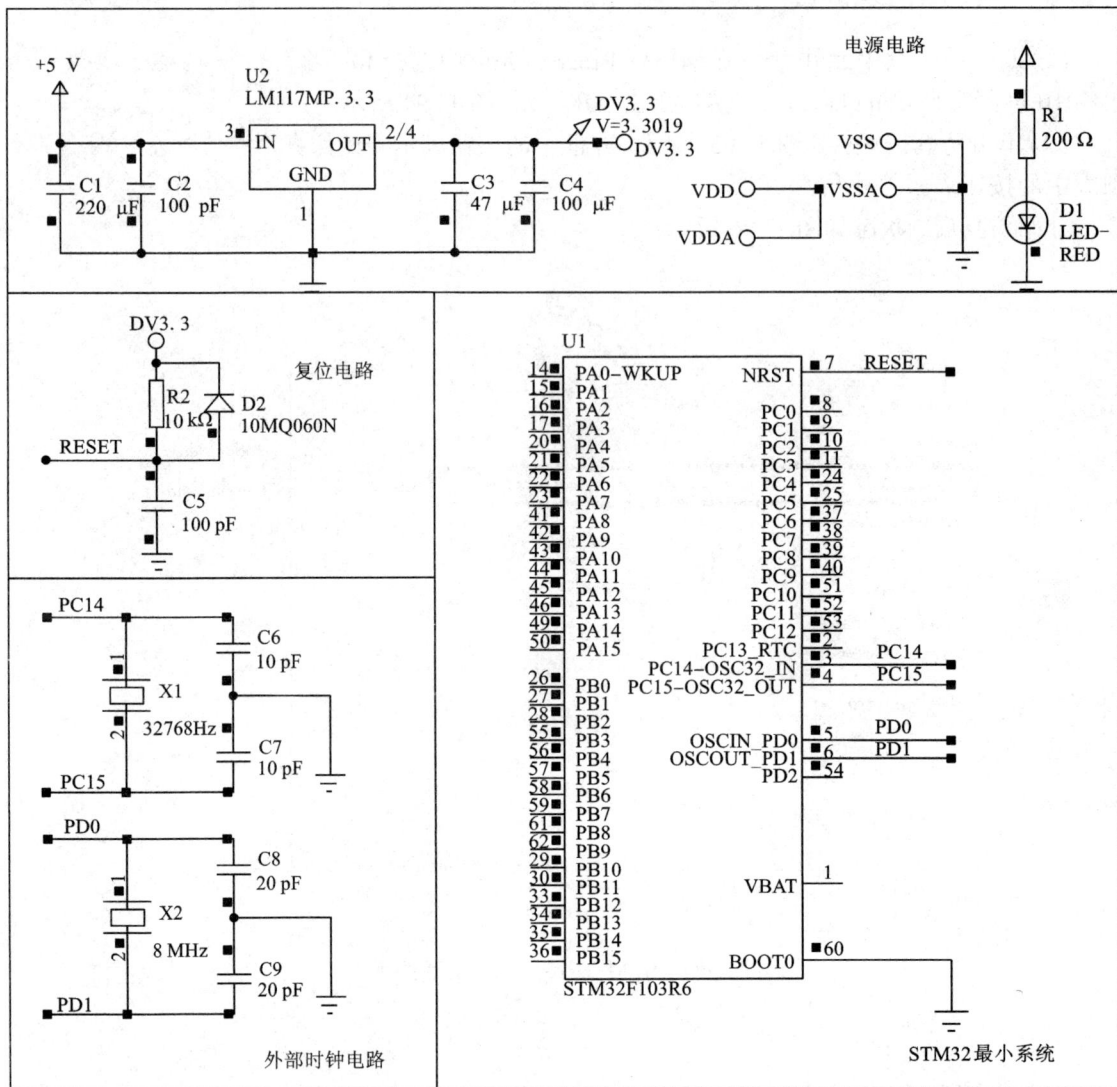

图 1-97　STM32 最小系统仿真界面

章节测验

一、单选题

1. Cortex-M 处理器采用的架构是(　　　)

A. v4T　　　　　　　　B. v5TE　　　　　　　　C. v6　　　　　　　　D. v7

2. Cortex-M 系列正式发布的版本是(　　　)

A. Cortex-M3　　　　B. Cortex-M4　　　　C. Cortex-M6　　　　D. Cortex-M8

3. Cortex-M3 提供的流水线是(　　　)

A. 2 级 　　　　　　　　B. 3 级 　　　　　　　　C. 5 级 　　　　　　　　D. 8 级

4. ARM 采用几级流水线工作? (　　　)

A. 2 　　　　　　　　　B. 3 　　　　　　　　　C. 4 　　　　　　　　　D. 5

5. #define stdf10x_ld　true

#ifndef　stdf10x_ld

　#define a　1

#elseif

　#define a　2

#endif

请问 a = ? (　　　)

A. 1 　　　　　　　　　B. 2 　　　　　　　　　C. null 　　　　　　　　D. 全部不对

6. uint16 a = 0x1010;

a | = 0x01 << 1;

a = (　　　);

A. 0x1011 　　　　　　B. 0x1012 　　　　　　C. 0x1010 　　　　　　D. 全部不对

7. 以下单元不属于 STM32 MCU 驱动单元的是(　　　)

A. I/Dcode 总线　　　B. System 总线　　　　C. DMA 总线　　　　　D. 片上 FLASH

8. 以下不是 STM32 的内部时钟源的是(　　　)

A. PLL 　　　　　　　　B. HSE 　　　　　　　　C. LSI 　　　　　　　　D. TIMER

9. STM32 可以访问的存储空间大小是(　　　)

A. 2 GB 　　　　　　　B. 3 GB 　　　　　　　C. 4 GB 　　　　　　　D. 5 GB

二、判断题

1. Cortex-M3 系列处理器支持 Thumb 指令集。(　　　)

2. Cortex-M3 系列处理器支持 Thumb-2 指令集。(　　　)

3. Contex-M3 系列处理器内核采用了哈佛结构的三级流水线。(　　　)

4. Contex-M3 系列处理器内核采用了冯·诺依曼结构的三级流水线。(　　　)

三、简答题

1. ARM v7 的体系结构可以分为哪几个子版本(款式)? 分别应用在什么领域?

2. STM32 共有哪几种基本时钟信号?

3. 系统时钟 SYSCLK 可来源于哪三个时钟源?

项目二

无人驾驶装置的启停控制

学习目标

1. 掌握 GPIO 输入、输出的基本操作；
2. 掌握利用内部 SysTick 定时器实现精确延时；
3. 理解中断原理，了解 NVIC 配置流程；
4. 掌握 STM32 的 GPIO 口作为外部中断输入的配置流程。

2.1   STM32GPIO 简介

GPIO(General-Purpose I/O)是通用输入/输出端口的简称，可以被软件设置成各种不同的工作模式，可实现与外部通信、控制外部硬件或者采集外部硬件数据的功能。按(GPIO)组分类，分为 GPIOA、GPIOB、GPIOC、GPIOD 等，同时每组 GPIO 口组有 16 个 GPIO 端口，通常简略称为 PAx、PBx、PCx、PDx 等，其中 x 为 0~15。不同型号的芯片，具有不同的端口组和不同的引脚数量。STM32 的大部分引脚除了当 GPIO 使用之外，还可以复用为外设功能引脚(比如串口)。GPIO 的内部电路结构如图 2-1 所示。

• 保护二极管：I/O 引脚上下两边两个二极管用于防止引脚外部过高、过低的电压输入。当引脚电压高于 VDD 时，上方的二极管导通；当引脚电压低于 VSS 时，下方的二极管导通，防止不正常的电压引入芯片导致芯片烧毁。但是尽管如此，还是不能直接外接大功率器件，须加大功率及隔离电路驱动，防止烧坏芯片或者外接器件无法正常工作。

• P-MOS 管和 N-MOS 管：由 P-MOS 管和 N-MOS 管组成的单元电路使得 GPIO 具有"推挽输出"和"开漏输出"的模式。这里的电路会在下面很详细地分析到。

• TTL 肖特基触发器：信号经过触发器后，模拟信号转化为 0 和 1 的数字信号。但是，当 GPIO 引脚作为 ADC 采集电压的输入通道时，用其"模拟输入"功能，此时信号不再经过触发器进行 TTL 电平转换。ADC 外设采集到的是原始的模拟信号。

2.1.1   GPIO 的 8 种工作模式

GPIO 支持 4 种输入模式(浮空输入、上拉输入、下拉输入、模拟输入)和 4 种输出模式

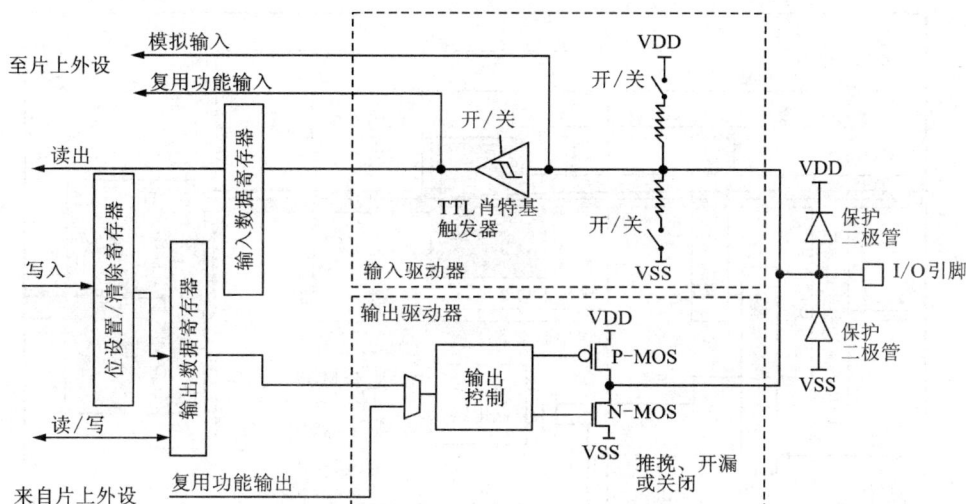

图 2-1　GPIO 内部电路结构图

（开漏输出、开漏复用输出、推挽输出、推挽复用输出）。同时，GPIO 还支持三种最大翻转速度（2 MHz、10 MHz、50 MHz）。GPIO 模式配置见表 2-1 所示。

表 2-1　GPIO 模式配置

状态	工作模式	固件库常量
通用输入	浮空输入	GPIO_Mode_IN_FLOATING
	上拉输入	GPIO_Mode_IPU
	下拉输入	GPIO_Mode_IPD
	模拟输入	GPIO_Mode_AIN
通用输出	推挽输出（Push-Pull）	GPIO_Mode_Out_PP
	开漏输出（Open-Drain）	GPIO_Mode_Out_OD
复用功能输出	复用推挽输出（Push-Pull）	GPIO_Mode_AF_PP
	复用开漏输出（Open-Drain）	GPIO_Mode_AF_OD

1）浮空输入模式（图 2-2）

浮空输入模式下，I/O 端口的电平信号直接进入输入数据寄存器。也就是说，I/O 的电平状态是不确定的，完全由外部输入决定；如果在该引脚悬空（在无信号输入）的情况下，读取该端口的电平是不确定的。

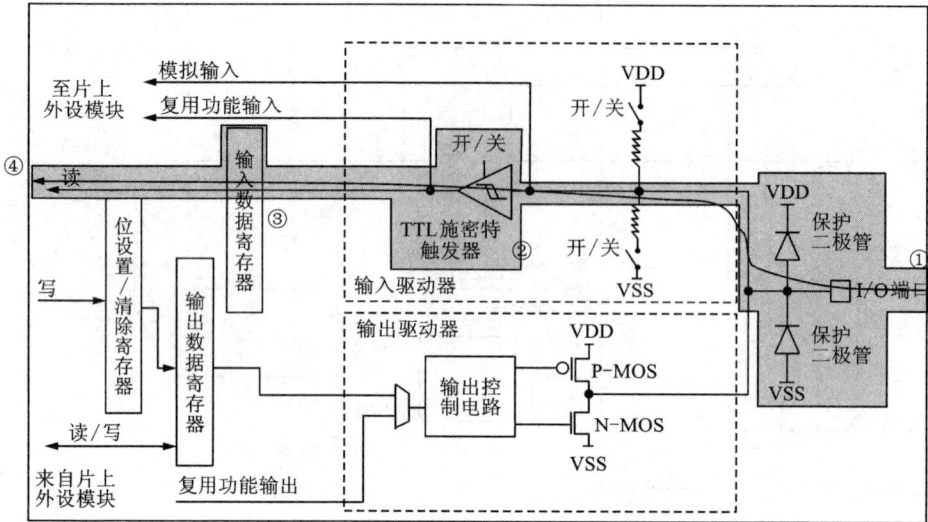

图 2-2　GPIO 浮空输入模式信号示意图

2)上拉输入模式(图 2-3)

上拉输入模式下, I/O 端口的电平信号直接进入输入数据寄存器。但是在 I/O 端口悬空(在无信号输入)的情况下, 输入端的电平可以保持在高电平; 并且在 I/O 端口输入为低电平的时候, 输入端的电平也还是低电平。

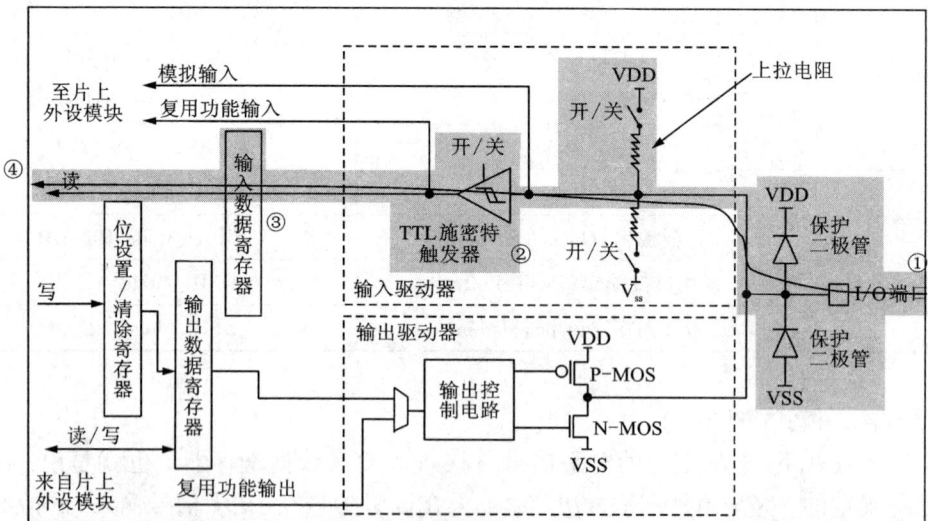

图 2-3　GPIO 上拉输入模式信号示意图

3)下拉输入模式(图 2-4)

下拉输入模式下, I/O 端口的电平信号直接进入输入数据寄存器。但是在 I/O 端口悬空(在无信号输入)的情况下, 输入端的电平可以保持在低电平; 并且在 I/O 端口输入为高电平的时候，输入端的电平也还是高电平。

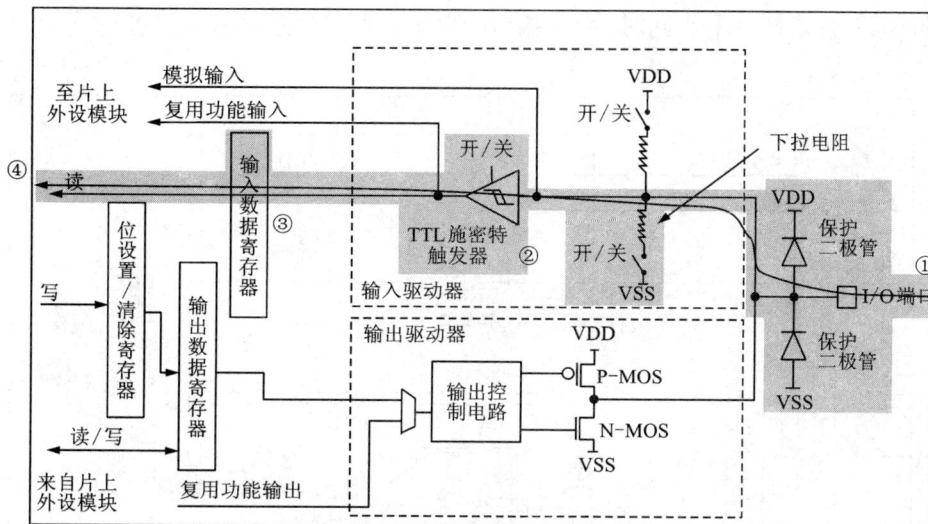

图 2-4　GPIO 下拉输入模式信号示意图

4）模拟输入模式（图 2-5）

模拟输入模式下，I/O 端口的模拟信号（电压信号，而非电平信号）直接模拟输入到片上外设模块，比如 ADC 模块等。

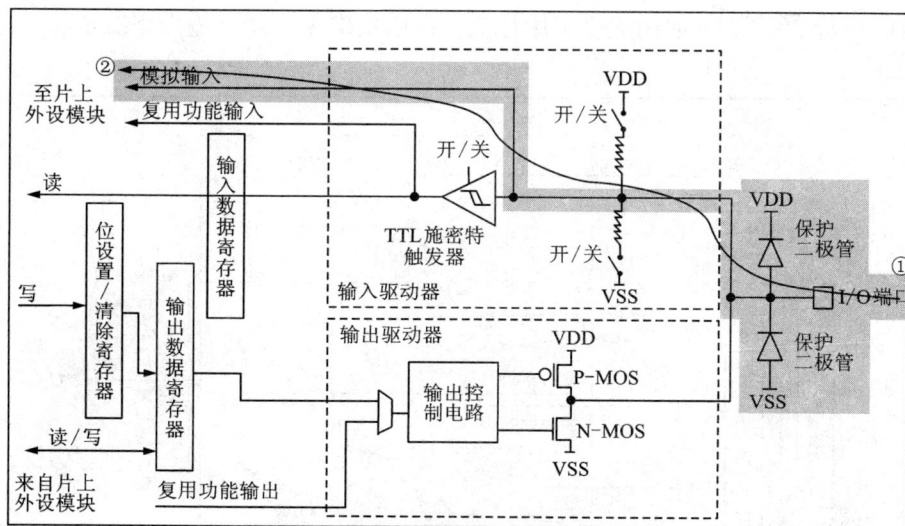

图 2-5　GPIO 模拟输入模式信号示意图

5）开漏输出模式（图 2-6）

开漏输出模式下，通过设置位设置/清除寄存器或者输出数据寄存器的值，途经 N-MOS 管，最终输出到 I/O 端口。这里要注意 N-MOS 管，当设置输出的值为高电平的时候，N-

MOS 管处于关闭状态，此时 I/O 端口的电平就不会由输出的高低电平决定，而是由 I/O 端口外部的上拉或者下拉决定；当设置输出的值为低电平的时候，N-MOS 管处于开启状态，此时 I/O 端口的电平就是低电平。同时，I/O 端口的电平也可以通过输入电路进行读取。

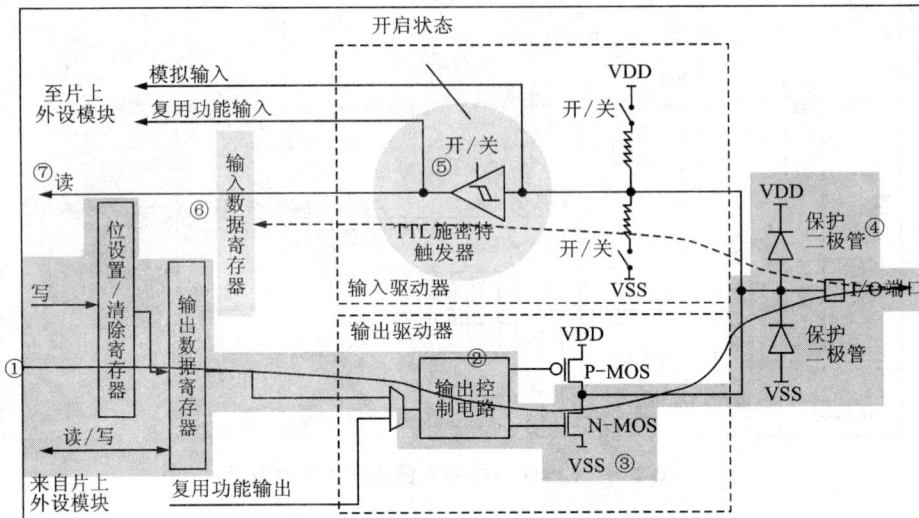

图 2-6　GPIO 开漏输出模式信号示意图

6）开漏复用输出模式（图 2-7）

开漏复用输出模式，与开漏输出模式很类似。只是输出的高低电平的来源，不是让 CPU 直接写入输出数据寄存器，取而代之利用片上外设模块的复用功能输出来决定。

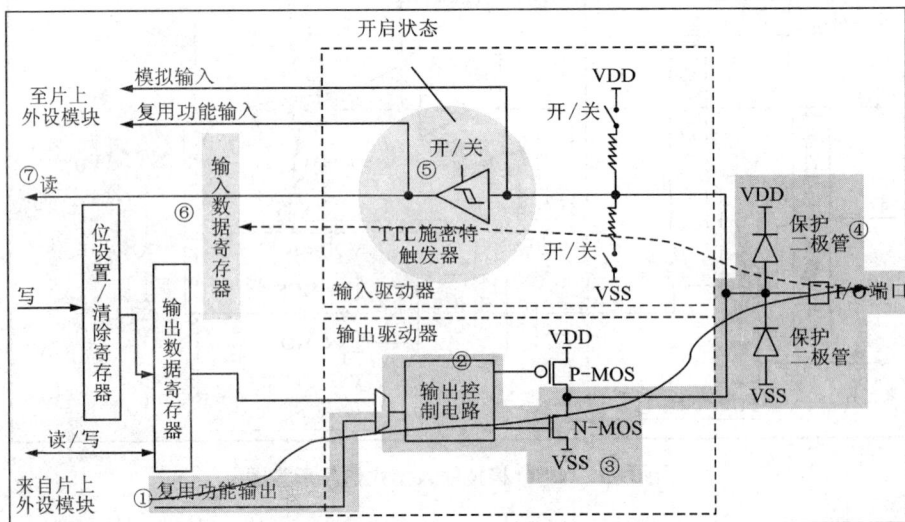

图 2-7　GPIO 开漏复用输出模式信号示意图

7）推挽输出模式（图 2-8）

推挽输出模式下，通过设置位设置/清除寄存器或者输出数据寄存器的值，途经 P-MOS 管和 N-MOS 管，最终输出到 I/O 端口。这里要注意 P-MOS 管和 N-MOS 管，当设置输出的值为高电平的时候，P-MOS 管处于开启状态，N-MOS 管处于关闭状态，此时 I/O 端口的电平就由 P-MOS 管决定：高电平；当设置输出的值为低电平的时候，P-MOS 管处于关闭状态，N-MOS 管处于开启状态，此时 I/O 端口的电平就由 N-MOS 管决定：低电平。同时，I/O 端口的电平也可以通过输入电路进行读取。

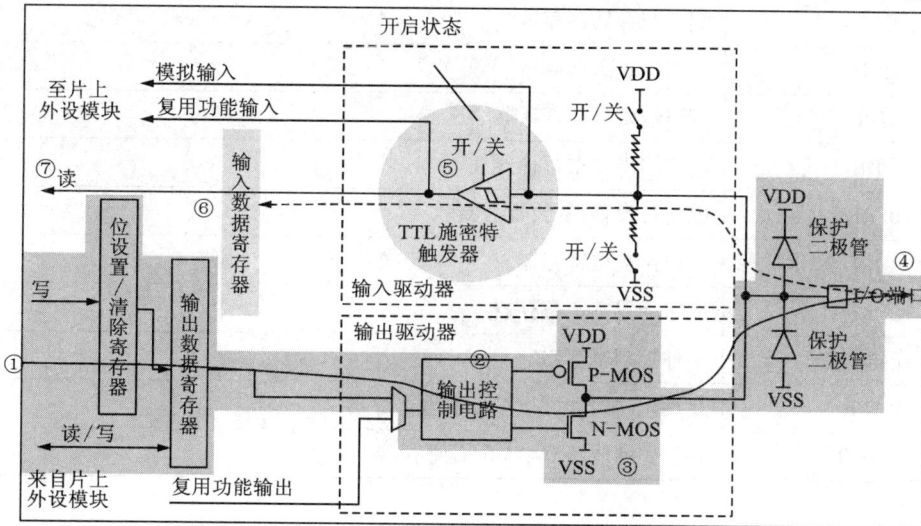

图 2-8　GPIO 推挽输出模式信号示意图

8）推挽复用输出模式（图 2-9）

推挽复用输出模式，与推挽输出模式很类似。只是输出的高低电平的来源，不是让 CPU 直接写入输出数据寄存器，取而代之利用片上外设模块的复用功能输出来决定。

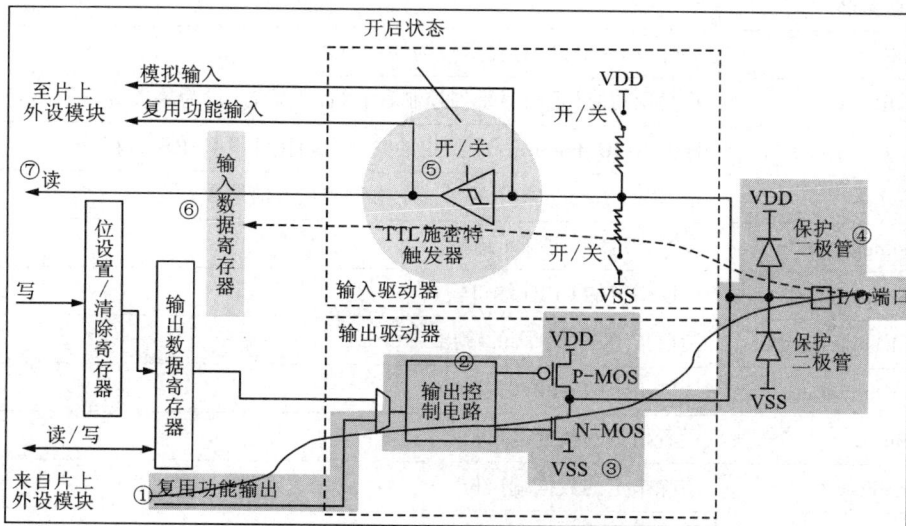

图 2-9　GPIO 推挽复用输出模式信号示意图

2.1.2　与 GPIO 相关寄存器及库函数说明

1) 与 GPIO 相关的寄存器见表 2-2。

表 2-2　与 GPIO 相关的寄存器汇总表

寄存器	描述
CRL	端口配置低寄存器
CRH	端口配置高寄存器
IDR	端口输入数据寄存器
ODR	端口输出数据寄存器
BSRR	端口位设置/复位寄存器
BRR	端口位复位寄存器
LCKR	端口配置锁定寄存器
EVCR	事件控制寄存器
MAPR	复用重映射和调试 I/O 配置寄存器
EXTCR	外部中断线路 0~15 配置寄存器

2) 与 GPIO 相关的库函数和结构体

与 GPIO 相关的库函数在固件库文件 stm32f10x_gpio. c 和 stm32f10x_gpio. h 中，汇总见表 2-3。

表 2-3　与 GPIO 相关的库函数汇总表

函数名	描述
GPIO_Delnit	将外设 GPIOx 寄存器重设为缺省值
GPIO_AFIODelnit	将复用功能(重映射事件控制和 EXTI 设置)重设为缺省值
GPIO_Init	根据 GPIO_InitStruct 中指定的参数初始化外设 GPIOx 寄存器
GPIO_Structlnit	把 GPIO_InitStruct 中的每一个参数按缺省值填入
GPIO_ReadlnputDataBit	读取指定端口管脚的输入
GPIO_ReadInputData	读取指定的 GPIO 端口输入
GPIO_ReadOutputDataBit	读取指定端口管脚的输出
GPIO_ReadOutputData	读取指定的 GPIO 端口输出
GPIO_SetBits	设置指定的数据端口位
GPIO_ResetBits	清除指定的数据端口位
GPIO_WriteBit	设置或者清除指定的数据端口位

续表 2-3

函数名	描述
GPIO_Write	向指定 GPIO 数据端口写入数据
GPIO_PinLockConfig	锁定 GPIO 管脚设置寄存器
GPIO_EventOutputConfig	选择 GPIO 管脚用作事件输出
GPIO_EventOutputCmd	使能或者失能事件输出
GPIO_PinRemapConfig	改变指定管脚的映射
GPIO_EXTILineConfig	选择 GPIO 管脚用作外部中断线路

3）几个 GPIO 配置常用的寄存器

● 端口配置低寄存器（GPIOx_CRL）

GPIOx_CRL 功能定义图见图 2-10。

31	30	29	28	27	26	25	24	23	22	21	20	19	18	17	16
GNF7[1:0]		MODE7[1:0]		CNF6[1:0]		MODE6[1:0]		CNF5[1:0]		MODE5[1:0]		CNF4[1:0]		MODE4[1:0]	
rw	rw	rw	rw	rw	rw	rw	rw	rw	rw	rw	rw	rw	rw	rw	rw
15	14	13	12	11	10	9	8	7	6	5	4	3	2	1	0
CNF[1:0]		MODE3[1:0]		CNF2[1:0]		MODE2[1:0]		CNF1[1:0]		MODE1[1:0]		CNF0[1:0]		MODE0[1:0]	
rw	rw	rw	rw	rw	rw	rw	rw	rw	rw	rw	rw	rw	rw	rw	rw

图 2-10　GPIOx_CRL 功能定义图

其中：

MODE[1:0]：端口的模式位

00：输入模式（复位后的状态）

01：输出模式，最大速度 10 MHz

10：输出模式，最大速度 2 MHz

11：输出模式，最大速度 50 MHz

CNF[1:0]：端口配置位

在输入模式（MODE[1:0]=00）：

00：模拟输入模式

01：浮空输入模式（复位后的状态）

10：上拉/下拉输入模式

11：保留

在输出模式（MODE[1:0]>00）：

00：通用推挽输出模式

01：通用开漏输出模式

10：复用功能推挽输出模式

11：复用功能开漏输出模式

- 端口配置高寄存器（GPIOx_CRH）

GPIOx_CRH 功能定义图见图 2-11。

31	30	29	28	27	26	25	24	23	22	21	20	19	18	17	16
GNF15[1:0]		MODE15[1:0]		CNF14[1:0]		MODE14[1:0]		CNF13[1:0]		MODE13[1:0]		CNF12[1:0]		MODE12[1:0]	
rw	rw	rw	rw	rw	rw	rw	rw	rw	rw	rw	rw	rw	rw	rw	rw

15	14	13	12	11	10	9	8	7	6	5	4	3	2	1	0
CNF11[1:0]		MODE11[1:0]		CNF10[1:0]		MODE10[1:0]		CNF9[1:0]		MODE9[1:0]		CNF8[1:0]		MODE8[1:0]	
rw	rw	rw	rw	rw	rw	rw	rw	rw	rw	rw	rw	rw	rw	rw	rw

图 2-11　GPIOx_CRH 功能定义图

其中：

MODE[1:0]：端口的模式位

00：输入模式（复位后的状态）

01：输出模式，最大速度 10 MHz

10：输出模式，最大速度 2 MHz

11：输出模式，最大速度 50 MHz

CNF[1:0]：端口配置位

在输入模式（MODE[1:0]=00）：

00：模拟输入模式

01：浮空输入模式（复位后的状态）

10：上拉/下拉输入模式

11：保留

在输出模式（MODE[1:0]>00）：

00：通用推挽输出模式

01：通用开漏输出模式

10：复用功能推挽输出模式

11：复用功能开漏输出模式

- 端口输入数据寄存器（GPIOx_IDR）

GPIOx_IDR 功能定义图见图 2-12。

31	30	29	28	27	26	25	24	23	22	21	20	19	18	17	16
保留															

15	14	13	12	11	10	9	8	7	6	5	4	3	2	1	0
IDR15	IDR14	IDR13	IDR12	IDR11	IDR10	IDR9	IDR8	IDR7	IDR6	IDR5	IDR4	IDR3	IDR2	IDR1	IDR0
r	r	r	r	r	r	r	r	r	r	r	r	r	r	r	r

图 2-12　GPIOx_IDR 功能定义图

IDR[15：0]：端口输入数据。

● 端口输出数据寄存器(GPIOx_ODR)

GPIOx_ODR 功能定义图见图 2-13。

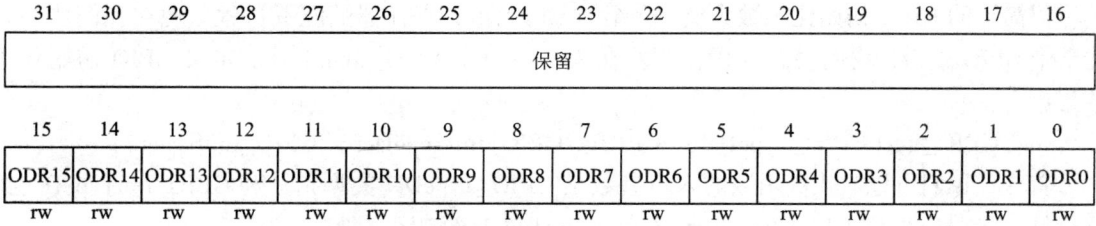

31	30	29	28	27	26	25	24	23	22	21	20	19	18	17	16
保留															

15	14	13	12	11	10	9	8	7	6	5	4	3	2	1	0
ODR15	ODR14	ODR13	ODR12	ODR11	ODR10	ODR9	ODR8	ODR7	ODR6	ODR5	ODR4	ODR3	ODR2	ODR1	ODR0
rw	rw	rw	rw	rw	rw	rw	rw	rw	rw	rw	rw	rw	rw	rw	rw

图 2-13　GPIOx_ODR 功能定义图

ODR[15：0]：端口输出数据。

● 端口位设置/清除寄存器(GPIOx_BSRR)

GPIOx_BSRR 功能定义图见图 2-14。

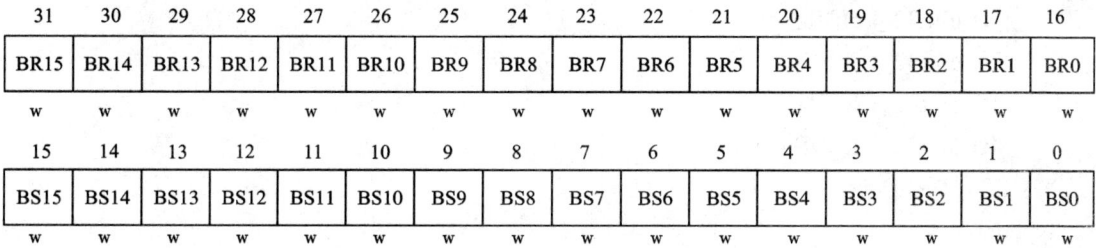

31	30	29	28	27	26	25	24	23	22	21	20	19	18	17	16
BR15	BR14	BR13	BR12	BR11	BR10	BR9	BR8	BR7	BR6	BR5	BR4	BR3	BR2	BR1	BR0
w	w	w	w	w	w	w	w	w	w	w	w	w	w	w	w

15	14	13	12	11	10	9	8	7	6	5	4	3	2	1	0
BS15	BS14	BS13	BS12	BS11	BS10	BS9	BS8	BS7	BS6	BS5	BS4	BS3	BS2	BS1	BS0
w	w	w	w	w	w	w	w	w	w	w	w	w	w	w	w

图 2-14　GPIOx_BSRR 功能定义图

BSy：设置端口的位 y（y=0，1，…，15）；

0：对对应的 ODRy 位不产生影响

1：设置对应的 ODRy 位为 1

BRy：清除端口 x 的位 y（y=0，1，…，15）；

0：对对应的 ODRy 位不产生影响

1：清除对应的 ODRy 位为 0

● 端口位清除寄存器(GPIOx_BRR)

GPIOx_BRR 功能定义图见图 2-15。

31	30	29	28	27	26	25	24	23	22	21	20	19	18	17	16
保留															

15	14	13	12	11	10	9	8	7	6	5	4	3	2	1	0
BR15	BR14	BR13	BR12	BR11	BR10	BR9	BR8	BR7	BR6	BR5	BR4	BR3	BR2	BR1	BR0
w	w	w	w	w	w	w	w	w	w	w	w	w	w	w	w

图 2-15　GPIOx_BRR 功能定义图

BRy：清除端口 x 的位 y（y=0，1，…，15）；

0：对对应的 ODRy 位不产生影响

1：清除对应的 ODRy 位为 0

4）通过库函数配置 GPIO 的寄存器

以简单的 GPIO 初始化函数为例，介绍与 GPIO 相关寄存器的配置过程。现在我们要初始化某个 GPIO 端口，我们要怎样操作呢？在头文件 stm32f10x_gpio.h 中，定义 GPIO 初始化函数为：

void GPIO_Init(GPIO_TypeDef * GPIOx，GPIO_InitTypeDef * GPIO_InitStruct）；

首先，我们可以看出，函数的入口参数是 GPIO_TypeDef 类型指针和 GPIO_InitTypeDef 类型指针。于是定位到 GPIO_TypeDef，GPIO_InitTypeDef 的定义处：

```
typedef struct
{
    __IO uint32_t CRL;
    __IO uint32_t CRH;
    __IO uint32_t IDR;
    __IO uint32_t ODR;
    __IO uint32_t BSRR;
    __IO uint32_t BRR;
    __IO uint32_t LCKR;
} GPIO_TypeDef;
typedef struct
{
    uint16_t GPIO_Pin;
    GPIOSpeed_TypeDef GPIO_Speed;
    GPIOMode_TypeDef GPIO_Mode;
} GPIO_InitTypeDef;
typedef enum
{
    GPIO_Speed_10 MHz=1,
    GPIO_Speed_2 MHz,
    GPIO_Speed_50 MHz
} GPIOSpeed_TypeDef;
typedef enum
{
    GPIO_Mode_AIN=0x0,
    GPIO_Mode_IN_FLOATING=0x04,
    GPIO_Mode_IPD=0x28,
    GPIO_Mode_IPU=0x48,
    GPIO_Mode_Out_OD=0x14,
```

GPIO_Mode_Out_PP = 0x10,

GPIO_Mode_AF_OD = 0x1C,

GPIO_Mode_AF_PP = 0x18

} GPIOMode_TypeDef;

讲到这里，我们基本对 GPIO_Init 的入口参数有比较详细的了解了。于是我们可以组织起来下面的代码：

GPIO_InitTypeDef　　GPIO_InitStructure;

GPIO_InitStructure. GPIO_Pin = GPIO_Pin_5;

GPIO_InitStructure. GPIO_Mode = GPIO_Mode_Out_PP; //推挽输出

GPIO_InitStructure. GPIO_Speed = GPIO_Speed_50 MHz;

GPIO_Init(GPIOB, &GPIO_InitStructure);

2.1.3　GPIO 时钟配置

STM32 外设时钟默认处在关闭状态，因此初始化 GPIO 时，还需要使能外部时钟。与时钟相关的库函数在固件库文件 stm32f10x_rcc. c 和 stm32f10x_rcc. h 中。每次使用时钟的时候，会查看时钟树确定外设挂载的对应总线。在 stm32f10x_rcc. h 中有如下的宏定义：

#define RCC_APB2Periph_GPIOA　　　　　　((uint32_t)0x00000004)

#define RCC_APB2Periph_GPIOB　　　　　　((uint32_t)0x00000008)

#define RCC_APB2Periph_GPIOC　　　　　　((uint32_t)0x00000010)

#define RCC_APB2Periph_GPIOD　　　　　　((uint32_t)0x00000020)

#define RCC_APB2Periph_GPIOE　　　　　　((uint32_t)0x00000040)

#define RCC_APB2Periph_GPIOF　　　　　　((uint32_t)0x00000080)

#define RCC_APB2Periph_GPIOG　　　　　　((uint32_t)0x00000100)

#define RCC_APB2Periph_ADC1　　　　　　((uint32_t)0x00000200)

#define RCC_APB2Periph_ADC2　　　　　　((uint32_t)0x00000400)

#define RCC_APB2Periph_TIM1　　　　　　((uint32_t)0x00000800)

#define RCC_APB2Periph_SPI1　　　　　　((uint32_t)0x00001000)

#define RCC_APB2Periph_USART1　　　　　　((uint32_t)0x00004000)

#define RCC_APB1Periph_TIM2　　　　　　((uint32_t)0x00000001)

#define RCC_APB1Periph_I2C1　　　　　　((uint32_t)0x00200000)

从中可以发现 GPIOB 挂载在 APB2 总线上，需要调用库函数：

void RCC_APB2PeriphClockCmd(uint32_t RCC_APB2Periph, FunctionalState NewState);

使用方法如下：

RCC_APB2PeriphClockCmd(RCC_APB2Periph_GPIOB, ENABLE);

2.2　SysTick 定时器

2.2.1 SysTick 简介

SysTick——系统定时器是属于 CM3 内核中的一个外设，内嵌在 NVIC 中。系统定时器是一个 24bit 的向下递减的计数器，计数器每计数一次的时间为 1/SYSCLK，一般我们设置系统时钟 SYSCLK 等于 72 MHz。当重装载数值寄存器的值递减到 0 的时候，系统定时器就产生一次中断，以此循环往复。

因为 SysTick 是属于 CM3 内核的外设，所以所有基于 CM3 内核的单片机都具有这个系统定时器，使得软件在 CM3 单片机中可以很容易地移植。系统定时器一般用于操作系统，用于产生时基，维持操作系统的心跳。

2.2.2 SysTick 寄存器介绍

SysTick——系统定时器有 4 个寄存器，简要介绍见表 2-4。在使用 SysTick 产生定时的时候，只需要配置前三个寄存器，最后一个校准寄存器不需要使用。

表 2-4 与 SysTick 相关的寄存器汇总表

寄存器名称	寄存器描述
CTRL	SysTick 控制及状态寄存器
LOAD	SysTick 重载数值寄存器
VAL	SysTick 当前数值寄存器
CALIB	SysTick 校准数值寄存器

SysTick 属于内核的外设，有关的寄存器定义和库函数都在内核相关的库文件 core_cm3. h 中。用固件库编程的时候我们只需要调用库函数 SysTick_Config( ) 即可，形参 ticks 用来设置重装载寄存器的值，最大不能超过重装载寄存器的值 2^{24}，当重装载寄存器的值递减到 0 的时候产生中断，然后重装载寄存器的值又重新装载往下递减计数，以此循环往复。紧随其后设置好中断优先级，最后配置系统定时器的时钟等于 AHBCLK = 72 MHz，使能定时器和定时器中断，这样系统定时器就配置好了，一个库函数搞定。SysTick_Config( ) 库函数主要配置了 SysTick 中的三个寄存器：LOAD、VAL 和 CTRL。

2.2.3 延时功能

本小节利用 SysTick 定时器实现毫秒、微秒延时功能。

(1)打开项目—工程模板 Template. uvprojx，本节所有操作在 Template. uvprojx 基础上实现。

定位到工程目录->Sys->delay，如图 2-16 所示。

定位到工程目录->Sys->sys，如图 2-17 所示。

将 delay. c 和 sys. c 添加到工程 Sys 组下，如图 2-18 所示。

配置魔术棒选项卡。在 C/C++界面，单击 Include Paths 后面的浏览键，添加头文件路径，如图 2-19 所示。

图 2-16 delay 文件夹目录图

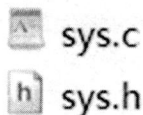

图 2-17 sys 文件夹目录图

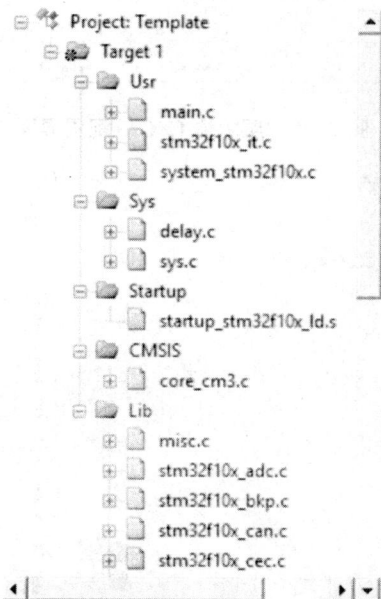

图 2-18 延时功能工程文件夹目录图

（2）修改 main. c，增加延时功能，如图 2-20 所示。

（3）验证延时准确性。

在 main. c 源文件的第 10、11 行设置断点，如图 2-21 所示。

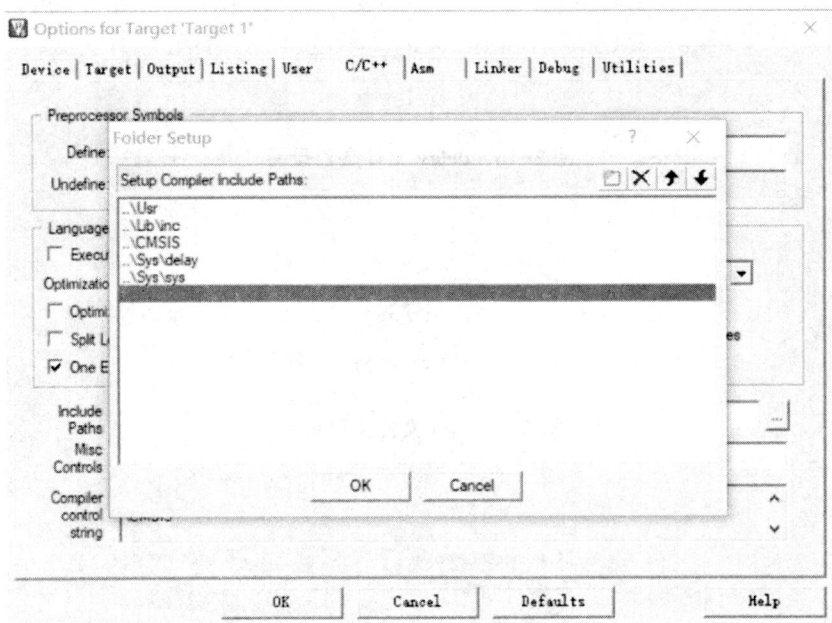

图 2-19　魔术棒 C/C++配置界面

```c
#include "stm32f10x.h"
#include "delay.h"
int i ;

int main(void)
{
  delay_init();
  while (1)
  {
    delay_ms(500);
    i ++ ;
  }
}
```

图 2-20　源程序编辑界面

```c
#include "stm32f10x.h"
#include "delay.h"
int i ;

int main(void)
{
  delay_init();
  while (1)
  {
    delay_ms(500);
    i ++ ;
  }
}
```

图 2-21　源程序断点设置界面

　　单击仿真图标，单步运行程序从第 10 行至第 11 行，观察状态栏，延时函数延时 500 毫秒，如图 2-22 所示。

| Simulation | t1: 0.50005301 sec | L:11 C:1 |

图 2-22　仿真状态界面

2.3　案例三　无人驾驶装置指示灯(I/O 位输出)设计

2.3.1　方案设计

RGB 彩灯轮流显示红、黄和绿色,模拟无人驾驶装置指示无人装置的直行、左转和右转等运行状态。RGB 彩灯可以实现混色,如控制红灯亮而蓝灯和绿灯灭,可混出红色效果;控制红灯和绿灯亮而蓝灯灭,可混出黄色效果;控制绿灯亮而蓝灯和红灯灭,可混出绿色效果。

2.3.2　硬件设计

STM32F103R6T6 芯片与 RGBLED 灯的连接如图 2-23 所示,这是一个 RGB 灯,里面由红蓝绿三个小灯构成。这些 LED 灯的阴极都是连接到 STM32 的 GPIO 引脚,只要我们控制 GPIO 引脚的电平输出状态,即可控制 LED 灯的亮灭。

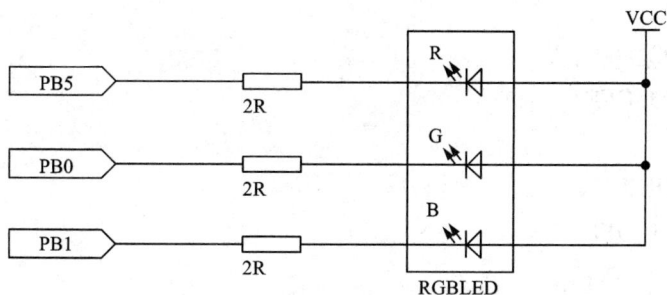

图 2-23　控制 RGBLED 灯原理图

2.3.3　软件设计

本程序中使用简单程序设计中顺序结构形式来实现,程序控制流程如图 2-24 所示。

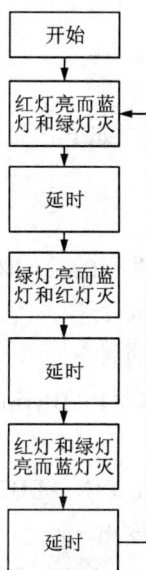

图 2-24　控制 RGBLED 灯软件流程图

程序中，利用库函数 GPIO_SetBits( )，GPIO_ResetBits( )实现灯的亮、灭状态。程序如下：

```
/ *定义控制 IO 的宏 */
#define LED1_OFF    GPIO_SetBits( LED1_GPIO_PORT, LED1_PIN)
#define LED1_ON    GPIO_ResetBits( LED1_GPIO_PORT, LED1_PIN)
#define LED2_OFF    GPIO_SetBits( LED2_GPIO_PORT, LED2_PIN)
#define LED2_ON    GPIO_ResetBits( LED2_GPIO_PORT, LED2_PIN)
#define LED3_OFF    GPIO_SetBits( LED3_GPIO_PORT, LED3_PIN)
#define LED3_ON    GPIO_ResetBits( LED3_GPIO_PORT, LED3_PIN)
```

采用宏定义方式，控制三色灯。程序如下：

```
//红
#define LED_RED \
        LED1_ON; \
        LED2_OFF; \
        LED3_OFF
//绿
#define LED_GREEN \
        LED1_OFF; \
        LED2_ON; \
        LED3_OFF
//黄( 红+绿)
#define LED_YELLOW
        LED1_ON; \
        LED2_ON; \
        LED3 OFF
```

无人驾驶装置指示灯 GPIO 初始化程序如下：

```
void LED_GPIO_Config( void)
{
    / *定义一个 GPIO_InitTypeDef 类型的结构体 */
    GPIO_InitTypeDef   GPIO_InitStruct;
    / *开启 LED 相关的 GPIO 外设时钟 */
    RCC_APB2PeriphClockCmd( RCC_APB2Periph_GPIOB, ENABLE);
    / *选择要控制的 GPIO 引脚 */
    GPIO_InitStruct. GPIO_Pin = LED1_PIN | LED2_PIN | LED3_PIN;
    / *设置引脚的输出类型为推挽输出 */
    GPIO_InitStruct. GPIO_Mode = GPIO_Mode_Out_PP;
    / *设置引脚速率为高速 */
```

```
GPIO_InitStruct. GPIO_Speed = GPIO_Speed_50 MHz；
/ * 调用库函数，使用上面配置的 GPIO_InitStructure 初始化 GPIO * /
GPIO_Init( GPIOB, &GPIO_InitStruct)；
/ * 关闭 RGB 灯 * /
LED_RGBOFF；
}
```

根据案例设计方案，无人驾驶装置灯实现的主程序具体如下。

```
#include "stm32f10x. h"
#include "bsp_led. h"
int i, j；
int main (void)
{
  LED_GPIO_Config( )；
  while (1)
  {
    LED_RED：
    for( i = 0；i<500；i ++)
      for( j = 0；j<1000；j ++)；
    LED_GREEN；
    for( i = 0；i<500；i ++)
      for( j = 0；j<1000；j ++) ；
    LED_YELLOW；
    for( i = 0；1<500；i ++)
      for( j = 0；j<1000；j ++)；
  }
}
```

2.3.4　软件仿真

（1）使用 Proteus 软件，绘制如图 2-25 所示硬件电路图，并保存到指定位置。

（2）使用 MDK Keil 建立一个工程项目，在编辑区输入上述源代码，保存并编译，排除所有程序错误后，生产目标代码文件"led. hex"。

（3）使用 Proteus 软件打开绘制好的无人驾驶装置灯电路图，双击电路图中 STM32F103R6 元件，把编译好的"led. hex"文件下载进去。单击调试按钮，便可以观察到三色灯 RGBLED 按红、绿、黄顺序指示。

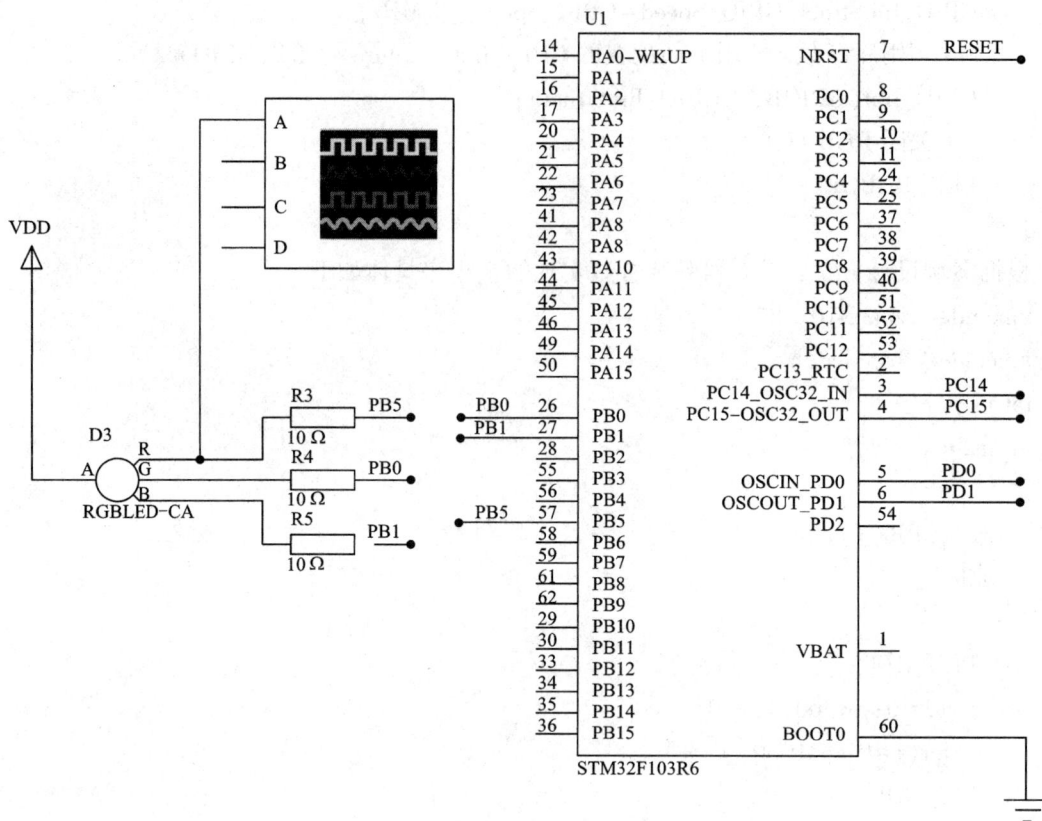

图 2-25 案例三原理图

2.4 案例四 无人驾驶装置系统启停电路(I/O 位输入)设计

2.4.1 方案设计

无人驾驶装置控制系统需具备系统启停功能,本设计利用两个开关分别控制三色灯的运行和停止。RGB 彩灯轮流显示红、黄和绿色,模拟无人驾驶装置指示灯的运行状态。RGB 彩灯可以实现混色,如控制红灯亮而蓝灯和绿灯灭,可混出红色效果;控制红灯和绿灯亮而蓝灯灭,可混出黄色效果;控制绿灯亮而蓝灯和红灯灭,可混出绿色效果。

2.4.2 硬件设计

STM32F103R6T6 芯片与 LEDRGB 灯和开关 K1、K2 的连接如图 2-26 所示,这是一个RGB 灯,里面由红蓝绿三个小灯构成。这些 LED 灯的阴极都是连接到 STM32 的 GPIO 引脚,只要我们控制 GPIO 引脚的电平输出状态,即可控制 LED 灯的亮灭。K1 按下,运行无人驾驶装置灯;K2 按下,停止无人驾驶装置灯。

PA1 和 PC13 是高电平有效的,并且外部都没有下拉电阻,所以需要在 STM32 内部设置下拉。

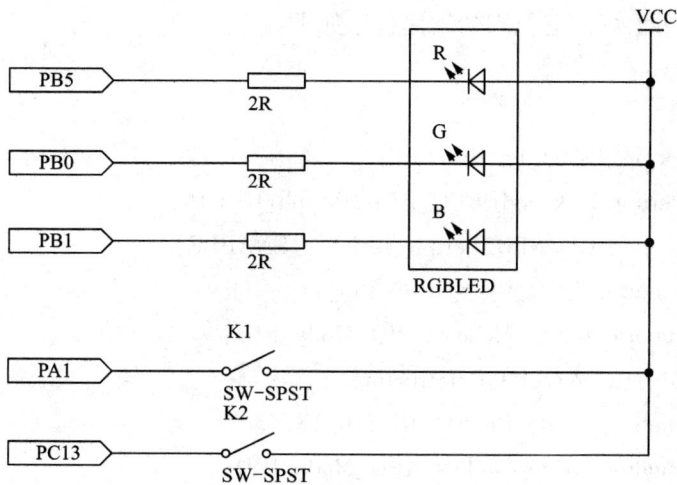

图 2-26 启停功能原理图

2.4.3 软件设计

为了实现开关对无人驾驶装置指示灯的控制，首先就要使 STM32 能够正确读入按键开关的状态，再根据按键开关的状态去控制无人驾驶装置指示灯的亮灭。程序控制流程如图 2-27 所示。

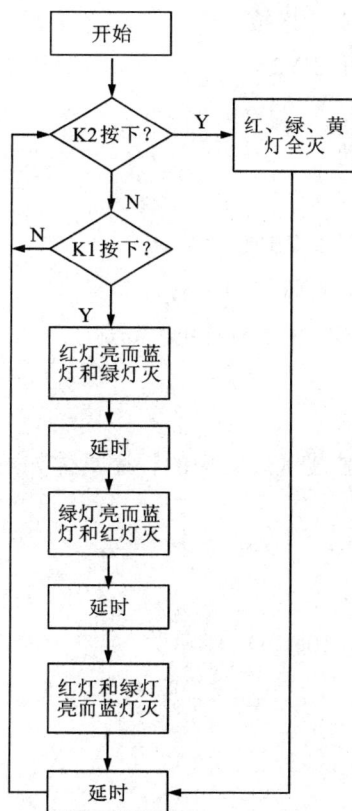

图 2-27 启停功能软件流程图

无人驾驶装置指示灯按键引脚初始化程序如下：

```
void KEY_Init(void)
{
    GPIO_InitTypeDef GPIO_InitStructure;
    RCC_APB2PeriphClockCmd(RCC_APB2Periph_GPIOA|
                    RCC_APB2Periph_GPIOC, ENABLE);
    GPIO_InitStructure.GPIO_Pin=GPIO_Pin_1;
    GPIO_InitStructure.GPIO_Mode=GPIO_Mode_IPD;
    GPIO_Init(GPIOA, &GPIO_InitStructure);
    GPIO_InitStructure.GPIO_Pin=GPIO_Pin_13;
    GPIO_InitStructure.GPIO_Mode=GPIO_Mode_IPD;
    GPIO_Init(GPIOC, &GPIO_InitStructure);
}
```

按键扫描程序如下：

```
u8 KEY_Scan(u8 mode)
{
    static u8 key_up=1; //按键按松开标志
    if(mode)key_up=1;    //支持连按
    if(key_up&&(KEY1==1||KEY2==1))
    {
        delay_ms(10); //去抖动
        key_up=0;
        if(KEY1==1)return KEY1_PRES;
        else if(KEY2==1)return KEY2_PRES;
    }else if(KEY1==0&&KEY2==0)key_up=1;
    return 0; //无按键按下
}
```

根据案例设计方案，无人驾驶装置灯实现的程序具体如下。

```
#include "stm32f10x.h"
#include "bsp_led.h"
#include "key.h"
void delay_for(uint16_t a, uint16_t b);
int main(void)
{
    uint8_t key=0;
    uint8_t runflag=0;
    LED_GPIO_Config();
```

```
    KEY_Init();
  while (1)
  {
      key = KEY_Scan(0);
      if(key)
      {
        switch(key)
        {
          case KEY2_PRES:
            runflag = 0;
            break;
          case KEY1_PRES:
            runflag = 1;
            break;
          default:
            ;
            break;
        }
      } else delay_ms(10);
      if(runflag == 1)
      {
        LED_RED;
        delay_for(1000, 1000);
        LED_GREEN;
        delay_for(1000, 1000);
        LED_YELLOW;
        delay_for(1000, 1000);
      }
      else
      {
        LED_RGBOFF;
      }
  }
}
void delay_for(uint16_t a, uint16_t b)
{
  uint16_t i, j;
```

```
    for( i = 0; i < a; i ++)
        for( j = 0; j < b; j ++);
}
```

2.4.4　软件仿真

（1）使用 Proteus 软件，绘制如图 2-28 所示硬件电路图，并保存到指定位置。

（2）使用 MDK Keil 建立一个工程项目，在编辑区输入上述源代码，保存并编译，排除所有程序错误后，生产目标代码文件"key.hex"。

（3）使用 Proteus 软件打开绘制好的无人驾驶装置灯电路图，双击电路图中 STM32F103R6 元件，把编译好的"key.hex"文件下载进去。单击调试按钮开始仿真，按下 K1 便可以观察到三色灯 RGBLED 按红、绿、蓝顺序指示，按下 K2 无人驾驶装置灯停止运行。

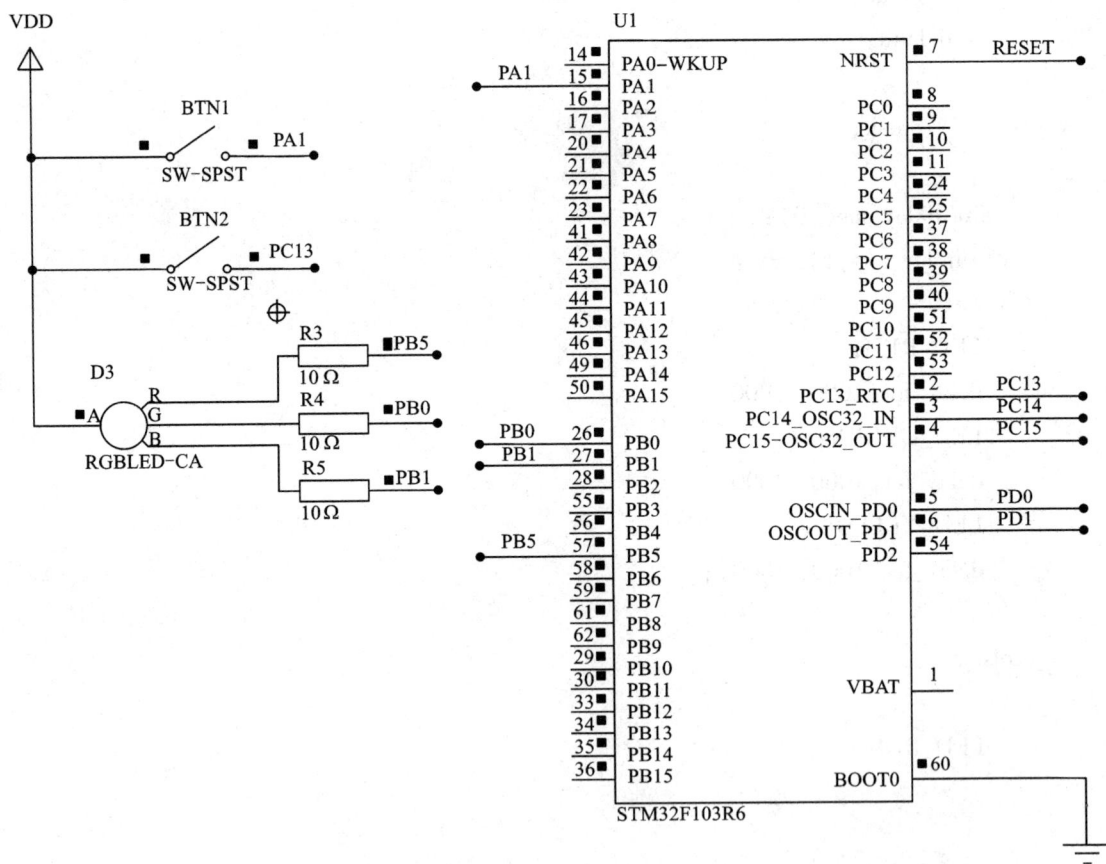

图 2-28　案例四原理图

2.5 STM32 的中断向量表

中断通常被定义为一个事件,该事件能够改变处理器执行指令的顺序,可以通过中断使处理器转而去运行优先级高的代码。STM32 中断系统功能如下:

1)实现中断响应和中断返回

当 CPU 收到中断请求后,能根据具体情况决定是否响应中断,如果 CPU 没有更急、更重要的工作,则在执行完当前指令后响应这一中断请求。CPU 中断响应过程如下:首先,将断点处的 PC 值(即下一条应执行指令的地址)推入堆栈保留下来,这称为保护断点,由硬件自动执行。然后,将有关的寄存器内容和标志位状态推入堆栈保留下来,这称为保护现场,由用户自己编程完成。保护断点和现场后即可执行中断服务程序,执行完毕,CPU 由中断服务程序返回主程序,中断返回过程如下:首先恢复原保留寄存器的内容和标志位的状态,这称为恢复现场,由用户编程完成。然后,再加返回指令,返回指令的功能是恢复 PC 值,使 CPU 返回断点,这称为恢复断点。恢复现场和断点后,CPU 将继续执行原主程序,中断响应过程到此为止。

2)实现优先权排队

通常,系统中有多个中断源,当有多个中断源同时发出中断请求时,要求计算机能确定哪个中断更紧迫,以便首先响应。为此,计算机给每个中断源规定了优先级别,称为优先权。这样,当多个中断源同时发出中断请求时,优先权高的中断能先被响应,只有优先权高的中断处理结束后才能响应优先权低的中断。计算机按中断源优先权高低逐次响应的过程称优先权排队,这个过程可通过硬件电路来实现,亦可通过软件查询来实现。

3)实现中断嵌套

当 CPU 响应某一中断时,若有优先权高的中断源发出中断请求,则 CPU 能中断正在进行的中断服务程序,并保留这个程序的断点(类似于子程序嵌套),响应高级中断,高级中断处理结束以后,再继续进行被中断的中断服务程序,这个过程称为中断嵌套。如果发出新的中断请求的中断源的优先权级别与正在处理的中断源同级或更低时,CPU 不会响应这个中断请求,直至正在处理的中断服务程序执行完以后才能去处理新的中断请求。

STM32 中断非常强大,每个外设都可以产生中断,所以中断的讲解放在哪一个外设里面去讲都不合适,这里单独抽出来做一个总结性的介绍。STM32 中断分为了两个类型:内核异常和外部中断。并将所有中断通过一个表编排起来,表 2-5 是 STM32 中断向量表的部分内容。

表 2-5 STM32 中断向量表

位置	优先级	优先级类型	名称	说明	地址
—	—	—		保留	0x0000_0000
	-3	固定	Reset	复位	0x0000_0004

续表 2-5

位置	优先级	优先级类型	名称	说明	地址
	-2	固定	NMI	不可屏蔽中断 RCC 时钟安全系统(CSS)连接到 NMI 向量	0x0000_0008
	-1	固定	硬件失效(HardFault)	所有类型的失效	0x0000_000C
	0	可设置	存储管理(MemManage)	存储器管理	0x0000_0010
	1	可设置	总线错误(BusFault)	预取指失败，存储器访问失败	0x0000_0014
	2	可设置	错误应用(UsageFault)	未定义的指令或非法状态	0x0000_0018
—	—	—	保留	0x0000_001C ~0x0000_002B
	3	可设置	SVCall	通过 SWI 指令的系统服务调用	0x0000_002C
	4	可设置	调试监控(DebugMonitor)	调试监控器	0x0000_0030
—	—	—	保留	0x0000_0034
	5	可设置	PendSV	可挂起的系统服务	0x0000_0038
	6	可设置	SysTick	系统嘀嗒定时器	0x0000_003C
0	7	可设置	WWDG	窗口定时器中断	0x0000_0040
1	8	可设置	PVD	连到 EXTI 的电源电压检测(PVD)中断	0x0000_0044
2	9	可设置	TAMPER	侵入检测中断	0x0000_0048
3	10	可设置	RTC	实时时钟(RTC)全局中断	0x0000_004C
4	11	可设置	FLASH	闪存全局中断	0x0000_0050
5	12	可设置	RCC	复位和时钟控制(RCC)中断	0x0000_0054
6	13	可设置	EXTI0	EXTI 线 0 中断	0x0000_0058
7	14	可设置	EXTI1	EXTI 线 1 中断	0x0000_005C
8	15	可设置	EXTI2	EXTI 线 2 中断	0x0000_0060
9	16	可设置	EXTI3	EXTI 线 3 中断	0x0000_0064
10	17	可设置	EXTI4	EXTI 线 4 中断	0x0000_0068
11	18	可设置	DMAI 通道 1	DMAI 通道 1 全局中断	0x0000_006C
12	19	可设置	DMAI 通道 2	DMAI 通道 2 全局中断	0x0000_0070
13	20	可设置	DMAI 通道 3	DMAI 通道 3 全局中断	0x0000_0074

　　上表中，-3 到 6 这个区域名称加底影了，这个区域就是内核异常。内核异常不能够被打断，不能被设置优先级(也就是说优先级是凌驾于外部中断之上的)。常见的内核异常有以下几种：复位(Reset)、不可屏蔽中断(NMI)、硬件错误(HardFault)，其他的也可以在表上找

到。从第 7 个开始，后面所有的中断都是外部中断。外部中断是我们必须学习掌握的知识，包含线中断、定时器中断、IIC、SPI 等所有的外设中断，可配置优先级。外部中断的优先级分为两种：抢占优先级和响应优先级。

2.6　嵌套向量中断控制器 NVIC

NVIC 是嵌套向量中断控制器，控制着整个芯片中断相关的功能，它跟内核紧密耦合，是内核里面的一个外设。

NVIC 结构体定义，来自固件库头文件：core_cm3.h。在配置中断的时候我们一般只用 ISER、ICER 和 IP 这三个寄存器，ISER 用来使能中断，ICER 用来失能中断，IP 用来设置中断优先级。程序如下：

```
1   typedef struct {
2   _IO uint 32_t ISER[8];            //中断使能寄存器
3   uint32_t RESERVED0[24];
4   _IO uint32_t ICER[8];             //中断清除寄存器
5   uint32_t RESERVED1[24];
6   _IO uint32_t ISPR[8];             //中断使能悬起寄存器
7   uint32_t RESERVED2[24];
8   _IO uint32_t ICPR[8];             //中断清除悬起寄存器
9   uint32_t RESERVED3[24];
10  _IO uint32_t IABR[8];             //中断有效位寄存器
11  uint32_t RESERVED3[56];
12  _IO uint32_t IP[240];             //中断优先级寄存器(8 bit wide)
13  uint32_t RESERVED5[644];
14  O uint32_t STIR;                  //软件触发中断寄存器
15  } NVIC_Type;
```

2.6.1　优先级定义

在 NVIC 有一个专门的寄存器：中断优先级寄存器 NVIC_IPRx，用来配置外部中断的优先级，IPR 宽度为 8bit，原则上每个外部中断可配置的优先级为 0~255，数值越小，优先级越高。但是绝大多数 CM3 芯片都会精简设计，以致实际上支持的优先级数减少，在 F103 中，只使用了高 4bit，如图 2-29 所示。

bit7	bit6	bit5	bit4	bit3	bit2	bit1	bit0
用于表达优先级				未使用，读回为0			

图 2-29　4bit 优先级图

用于表达优先级的这 4bit，又被分组成抢占优先级和子优先级。如果有多个中断同时响应, 抢占优先级高的就会抢占优先级低的优先得到执行, 如果抢占优先级相同, 就比较子优先级。如果抢占优先级和子优先级都相同的话, 就比较它们的硬件中断编号, 编号越小, 优先级越高。

2.6.2 优先级分组

设置优先级分组可调用库函数 NVIC_PriorityGroupConfig( )实现, 有关 NVIC 中断相关的库函数都在库文件 misc.c 和 misc.h 中, 优先级分组见表 2-6。

表 2-6 优先级分组真值表

优先级分组	主优先级	子优先级	描述
NVIC_PrioriyGroup_0	0	0-15	主-0bit, 子-4bit
NVIC_PrioriyGroup_1	0-1	0-7	主-1bit, 子-3bit
NVIC_PrioriyGroup_2	0-3	0-3	主-2bit, 子-2bit
NVIC_PrioriyGroup_3	0-7	0-1	主-3bit, 子-1bit
NVIC_PrioriyGroup_4	0-15	0	主-4bit, 子-0bit

2.6.3 中断编程的具体流程

(1)使能外设某个中断, 这个具体由每个外设的相关中断使能位控制。比如串口有发送完成中断, 接收完成中断, 这两个中断都由串口控制寄存器的相关中断使能位控制。

(2)配置中断优先级分组, 通过 NVIC_PriorityGroup( )函数实现。

(3)初始化 NVIC_InitTypeDef 结构体, 设置抢占优先级和子优先级, 使能中断请求。NVIC_InitTypeDef 结构体在固件库头文件 misc.h 中定义。程序如下:

```
1   typedef struct {
2   uint8_t NVIC IRQChannel;                        //中断源
3   uint8_t NVIC IRQChannelPreemptionPriority;      //抢占优先级
4   uint8_t NVIC IRQChannelSubPriority;             //子优先级
5   FunctionalState NVIC IRQChannel Cmd;            //中断使能或者失能
6   }NVIC_InitTypeDef;                              //中断源
```

4)在启动文件 startup_stm32f10x_hd.s 中我们预先为每个中断都写了一个中断服务函数, 只是这些中断函数都为空, 为的只是初始化中断向量表。实际的中断服务函数都需要我们重新编写, 为了方便管理我们把中断服务函数统一写在 stm32f10x_it.c 这个库文件中。关于中断服务函数的函数名必须跟启动文件里面预先设置的一样, 如果写错, 系统就在中断向量表中找不到中断服务函数的入口, 直接跳转到启动文件里面预先写好的空函数, 并且在里面无限循环, 实现不了中断。

2.7　EXTI 外部中断

EXTI(External interrupt/event controller)——外部中断/事件控制器，管理了控制器的 20 个中断/事件线。每个中断/事件线都对应有一个边沿检测器，可以实现输入信号的上升沿检测和下降沿检测。EXTI 可以实现对每个中断/事件线进行单独配置，可以单独配置为中断或者事件，以及触发事件的属性。EXTI 有两大部分功能：一个是产生中断；另一个是产生事件，见图 2-30。线路 1—2—4—5 是产生中断的流程，20/代表着有 20 条相同的线路。

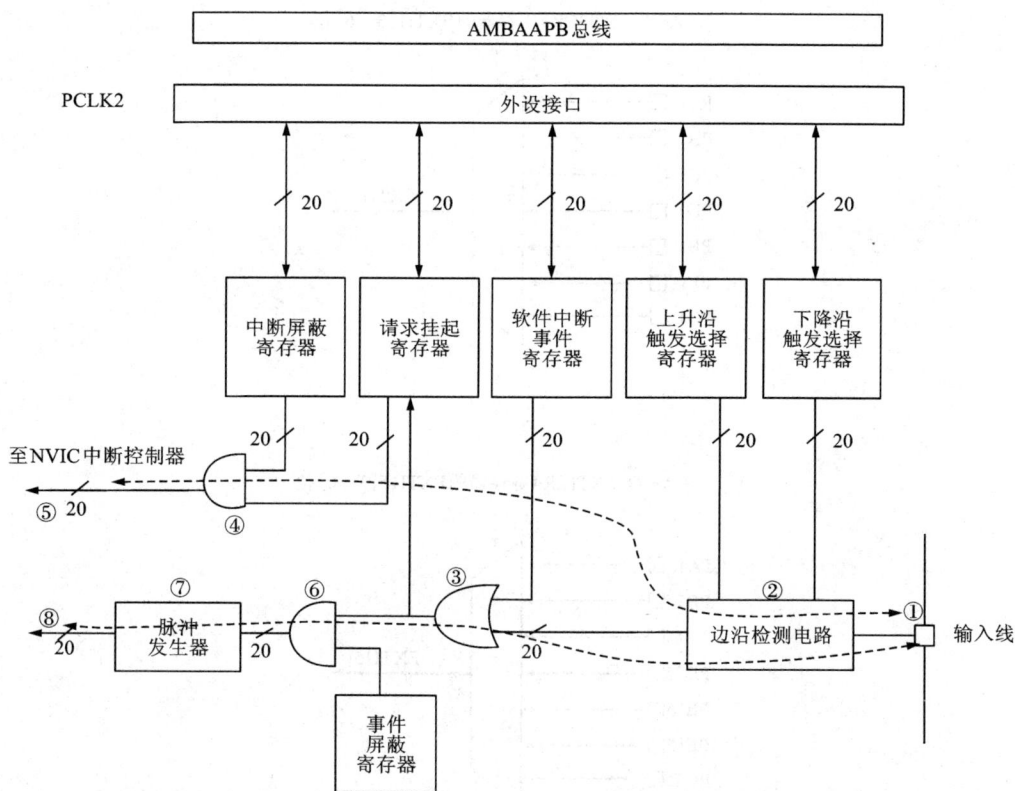

图 2-30　EXTI 功能框图

STM32 的所有 GPIO 都引入到了 EXTI 外部中断输入线上，也就是说，所有的 IO 口经过配置后都能够触发中断。图 2-31 就是 GPIO 和 EXTI 的连接方式。

从图中我们可以看出，一共有 16 个中断线：EXTI0 到 EXTI15。每个中断线都对应了从 PAx 到 PGx 一共 7 个 GPIO。也就是说，在同一时刻每个中断线只能响应一个 GPIO 端口的中断，不能够同时响应所有端口的中断事件，但是可以分时复用。在 EXTI 中，有三种触发中断的方式：上升沿触发、下降沿触发、双边沿触发。根据不同的电路，我们选择不同的触发方式，以确保中断能够被正常触发。

在AFIO_EXTICR1寄存器的EXTI0[3：0]位

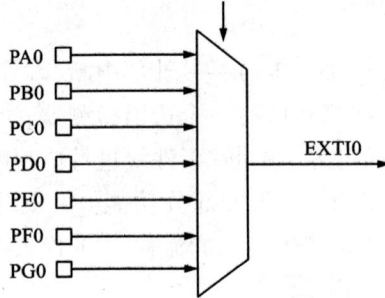

PA0
PB0
PC0
PD0　　　　　　　　　　　EXTI0
PE0
PF0
PG0

在AFIO_EXTICR1寄存器的EXTI1[3：0]位

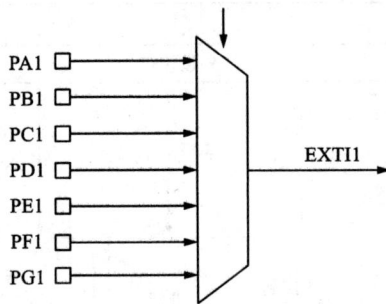

PA1
PB1
PC1
PD1　　　　　　　　　　　EXTI1
PE1
PF1
PG1

在AFIO_EXTICR4寄存器的EXTI15[3：0]位

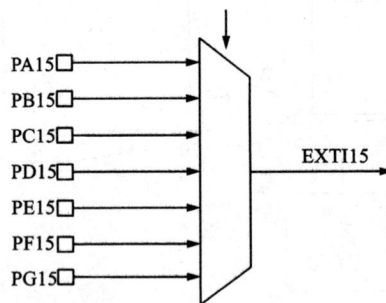

PA15
PB15
PC15
PD15　　　　　　　　　　　EXTI15
PE15
PF15
PG15

图 2-31　EXTI 外部中断线

2.7.1　外部中断初始化配置

1）配置 GPIO 与中断线的映射关系

配置 GPIO 与中断线的映射关系即指定中断/事件线的输入源，GPIO_EXTILineConfig() 函数将 GPIO 端口与中断线映射起来，例如：

GPIO_EXTILineConfig(GPIO_PortSourceGPIOE，GPIO_PinSource2)；

将中断线 2 与 GPIOE 映射起来，那么很显然是 GPIOE.2 与 EXTI2 中断线连接了。设置好中断线映射之后，那么到底来自这个 IO 口的中断是通过什么方式触发的呢？接下来我们就要设置该中断线上中断的初始化参数了。

2)初始化 EXTI 外部中断

EXTI 外部中断的初始化是通过函数 EXTI_Init( )实现的。EXTI_Init( )函数的定义是：

void EXTI_Init(EXTI_InitTypeDef ∗ EXTI_InitStruct) ；

其中结构体 EXTI_InitTypeDef 的成员如下：

```
typedef struct
{
    uint32_t EXTI_Line；
    EXTIMode_TypeDef EXTI_Mode；
    EXTITrigger_TypeDef EXTI_Trigger；
    FunctionalState EXTI_LineCmd；
}EXTI_InitTypeDef；
```

第一个参数是中断线的标号，取值范围为 EXTI_Line0 ~ EXTI_Line15。也就是说，这个函数配置的是某个中断线上的中断参数。第二个参数是中断模式，可选值为中断 EXTI_Mode_Interrupt 和事件 EXTI_Mode_Event。第三个参数是触发方式，可以是下降沿触发 EXTI_Trigger_Falling，上升沿触发 EXTI_Trigger_Rising，或者任意电平（上升沿和下降沿）触发 EXTI_Trigger_Rising_Falling。最后一个参数就是使能中断线了。

下面我们用一个使用范例来说明这个函数的使用，设置中断线 2 上的中断为下降沿触发。

EXTI_InitTypeDef EXTI_InitStructure；

EXTI_InitStructure. EXTI_Line = EXTI_Line2；

EXTI_InitStructure. EXTI_Mode = EXTI_Mode_Interrupt；

EXTI_InitStructure. EXTI_Trigger = EXTI_Trigger_Falling；

EXTI_InitStructure. EXTI_LineCmd = ENABLE；

EXTI_Init(&EXTI_InitStructure)；

我们设置好中断线和 GPIO 映射关系，又设置好了中断的触发模式等初始化参数。由于是外部中断，我们还要设置 NVIC 中断优先级。

3)设置 NVIC 中断优先级

设置中断线 2 的中断优先级。

NVIC_InitTypeDef NVIC_InitStructure；

NVIC_InitStructure. NVIC_IRQChannel = EXTI2_IRQn；

NVIC_InitStructure. NVIC_IRQChannelPreemptionPriority = 0x02；

NVIC_InitStructure. NVIC_IRQChannelSubPriority = 0x02；

NVIC_InitStructure. NVIC_IRQChannelCmd = ENABLE；

NVIC_Init(&NVIC_InitStructure)；

2.7.2　编写中断服务函数

中断服务函数的名字是在启动文件 startup_stm32f10x_ld. s 中事先有定义的。这里需要说明一下，STM32 的 IO 口外部中断函数只有 6 个，分别为：

```
EXPORT    EXTI0_IRQHandler
EXPORT    EXTI1_IRQHandler
EXPORT    EXTI2_IRQHandler
EXPORT    EXTI3_IRQHandler
EXPORT    EXTI4_IRQHandler
EXPORT    EXTI9_5_IRQHandler
EXPORT    EXTI15_10_IRQHandler
```

中断线 0~4 每个中断线对应一个中断函数，中断线 5~9 共用中断函数 EXTI9_5_IRQHandler，中断线 10~15 共用中断函数 EXTI15_10_IRQHandler。在编写中断服务函数的时候会经常使用到两个函数，第一个函数是判断某个中断线上的中断是否发生（标志位是否置位）：

ITStatus EXTI_GetITStatus(uint32_t EXTI_Line)；

这个函数一般使用在中断服务函数的开头判断中断是否发生。另一个函数是清除某个中断线上的中断标志位：

void EXTI_ClearITPendingBit(uint32_t EXTI_Line)；

这个函数一般应用在中断服务函数结束之前，清除中断标志位。

常用的中断服务函数格式为：

```
   void EXTI2_IRQHandler( void )
{
   if( EXTI_GetITStatus( EXTI_Line2 )！＝RESET )        //判断某线上中断是否发生
   {
      中断逻辑…
      EXTI_ClearITPendingBit( EXTI_Line2 )；            //清除 LINE 上的中断标志位
   }
}
```

2.7.3　外部中断配置过程

（1）初始化 IO 口为输入。

（2）开启 AFIO 时钟。

（3）设置 IO 口与中断线的映射关系。

（4）初始化线上中断，设置触发条件等。

（5）配置中断分组（NVIC），并使能中断。

（6）编写中断服务函数。

2.8　案例五　无人驾驶装置系统启停电路(中断方式)设计

2.8.1　方案设计

中断方式：程序中断通常简称中断，是指 CPU 在正常运行程序的过程中，由于预选安排或发生了各种随机的内部或外部事件,使 CPU 中断正在运行的程序,而转到为相应的服务程序去处理,这个过程称为程序中断。

轮询方式:是让 CPU 以一定的周期按次序查询每一个外设,看它是否有数据输入或输出的要求,若有,则进行相应的输入/输出服务;若无,或 I/O 处理完毕后,CPU 就接着查询下一个外设。

无人驾驶装置控制系统需具备系统启停功能,本设计利用两个开关分别控制三色灯的运行和停止。案例要求 STM32 以中断方式检测按键的动作。RGB 彩灯轮流显示红、黄和绿色,模拟无人驾驶装置指示灯的运行状态。RGB 彩灯可以实现混色,如控制红灯亮而蓝灯和绿灯灭,可混出红色效果;控制红灯和绿灯亮而蓝灯灭,可混出黄色效果;控制绿灯亮而蓝灯和红灯灭,可混出绿色效果。

2.8.2　硬件设计

STM32F103R6T6 芯片与 LEDRGB 灯和开关 K1、K2 的连接如图 2-32 所示,这是一个 RGB 灯,里面由红蓝绿三个小灯构成。这些 LED 灯的阴极都是连接到 STM32 的 GPIO 引脚,只要我们控制 GPIO 引脚的电平输出状态,即可控制 LED 灯的亮灭。K1 按下,运行无人驾驶装置灯;K2 按下,停止无人驾驶装置灯。

PA1 和 PC13 是高电平有效的,并且外部都没有下拉电阻,所以需要在 STM32 内部设置下拉。

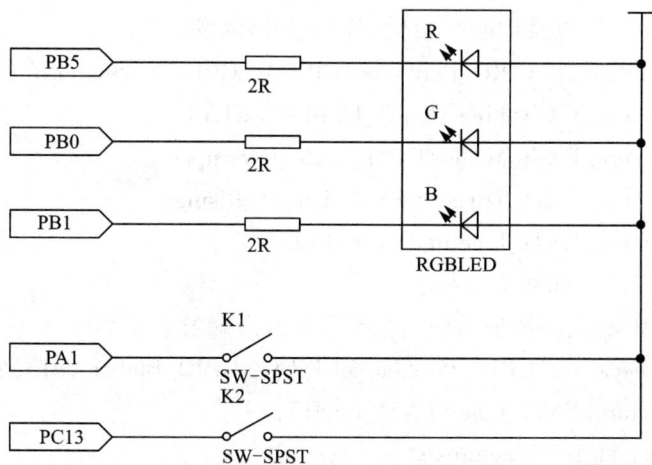

图 2-32　启停电路(中断方式)原理图

2.8.3　软件设计

为了实现开关对无人驾驶装置指示灯的控制,STM32 只要初始化外设及配置中断等,在中断处理函数中控制无人驾驶装置指示灯的亮灭。程序控制流程如图 2-33 所示。

无人驾驶装置指示灯中断初始化程序如下:

```
void EXTIX_Init(void)
{
```

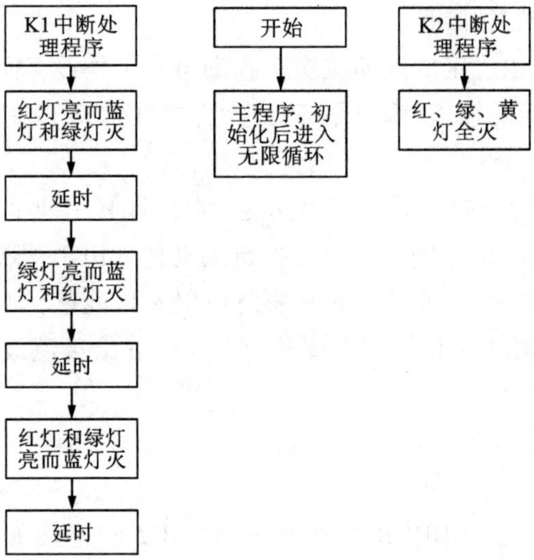

图 2-33　启停电路 (中断方式) 软件流程图

EXTI_InitTypeDef EXTI_InitStructure；

NVIC_InitTypeDef NVIC_InitStructure；

//使能复用功能时钟

RCC_APB2PeriphClockCmd (RCC_APB2Periph_AFIO，ENABLE)；

//GPIOA. 1 中断线以及中断初始化配置上升沿触发

GPIO_EXTILineConfig (GPIO_PortSourceGPIOA，GPIO_PinSource1)；

EXTI_InitStructure. EXTI_Line = EXTI_Line1；//KEY1

EXTI_InitStructure. EXTI_Mode = EXTI_Mode_Interrupt；

EXTI_InitStructure. EXTI_Trigger = EXTI_Trigger_Rising；

EXTI_InitStructure. EXTI_LineCmd = ENABLE；

EXTI_Init (&EXTI_InitStructure)；

//GPIOC. 13 中断线以及中断初始化配置上升沿触发

GPIO_EXTILineConfig (GPIO_PortSourceGPIOC，GPIO_PinSource13)；

EXTI_InitStructure. EXTI_Line = EXTI_Line13；

EXTI_Init (&EXTI_InitStructure)；

NVIC_InitStructure. NVIC_IRQChannel = EXTI15_10_IRQn；

NVIC_InitStructure. NVIC_IRQChannelPreemptionPriority = 0x02；

NVIC_InitStructure. NVIC_IRQChannelSubPriority = 0x02；

NVIC_InitStructure. NVIC_IRQChannelCmd = ENABLE；

NVIC_Init (&NVIC_InitStructure)；

NVIC_InitStructure. NVIC_IRQChannel = EXTI1_IRQn；

NVIC_InitStructure. NVIC_IRQChannelPreemptionPriority = 0x02；

NVIC_InitStructure. NVIC_IRQChannelSubPriority = 0x01；

```
    NVIC_InitStructure. NVIC_IRQChannelCmd = ENABLE；
    NVIC_Init( &NVIC_InitStructure) ；
}
```

按键 K1 中断处理子程序如下：

```
void EXTI1_IRQHandler( void)
{
    delay_ms( 10) ； //消抖
    LED_RED；
    delay_for( 1000，1000) ；
    LED_GREEN；
    delay_for( 1000，1000) ；
    LED_YELLOW；
    delay_for( 1000，1000) ；
    EXTI_ClearITPendingBit( EXTI_Line1) ；    //清除 LINE1 上的中断标志位
}
```

按键 K2 中断处理子程序如下：

```
void EXTI15_10_IRQHandler( void)
{
    delay_ms( 10) ； //消抖
    LED_RGBOFF；
    EXTI_ClearITPendingBit( EXTI_Line13) ；    //清除 LINE13 上的中断标志位
}
```

根据案例设计方案，无人驾驶装置灯实现的主程序具体如下：

```
int main( void)
{
    uint8_t key = 0；
    delay_init( ) ；
    NVIC_PriorityGroupConfig( NVIC_PriorityGroup_2) ；
    LED_GPIO_Config( ) ；
    KEY_Init( ) ；
    EXTIX_Init( ) ；
    while ( 1)
    {
        delay_ms( 100) ；
    }
}
```

2.8.4　软件仿真

（1）使用 Proteus 软件，绘制如图 2-34 所示硬件电路图，并保存到指定位置。

（2）使用 MDK Keil 建立一个工程项目，在编辑区输入上述源代码，保存并编译，排除所有程序错误后，生产目标代码文件"key. hex"。

（3）使用 Proteus 软件打开绘制好的无人驾驶装置灯电路图，双击电路图中 STM32F103R6 元件，把编译好的"key. hex"文件下载进去。单击调试按钮开始仿真，按下 K1 便可以观察到三色灯 RGBLED 按红、绿、蓝顺序指示，按下 K2 无人驾驶装置灯停止运行。

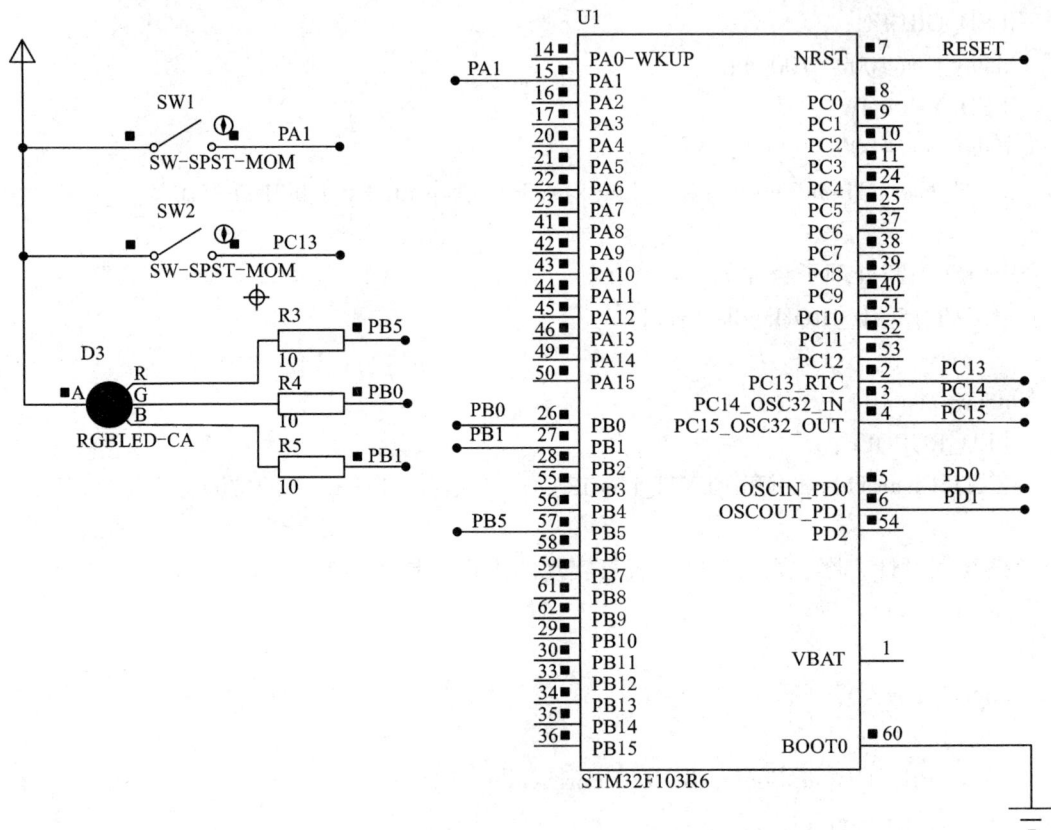

图 2-34　案例五原理图

章节测验

一、单选题

1. 通用输入输出接口 GPIO 可以分为 A\B\C\…组，每组共有（　　　）个端口或引脚。

A. 12　　　　　　　　　　　　　B. 14

C. 16　　　　　　　　　　　　　D. 18

2. GPIO 功能图中肖特基触发器的作用是（　　　）。

A. 模拟量转变为数字量   B. 数字量转变为模拟量

C. 离散信号转变为连续信号   D. 连续信号转变为离散信号

3. GPIO 功能图中 P-MOS 管和 N-MOS 管的作用是(　　)。

A. 续流   B. 用于推挽、开漏输出

C. 用于上拉、下拉输入   D. 用于模数转换

4. GPIO 功能图中保护二极管的作用是(　　)。

A. 构成推挽、开漏输出功能   B. 完成模数转换

C. 防止引脚外部过高、过低电压输入   D. 以上都不对

5. 在 STM32 单片机应用中，输入信号是 3V 的直流信号，如果通过 GPIO 来检测信号的逻辑电平，应将 GPIO 的输入模式设置为(　　)。

A. 上拉输入   B. 下拉输入

C. 模拟量输入   D. 以上均不对

6. 在 STM32 单片机应用中，如果通过 GPIO 来检测上升沿信号，应将 GPIO 的输入模式设置为(　　)。

A. 上拉   B. 下拉

C. 浮空   D. 模拟量输入

7. 在 STM32 单片机应用中，如果通过 GPIO 来检测下降沿输入信号，应将 GPIO 的输入模式设置为(　　)。

A. 上拉   B. 下拉

C. 浮空   D. 模拟量输入

8. SysTick 定时器的位数是(　　)位。

A. 16   B. 20

C. 24   D. 32

9. NVIC 优先级分组 2 中，抢占优先级占＿＿＿＿bit，子优先级占＿＿＿＿bit。(　　)

A. 1, 3   B. 2, 2

C. 3, 1   D. 0, 3

10. STM32F10x 共有(　　)个外部中断线。

A. 8   B. 12

C. 16   D. 24

11. STM32F 的 EXTI 中断触发方式共有(　　)三种方式。

A. 高电平、低电平、双电平   B. 上升沿、下降沿、双边沿

C. 高电平、下降沿   D. 低电平、上升沿

12. 以下不属于内部中断源的是(　　)。

A. RESET   B. NMI

C. SysTick   D. EXTI

二、填空题

1. STM32 的 SYSCLK 时钟来源于(　　　　)、(　　　　)和(　　　　)时钟。

2. STM32 的 GPIO 端口包括(　　)、(　　)、(　　)和(　　)四种输入模式。

3. STM32 的 GPIO 端口输出模式包括(　　)、(　　)、(　　)和(　　)四种模式。

三、判断题

1. GPIO 浮空输入模式下，上拉、下拉开关处于打开状态，信号通过施密特触发器后，进入输入数据寄存器。(　　)

2. GPIO 端口在模拟输入模式下，其电位钳制在高电平。(　　)

3. STM32 的 GPIO 端口在开漏输出模式下，其端口高电平由端口所连接的外部电路电平决定。(　　)

4. 配置为开漏输出模式的端口，一般在外部接上拉电阻。(　　)

5. SysTick 定时器属于 CM3 内核的外设。(　　)

6. NVIC 设置优先级，数值越大，优先级越高。

7. STM32 中断分为两个类型：内核异常和外部中断。(　　)

四、简答题

简述 GPIO 的 4 种输入模式。

五、论述题

1. 如下程序是初始化 STM32 相应的 GPIO 端口，实现 LED 闪烁功能。

```
void gpio_init_blink(void)
{
    GPIO_InitTypeDef GPIO_Init_Led;
    GPIO_Init_Led. GPIO_Pin = GPIO_Pin_1;
    GPIO_Init_Led. GPIO_Mode = GPIO_Mode_Out_PP;
    GPIO_Init_Led. GPIO_Speed = GPIO_Speed_50 MHz;
    RCC_APB2PeriphClockCmd(RCC_APB2Periph_GPIOA, ENABLE);
    GPIO_Init(GPIOA, &GPIO_Init_Led);
    GPIO_SetBits(GPIOA, GPIO_Pin_1);
}
```

请根据程序，手绘相应的原理框图。

2. 参考(1)中的程序，编写程序实现对 GPIOB 11 端口的初始化，并利用 GPIO_ResetBits(　　)函数，将 GPIOB11 端口设置为低电平。其中函数接口如下：void GPIO_ResetBits(GPIO_TypeDef * GPIOx, uint16_t GPIO_Pin)。

项目三

无人驾驶装置人机交互系统

学习目标

1. 了解 STM32 定时器的种类；

2. 学会使用 STM32 的通用定时器；

3. 结合中断理解利用定时中断实现显示屏刷新；

4. 了解数码管、点阵、LCD、OLED 等的显示原理。

3.1　STM32 通用定时器简介

3.1.1　STM32 的定时器

STM32F10x 一共有 8 个定时器，分别为：

- 高级定时器(TIM1、TIM8)；
- 通用定时器(TIM2、TIM3、TIM4、TIM5)；
- 基本定时器(TIM6、TIM7)。

它们之间的区别情况见表 3-1。

表 3-1　STM32F10x 定时器分类

定时器种类	位数	计数器模式	发出 DMA 请求	捕获/比较通道个数	互补输出	特殊应用场景
高级定时器	16	向上、向下、向上/下	可以	4	有	带死区控制盒紧急刹车，可应用于 PWM 电机控制
通用定时器	16	向上、向下、向上/下	可以	4	无	通用，定时计数，PWM 输出，输入捕获，输出比较
基本定时器	16	向上、向下、向上/下	可以	0	无	主要应用于驱动 DAC

3.1.2　STM32 的通用定时器

STM32 的通用定时器是由一个可编程预分频器(PSC)驱动的 16 位自动重装载计数器(CNT)构成,可用于测量输入脉冲长度(输入捕获)或者产生输出波形(输出比较和 PWM)等。

3.1.3　STM32 的通用定时器的功能特点

通用 TIMx(TIM2、TIM3、TIM4 和 TIM5)定时器功能包括:
- 16 位向上、向下、向上/向下自动装载计数器
- 16 位可编程(可以实时修改)预分频器,计数器时钟频率的分频系数为 1~65536 之间的任意数值
- 4 个独立通道:
——输入捕获
——输出比较
—— PWM 生成(边缘或中间对齐模式)
——单脉冲模式输出
- 使用外部信号控制定时器和定时器互连的同步电路
- 如下事件发生时产生中断/DMA:
——更新:计数器向上溢出/向下溢出,计数器初始化(通过软件或者内部/外部触发)
——触发事件(计数器启动、停止、初始化或者由内部/外部触发计数)
——输入捕获
——输出比较
- 支持针对定位的增量(正交)编码器和霍尔传感器电路
- 触发输入作为外部时钟或者按周期的电流管理

3.1.4　STM32 的通用定时器的结构

对于通用定时器的结构,如图 3-1 所示,分成四部分来讲:最顶上的一部分(计数时钟的选择)、中间部分(时基单元)、左下部分(输入捕获)、右下部分(PWM 输出)。这里主要介绍一下前两个,后两者的内容会在后面的章节中讲解到。

1)计数时钟的选择
- 内部时钟(TIMx_CLK)

由 AHB 时钟经过 APB1 预分频系数转至 APB1 时钟,再通过某个规定转至 TIMxCLK 时钟(即内部时钟 CK_INT、CK_PSC)。最终经过 PSC 预分频系数转至 CK_CNT。那么 APB1 时钟怎么转至 TIMxCLK 时钟呢? 除非 APB1 的分频系数是 1,否则通用定时器的时钟等于 APB1 时钟的 2 倍。例如:默认调用 SystemInit 函数情况下:SYSCLK = 72 MHz、AHB 时钟 = 72 MHz、APB1 时钟 = 36 MHz,所以 APB1 的分频系数 = AHB/APB1 时钟 = 2。所以,通用定时器时钟 CK_INT = 2 * 36 MHz = 72 MHz。最终经过 PSC 预分频系数转至 CK_CNT。
- 外部时钟模式 1:外部捕捉比较引脚(TIx)
- 外部时钟模式 2:外部引脚输入(TIMx_ETR)

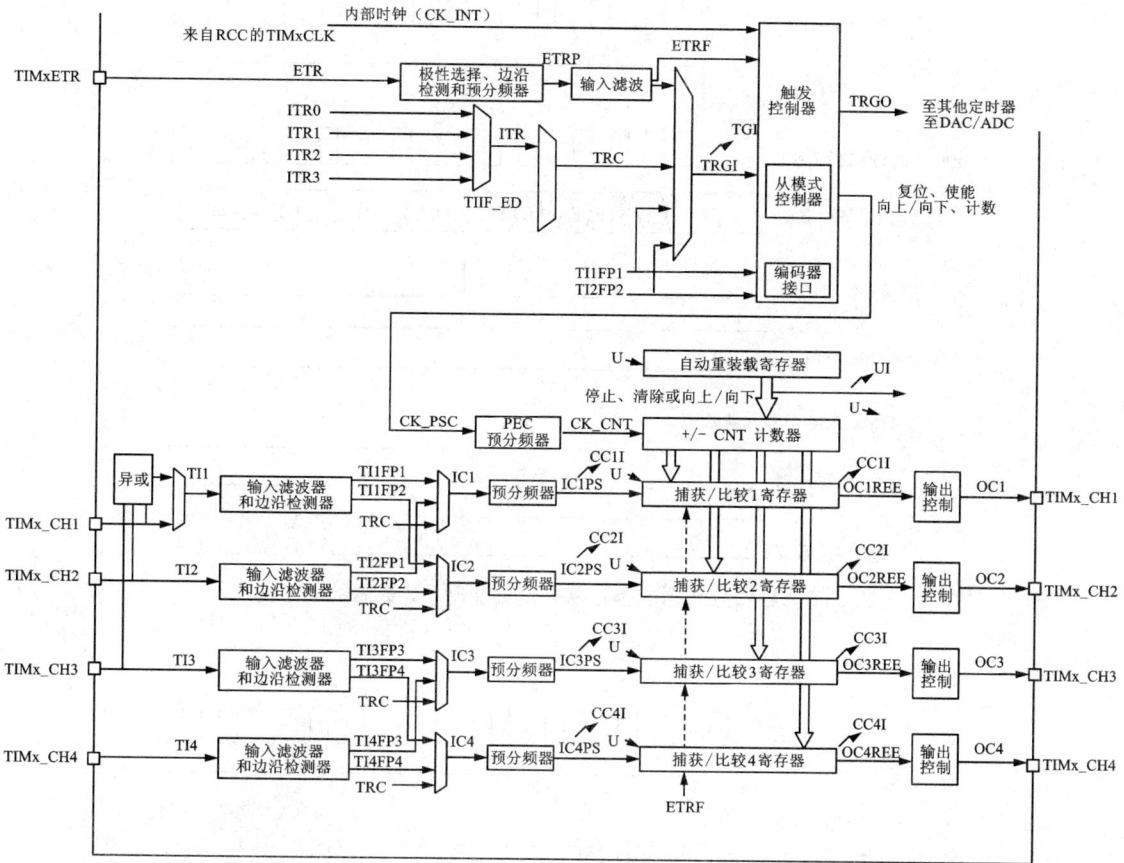

图 3-1　STM32 的通用定时器的结构图

● 内部触发输入（ITRx）：使用一个定时器作为另一个定时器的预分频器，如可以配置一个定时器 Timer1 作为另一个定时器 Timer2 的预分频器。

2）时基单元

时基单元包含计数器寄存器（TIMx_CNT）、预分频器寄存器（TIMx_PSC）、自动装载寄存器（TIMx_ARR）三部分。

对不同的预分频系数，计数器的时序图如图 3-2、图 3-3 所示。

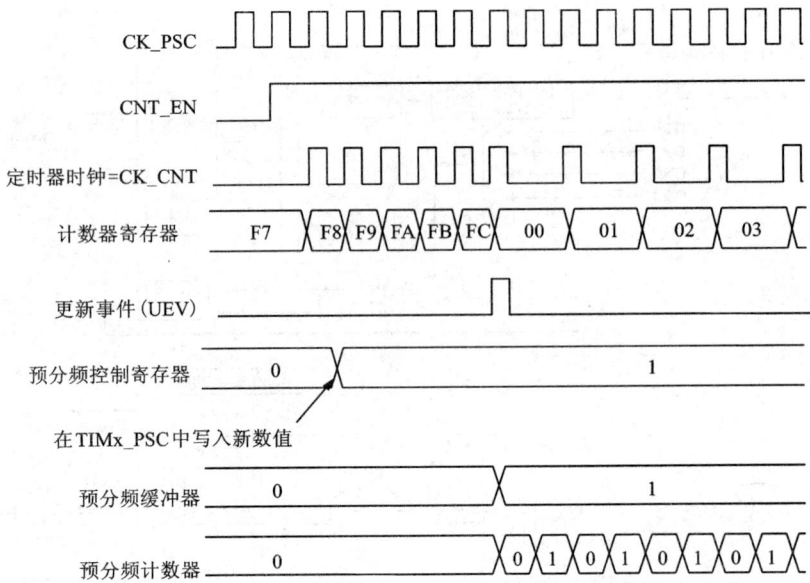

图 3-2　当预分频器的参数从 1 变到 2 时，计数器的时序图

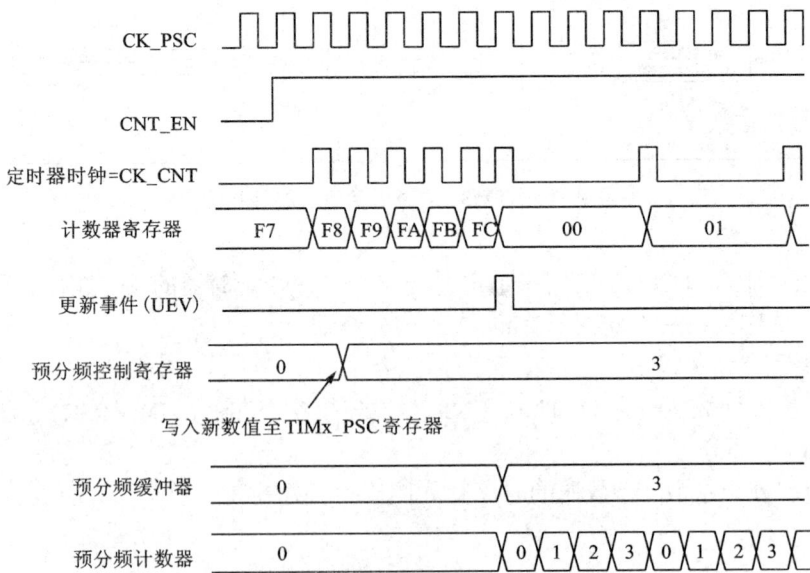

图 3-3　当预分频器的参数从 1 变到 4 时，计数器的时序图

3.1.5　计数模式

通用定时器有向上计数、向下计数、向上向下双向计数模式。

（1）向上计数模式：计数器从 0 计数到自动加载值（TIMx_ARR），然后重新从 0 开始计数并产生一个计数器溢出事件。如图 3-4、图 3-5、图 3-6 所示。

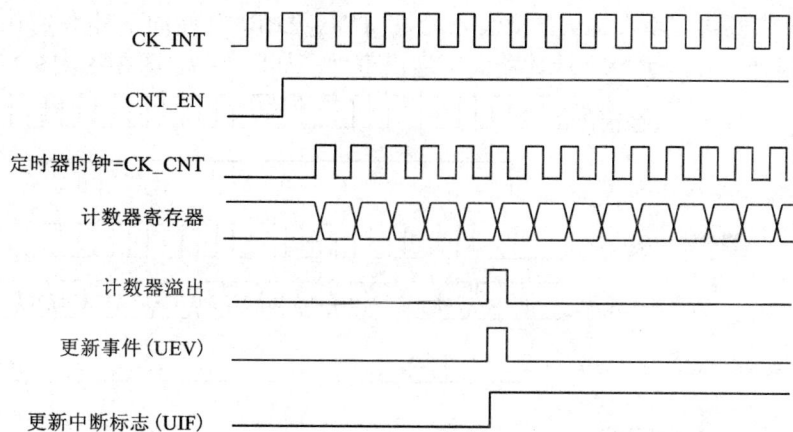

图 3-4　计数器时序图，内部时钟分频因子为 1

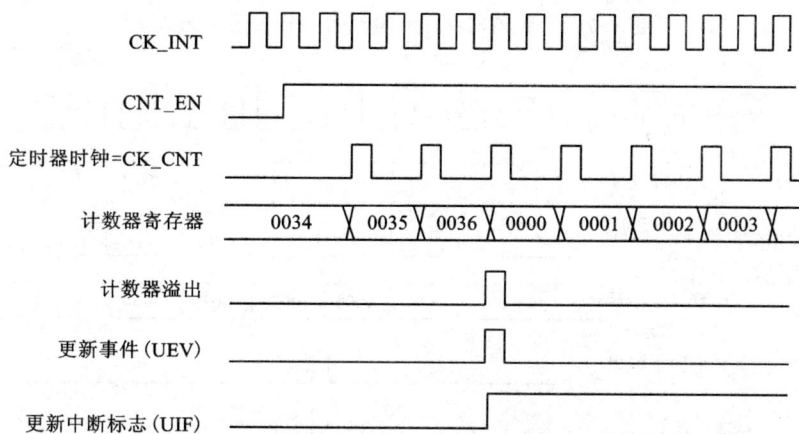

图 3-5　计数器时序图，内部时钟分频因子为 2

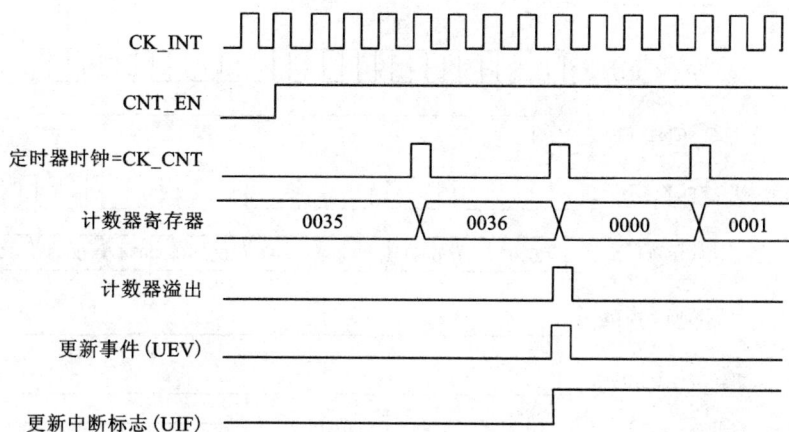

图 3-6　计数器时序图，内部时钟分频因子为 4

（2）向下计数模式：计数器从自动装入的值（TIMx_ARR）开始向下计数到 0，然后从自动装入的值重新开始，并产生一个计数器向下溢出事件。如图 3-7、图 3-8、图 3-9 所示。

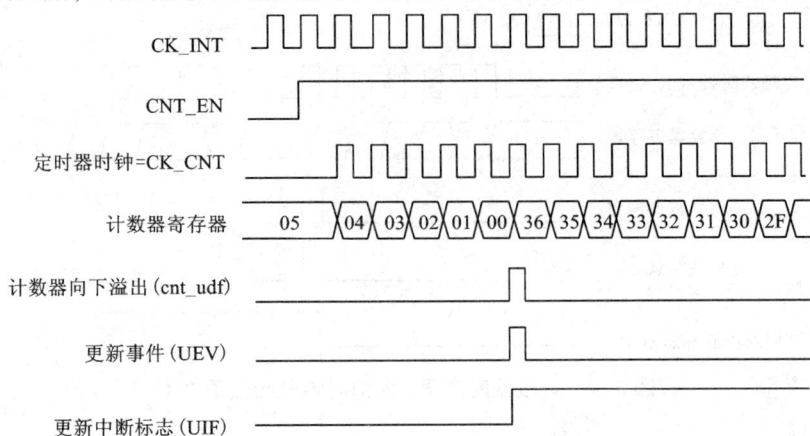

图 3-7 计数器时序图，内部时钟分频因子为 1

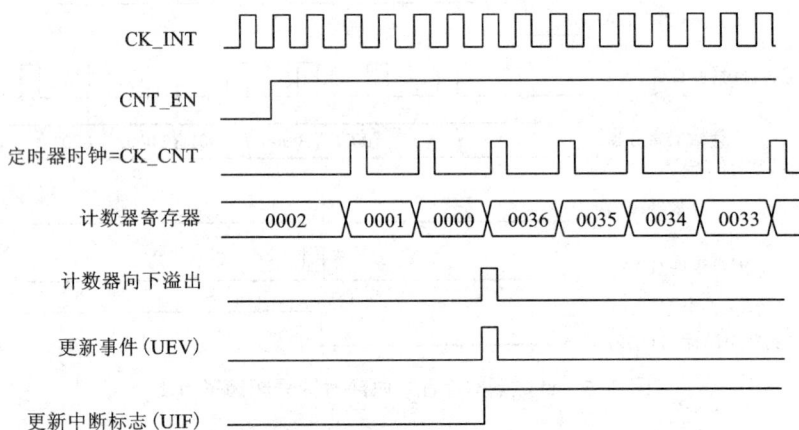

图 3-8 计数器时序图，内部时钟分频因子为 2

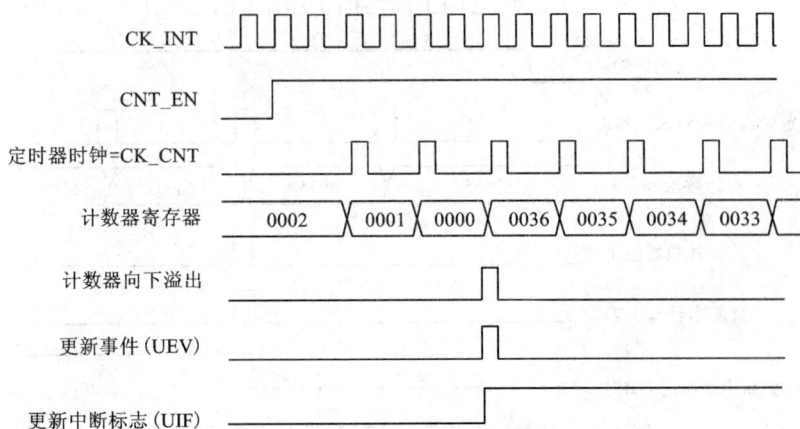

图 3-9 计数器时序图，内部时钟分频因子为 4

（3）中央对齐模式（向上/向下计数）：计数器从 0 开始计数到自动装入的值减 1，产生一个计数器溢出事件，然后向下计数到 1 并且产生一个计数器溢出事件；然后再从 0 开始重新计数。如图 3-10、图 3-11、图 3-12 所示。

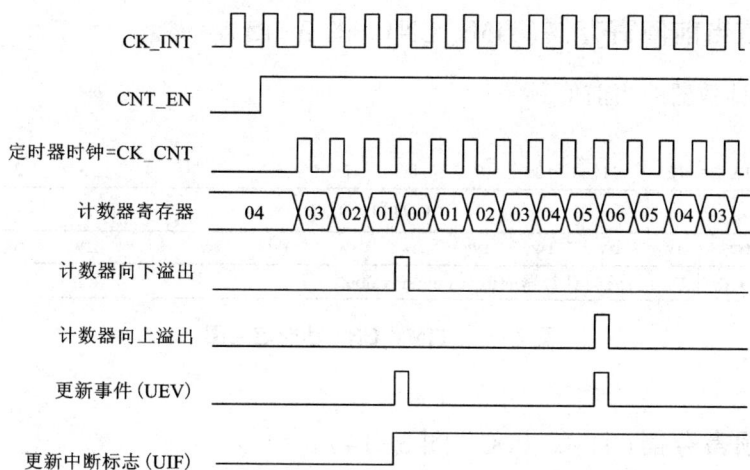

图 3-10　计数器时序图，内部时钟分频因子为 1，TIMx_ARR = 0x6

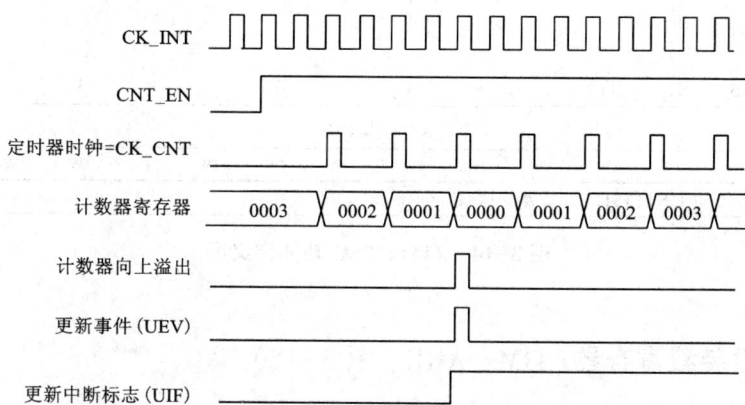

图 3-11　计数器时序图，内部时钟分频因子为 2

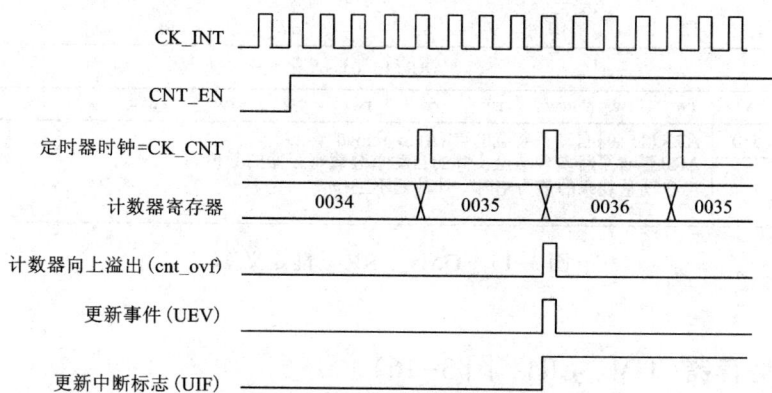

图 3-12　计数器时序图，内部时钟分频因子为 4，TIMx_ARR = 0x36

3.2　通用定时器的寄存器

3.2.1　计数器当前值寄存器（TIMx_CNT，图 3-13）

作用：存放计数器的当前值。

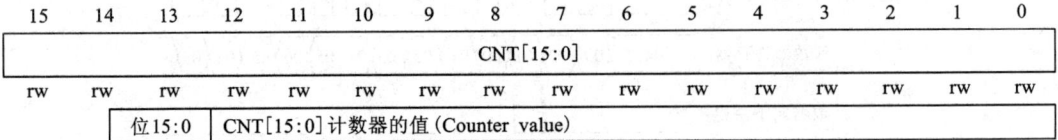

15	14	13	12	11	10	9	8	7	6	5	4	3	2	1	0
						CNT[15:0]									
rw	rw	rw	rw	rw	rw	rw	rw	rw	rw	rw	rw	rw	rw	rw	rw

位15:0	CNT[15:0] 计数器的值（Counter value）

图 3-13　TIMx_CNT 功能定义图

3.2.2　预分频寄存器（TIMx_PSC，图 3-14）

作用：对 CK_PSC 进行预分频。此时需要注意：CK_CNT 计算的时候，预分频系数要加 1。

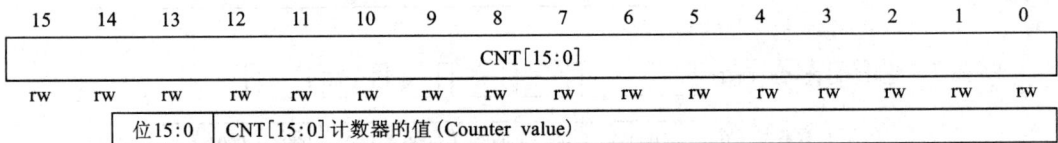

15	14	13	12	11	10	9	8	7	6	5	4	3	2	1	0
						CNT[15:0]									
rw	rw	rw	rw	rw	rw	rw	rw	rw	rw	rw	rw	rw	rw	rw	rw

位15:0	CNT[15:0] 计数器的值（Counter value）

图 3-14　TIMx_PSC 功能定义图

3.2.3　自动重装载寄存器（TIMx_ARR，图 3-15）

作用：包含将要被传送至实际的自动重装载寄存器的数值。

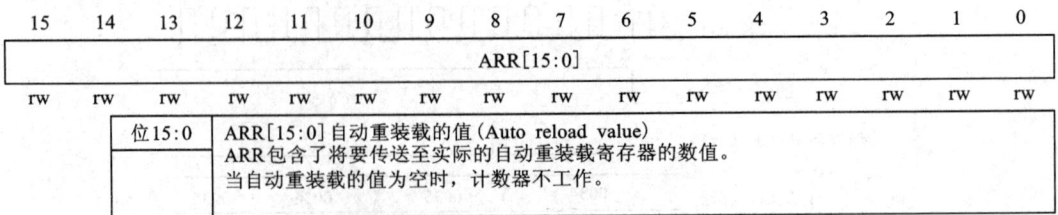

15	14	13	12	11	10	9	8	7	6	5	4	3	2	1	0
						ARR[15:0]									
rw	rw	rw	rw	rw	rw	rw	rw	rw	rw	rw	rw	rw	rw	rw	rw

位15:0	ARR[15:0] 自动重装载的值（Auto reload value） ARR 包含了将要传送至实际的自动重装载寄存器的数值。 当自动重装载的值为空时，计数器不工作。

图 3-15　TIMx_ARR 功能定义图

3.2.4　控制寄存器（TIMx_CR1，图 3-16）

作用：对计数器的计数方式、使能位等进行设置。

1) DIR：方向（Direction）

15	14	13	12	11	10	9	8	7	6	5	4	3	2	1	0
保留						CKD[1:0]		ARPE	CMS[1:0]		DIR	OPM	URS	UDIS	CEN
						rw	rw	rw	rw	rw	rw	rw	rw	rw	rw

图 3-16　TIMx_CR1 功能定义图

0：计数器向上计数；

1：计数器向下计数。

2）CEN：使能计数器

0：禁止计数器；

1：使能计数器。

3.2.5　DMA/中断使能寄存器(TIMx_DIER, 图 3-17)

作用：对 DMA/中断使能进行配置。

15	14	13	12	11	10	9	8	7	6	5	4	3	2	1	0
保留	TDE	保留	CC4DE	CC3DE	CC2DE	CC1DE	UDE	保留	TIE	保留	CC4IE	CC3IE	CC2IE	CC1IE	UIE
	rw		rw	rw	rw	rw	rw		rw		rw	rw	rw	rw	rw

图 3-17　TIMx_DIER 功能定义图

UIE：允许更新中断(Update interrupt enable)

0：禁止更新中断；

1：允许更新中断。

3.2.6　计算通用定时器溢出时间

溢出时间计算公式如下：$Tout = (ARR+1)(PSC+1)/TIMxCLK$

其中：Tout 的单位为 μs，TIMxCLK 的单位为 MHz。

注意：PSC 预分频系数需要加 1，同时自动重加载值也需要加 1。

例如，想要设置超出时间为 500 ms，并配置中断。TIMxCLK 按照系统默认初始化来(即 72 MHz)，PSC 取 7199，由此可以计算出 ARR 为 4999。也就是说，在内部时钟 TIMxCLK 为 72 MHz，预分频系数为 7199 的时候，从 4999 递减至 0 的事件是 500 ms。

3.3　通用定时器中断处理

3.3.1　中断处理步骤

- 使能定时器时钟。调用函数：RCC_APB1PeriphClockCmd( )；
- 初始化定时器，配置 ARR、PSC。调用函数：TIM_TimeBaseInit( )；
- 开启定时器中断，配置 NVIC。调用函数：void TIM_ITConfig( )；NVIC_Init( )；

- 使能定时器。调用函数：TIM_Cmd( )；
- 编写中断服务函数。调用函数：TIMx_IRQHandler( )。

3.3.2　中断处理固件库函数介绍

接下来以通用定时器 TIM3 为例介绍固件库函数，定时器相关的库函数主要集中在固件库文件 stm32f10x_tim. h 和 stm32f10x_tim. c 文件中。

（1）TIM3 时钟使能。

TIM3 是挂载在 APB1 之下的，所以我们通过 APB1 总线下的使能函数来使能 TIM3。调用的函数是：

RCC_APB1PeriphClockCmd(RCC_APB1Periph_TIM3, ENABLE)；

（2）初始化定时器参数，设置自动重装值、分频系数、计数方式等。

在库函数中，定时器的初始化参数是通过初始化函数 TIM_TimeBaseInit 实现的：

TIM _ TimeBaseInit (TIM _ TypeDef ＊ TIMx, TIM _ TimeBaseInitTypeDef ＊ TIM_TimeBaseInitStruct)；

第一个参数是确定哪个定时器，这个比较容易理解。第二个参数是定时器初始化参数结构体指针，结构体类型为 TIM_TimeBaseInitTypeDef。下面我们看看这个结构体的定义：

```
typedef struct
{
  uint16_t TIM_Prescaler；
  uint16_t TIM_CounterMode；
  uint16_t TIM_Period；
  uint16_t TIM_ClockDivision；
  uint8_t TIM_RepetitionCounter；
} TIM_TimeBaseInitTypeDef；
```

这个结构体一共有 5 个成员变量，要说明的是，对于通用定时器只有前面四个参数有用，最后一个参数 TIM_RepetitionCounter 是高级定时器用的，这里不多解释。

第一个参数 TIM_Prescaler 是用来设置分频系数的。

第二个参数 TIM_CounterMode 是用来设置计数方式的，上面讲解过，可以设置为向上计数模式、向下计数模式还有中央对齐计数模式，比较常用的是向上计数模式 TIM_CounterMode_Up 和向下计数模式 TIM_CounterMode_Down。

第三个参数是设置自动重载计数周期值的。

第四个参数是用来设置时钟分频因子的。

针对 TIM3 初始化范例代码格式如下：

```
TIM_TimeBaseInitTypeDef　TIM_TimeBaseStructure；
TIM_TimeBaseStructure. TIM_Period＝5000；
TIM_TimeBaseStructure. TIM_Prescaler ＝7199；
TIM_TimeBaseStructure. TIM_ClockDivision＝TIM_CKD_DIV1；
TIM_TimeBaseStructure. TIM_CounterMode＝TIM_CounterMode_Up；
TIM_TimeBaseInit( TIM3, &TIM_TimeBaseStructure)；
```

（3）设置 TIM3_DIER 允许更新中断。

要使用 TIM3 的更新中断，就要设置寄存器的相应位使能。在库函数里面定时器中断使能是通过 TIM_ITConfig 函数来实现的：

void TIM_ITConfig(TIM_TypeDef * TIMx, uint16_t TIM_IT, FunctionalState NewState)；

第一个参数是选择定时器号，这个容易理解，取值为 TIM1~TIM17。

第二个参数非常关键，是用来指明我们使能的定时器中断的类型。定时器中断的类型有很多种，包括更新中断 TIM_IT_Update、触发中断 TIM_IT_Trigger，以及输入捕获中断等。

第三个参数就很简单了，就是失能还是使能。

例如我们要使能 TIM3 的更新中断，格式为：

TIM_ITConfig(TIM3, TIM_IT_Update, ENABLE)；

（4）中断优先级设置。

在定时器中断使能之后，就要设置 NVIC 相关寄存器、设置中断优先级。之前多次讲解到用 NVIC_Init 函数实现中断优先级的设置，这里不再赘述。

（5）允许 TIM3 工作，也就是使能 TIM3。

配置好定时器还不行，没有开启定时器，照样不能用。我们在配置完后要开启定时器，通过 TIM3_CR1 的 CEN 位来设置。在固件库里面使能定时器的函数是通过 TIM_Cmd 函数来实现的：

void TIM_Cmd(TIM_TypeDef * TIMx, FunctionalState NewState)

这个函数非常简单，比如我们要使能定时器 3，方法为：

TIM_Cmd(TIM3, ENABLE)；

（6）编写中断处理函数。

在最后，还要编写定时器中断服务函数，通过该函数来处理定时器产生的相关中断。在中断产生后，通过状态寄存器的值来判断此次产生的中断属于什么类型，然后执行相关的操作。我们这里使用的是更新（溢出）中断，所以通过状态寄存器 SR 的最低位来判断。在处理完中断之后应该向 TIM3_SR 的最低位写 0，来清除该中断标志。

在固件库函数里面，用来读取中断状态寄存器的值判断中断类型的函数是：

ITStatus TIM_GetITStatus(TIM_TypeDef * TIMx, uint16_t)

该函数的作用是，判断定时器 TIMx 的中断是否发生。比如，我们要判断定时器 3 是否发生更新（溢出）中断，方法为：

if (TIM_GetITStatus(TIM3, TIM_IT_Update) ! = RESET) { }

固件库中清除中断标志位的函数是：

void TIM_ClearITPendingBit(TIM_TypeDef * TIMx, uint16_t TIM_IT)

该函数的作用是，清除定时器 TIMx 的中断 TIM_IT 标志位。使用起来非常简单，比如在 TIM3 的溢出中断发生后，我们要清除中断标志位，方法是：

TIM_ClearITPendingBit(TIM3, TIM_IT_Update)；

3.4　OLED 显示器

3.4.1　OLED 简介

OLED，即有机发光二极管（Organic Light-Emitting Diode），又称为有机电激光显示（Organic Electroluminesence Display, OELD）。OLED 由于具备自发光，不需背光源，对比度高、厚度薄、视角广、反应速度快，可用于挠曲性面板，使用温度范围广，构造及制程较简单等优异之特性，被认为是下一代的平面显示器的主流。LCD 需要背光源，而 OLED 不需要，因为它是自发光的。这样同样的显示，OLED 效果要好一些。以目前的技术，OLED 的尺寸还难以大型化，但是分辨率可以做到很高。OLED 显示屏实物图如图 3-18 所示。

图 3-18　OELD 显示屏实物图

本节采用型号为 UG-2864HSWEG01 的 OLED 显示模块。OLED 显示模块的控制器是 SSD1306，STM32 通过 GPIO 模拟 4 线 SPI 的方式与 SSD1306 通信，实现在 OLED 模块上显示字符和数字。

3.4.2　OLED 接口时序

STM32 与 SSD1306 的通信方式共有 5 种，该模块提供了 5 种接口方式，包括 6800、8080 两种并行接口方式，3 线或 4 线的串行 SPI 接口方式，IIC 接口方式。

通过配置引脚 BS0、BS1 和 BS2 来选择通信方式，如表 3-2 所示。

表 3-2　SSD1306 的通信方式配置表

SSD1306 引脚名称	I^2C 接口方式	6800 并行接口方式（8bit）	8080 并行接口方式（8 bit）	4 线串行 SPI 接口方式	3 线串行 SPI 接口方式
BS0	0	0	0	0	1
BS1	1	0	1	0	0
BS2	0	1	1	0	0

4 线 SPI 模式使用的信号线有如下几条：

- $\overline{\text{CS}}$：OLED 片选信号。
- $\overline{\text{RST}}$（$\overline{\text{RES}}$）：硬复位 OLED。
- D/$\overline{\text{C}}$：命令/数据标志（0，读写命令；1，读写数据）。
- SCLK：串行时钟线。在 4 线串行模式下，D0 信号线作为串行时钟线 SCLK。
- SDIN：串行数据线。在 4 线串行模式下，D1 信号线作为串行数据线 SDIN。

模块的 D2 需要悬空，其他引脚可以接到 GND。在 4 线 SPI 模式下，只能往模块写数据而不能读数据。

在 4 线 SPI 模式下，每个数据长度均为 8 位，在 SCLK 的上升沿，数据从 SDIN 移入 SSD1306，并且是高位在前的。D/$\overline{\text{C}}$ 线还用作命令/数据的标志线。在 4 线 SPI 模式下，写操作的时序如图 3-19 所示。

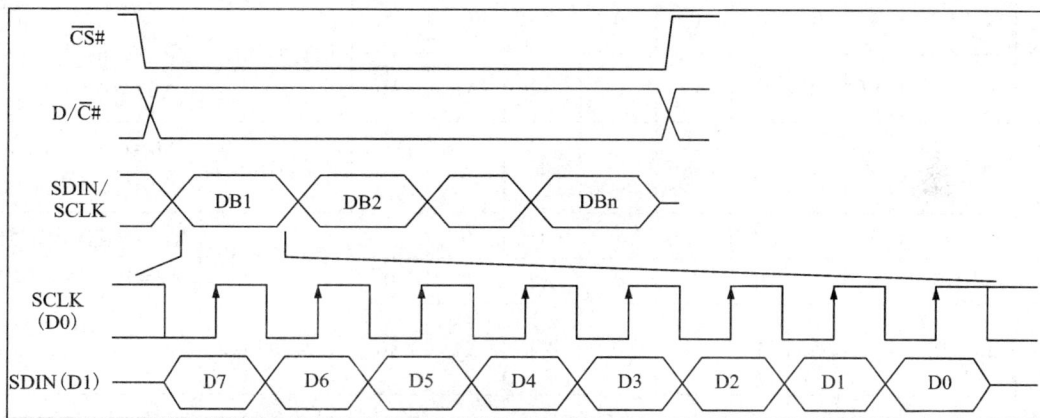

图 3-19 4 线 SPI 模式下，写操作的时序图

3.4.3 OLED 的显存

SSD1306 的显存总共为 128 * 64bit，SSD1306 将这些显存分为了 8 页，显存与屏幕的对应关系如表 3-3 所示。

表 3-3 SSD1306 显存与屏幕对应表

	列（COL0~127）						
	SEG0	SEG1	SEG2	...	SEG125	SEG126	SEG127
行（COM0~63）	PACE0						
	PACE1						
	PACE2						
	PACE3						
	PACE4						
	PACE5						
	PACE6						
	PACE7						

可以看出，SSD1306 的每页包含了 128 个字节，总共 8 页，这样刚好是 128 * 64 的点阵大小，每次写入都是按字节写入的。

3.4.4　SSD1306 的指令

SSD1306 的命令比较多，这里我们仅介绍几个比较常用的命令，这些命令如表 3-4 所示。

表 3-4　SSD1306 命令表（部分）

序号	指令	各位描述								命令	说明
	HEX	D7	D6	D5	D4	D3	D2	D1	D0		
0	81	1	0	0	0	0	0	0	1	设置对比度	A 的值越大屏幕越亮，A 的范围从 0X00～0XFF
	A[7:0]	A7	A6	A5	A4	A3	A2	A1	A0		
1	AE/AF	1	0	1	0	1	1	1	X0	设置显示开关	X0=0,关闭显示；X0=1,开启显示
2	8D	1	0	0	0	1	1	0	1	电荷泵设置	A2=0,关闭电荷泵；A2=1,开启电荷泵
	A[7:0]	*	*	0	1	0	A2	0	0		
3	B0～B7	1	0	1	1	0	X2	X1	X0	设置页地址	X[2:0]=0～7 对应页 0～7
4	00～0F	0	0	0	0	X3	X2	X1	X0	设置列地址低四位	设置 8 位起始列地址的低四位
5	10～1F	0	0	0	1	X3	X2	X1	X0	设置列地址高四位	设置 8 位起始列地址的高四位

第一个命令为 0X81，用于设置对比度的。这个命令包含了两个字节，第一个 0X81 为命令，随后发送的一个字节为要设置的对比度的值。这个值设置得越大屏幕就越亮。

第二个命令为 0XAE/0XAF。0XAE 为关闭显示命令；0XAF 为开启显示命令。

第三个命令为 0X8D。该指令也包含 2 个字节：第一个为命令字；第二个为设置值，第二个字节的 bit2 表示电荷泵的开关状态，该位为 1，则开启电荷泵，为 0 则关闭。在模块初始化的时候，这个必须要开启，否则会看不到屏幕显示的。

第四个命令为 0XB0～0XB7。该命令用于设置页地址，其低三位的值对应着 GRAM 的页地址。

第五个指令为 0X00～0X0F。该指令用于设置显示时的起始列地址低四位。

第六个指令为 0X10～0X1F。该指令用于设置显示时的起始列地址高四位。

3.5　案例六　无人驾驶装置显示系统(OLED)设计

3.5.1　方案设计

显示系统提供人机界面,是系统和用户之间进行交互和信息交换的媒介,它实现信息的内部形式与人类可以接受形式之间的转换。主要用于无人驾驶装置的工作状态显示,如指示灯、按钮、文字、图形、曲线等。

本节利用 OLED 显示模块实现上述指示灯、按钮、文字、图形、曲线的显示,通过 STM32 通用定时器,每 500 ms 更新显示的内容。

3.5.2　硬件设计

显示部分采用型号为 UG-2864HSWEG01 的 128 * 64OLED 显示模块(图 3-20),OLED 模块的控制器是 SSD1306。STM32F103R6T6 芯片通过 GPIO(PC0、PC1、PC8、PC9 和 PC10) 连接 SSD1306(D0、D1、CS、RES 和 D/C),模拟 4 线 SPI 的方式与 SSD1306 通信,实现在 OLED 模块上显示指示灯、按钮、文字、图形、曲线等。

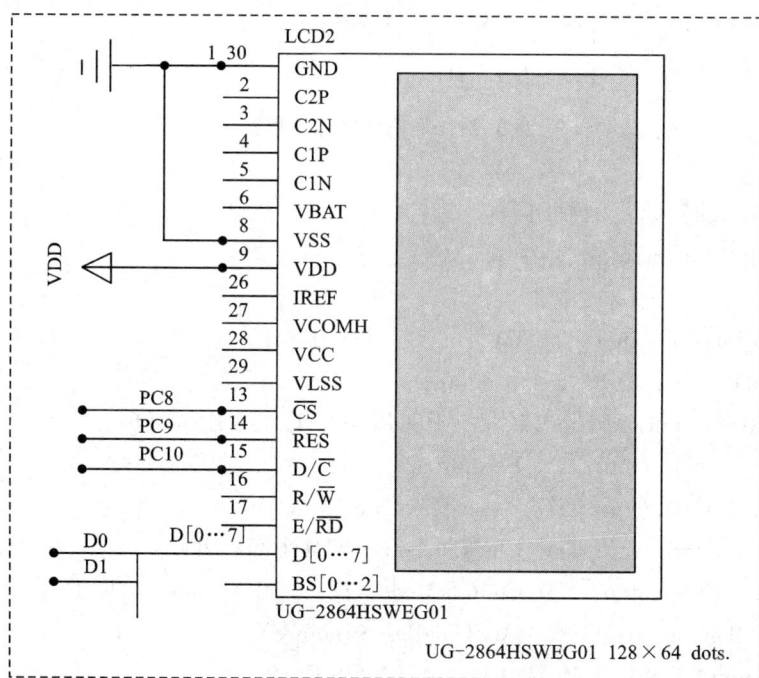

图 3-20　OLED 显示屏模块原理图

3.5.3　软件设计

以 OLED 显示模块实现字符的显示为例,首先配置 STM32 通用定时器,每 500ms 产生一个更新中断，实现字符'e'与字符'x'轮流显示的效果。主程序流程图如图 3-21 所示。

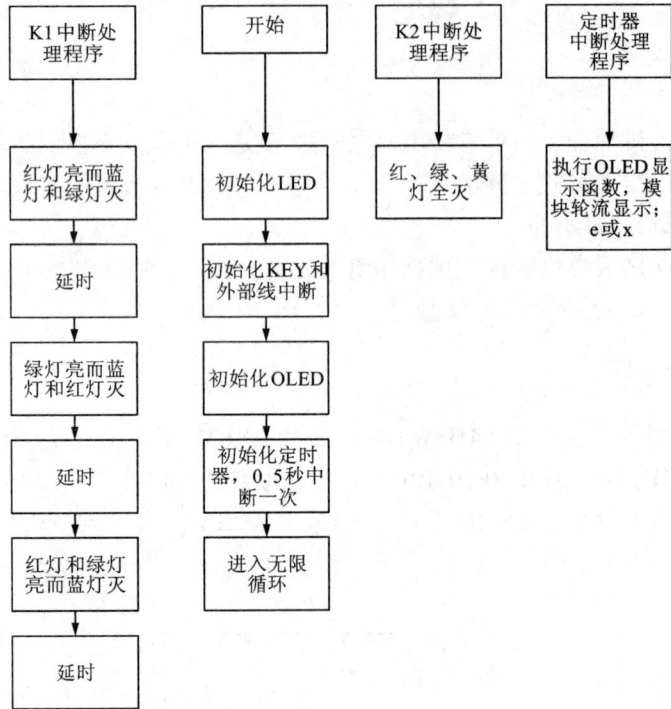

图 3-21   案例六软件流程图

通用定时器 3 的初始化函数如下：

```
void TIM3_Int_Init( u16 arr, u16 psc )
{
    TIM_TimeBaseInitTypeDef    TIM_TimeBaseStructure;
    NVIC_InitTypeDef NVIC_InitStructure;
    RCC_APB1PeriphClockCmd( RCC_APB1Periph_TIM3, ENABLE );
    TIM_TimeBaseStructure. TIM_Period = arr;
    TIM_TimeBaseStructure. TIM_Prescaler  = psc;
    TIM_TimeBaseStructure. TIM_ClockDivision = TIM_CKD_DIV1;
    TIM_TimeBaseStructure. TIM_CounterMode = TI      M_CounterMode_Up;
    TIM_TimeBaseInit( TIM3, &TIM_TimeBaseStructure );
    TIM_ITConfig( TIM3, TIM_IT_Update, ENABLE );
    NVIC_InitStructure. NVIC_IRQChannel = TIM3_IRQn;
    NVIC_InitStructure. NVIC_IRQChannelPreemptionPriority = 0;
    NVIC_InitStructure. NVIC_IRQChannelSubPriority = 3;
    NVIC_InitStructure. NVIC_IRQChannelCmd = ENABLE;
    NVIC_Init( &NVIC_InitStructure );
```

```
    TIM_Cmd(TIM3, ENABLE);
}
```

通用定时器 3 的中断处理函数如下：

```
void TIM3_IRQHandler(void)    //TIM3 中断
{
  if (TIM_GetITStatus(TIM3, TIM_IT_Update) ! = RESET)
    {
      if(oled_flag = = 0)
        {
          OLED_Refresh_Gram_R6_e();
          oled_flag = 1;
        }
      else
        {
          OLED_Refresh_Gram_R6_x();
          oled_flag = 0;
        }
        TIM_ClearITPendingBit(TIM3, TIM_IT_Update);
    }
}
```

OLED 显示模块的初始化函数如下：

```
void OLED_Init(void)
{
    GPIO_InitTypeDef    GPIO_InitStructure;
    RCC_APB2PeriphClockCmd(RCC_APB2Periph_GPIOC, ENABLE);
    GPIO_InitStructure.GPIO_Pin = GPIO_Pin_8|GPIO_Pin_9;
    GPIO_InitStructure.GPIO_Mode = GPIO_Mode_Out_PP;
    GPIO_InitStructure.GPIO_Speed = GPIO_Speed_50 MHz;
    GPIO_Init(GPIOC, &GPIO_InitStructure);
    GPIO_SetBits(GPIOC, GPIO_Pin_8|GPIO_Pin_9);
    GPIO_InitStructure.GPIO_Pin = GPIO_Pin_0|GPIO_Pin_1;
    GPIO_Init(GPIOC, &GPIO_InitStructure);
    GPIO_SetBits(GPIOC, GPIO_Pin_0|GPIO_Pin_1);
    GPIO_InitStructure.GPIO_Pin = GPIO_Pin_10;
    GPIO_Init(GPIOC, &GPIO_InitStructure);
    GPIO_SetBits(GPIOC, GPIO_Pin_10);
  OLED_CS = 1;
  OLED_RS = 1;
  OLED_RST = 0;
```

```
delay_ms(100);
OLED_RST=1;
OLED_WR_Byte(0xAE, OLED_CMD);          //关闭显示
OLED_WR_Byte(0xD5, OLED_CMD);          //设置时钟分频因子,振荡频率
OLED_WR_Byte(0x80, OLED_CMD);          //[3:0],分频因子;[7:4],振荡频率
OLED_WR_Byte(0xA8, OLED_CMD);          //设置驱动路数
OLED_WR_Byte(0x3F, OLED_CMD);          //默认0x3F(1/64)
OLED_WR_Byte(0xD3, OLED_CMD);          //设置显示偏移
OLED_WR_Byte(0x00, OLED_CMD);          //默认为0
OLED_WR_Byte(0x40, OLED_CMD);          //设置显示开始行[5:0],行数
OLED_WR_Byte(0x8D, OLED_CMD);          //电荷泵设置
OLED_WR_Byte(0x14, OLED_CMD);          //bit2,开启/关闭
OLED_WR_Byte(0x20, OLED_CMD);          //设置内存地址模式
OLED_WR_Byte(0x02, OLED_CMD);
OLED_WR_Byte(0xA1, OLED_CMD);
OLED_WR_Byte(0xC0, OLED_CMD);
OLED_WR_Byte(0xDA, OLED_CMD);
OLED_WR_Byte(0x12, OLED_CMD);
OLED_WR_Byte(0x81, OLED_CMD);          //对比度设置
OLED_WR_Byte(0xEF, OLED_CMD);          //1~255;默认0x7F(亮度设置,越大越亮)
OLED_WR_Byte(0xD9, OLED_CMD);          //设置预充电周期
OLED_WR_Byte(0xf1, OLED_CMD);          //[3:0], PHASE 1;[7:4], PHASE 2;
OLED_WR_Byte(0xDB, OLED_CMD);          //设置VCOMH电压倍率
OLED_WR_Byte(0x30, OLED_CMD);
OLED_WR_Byte(0xA4, OLED_CMD);          //全局显示开启:bit0:1,开启;0,关闭;
                                       //  (白屏/黑屏)
OLED_WR_Byte(0xA6, OLED_CMD);          //设置显示方式:bit0:1,反相显示;
                                       //  0,正常显示
OLED_WR_Byte(0xAF, OLED_CMD);          //开启显示
//OLED_Clear();
}
字符'e'的显示子程序:
void OLED_Refresh_Gram_R6_e(void)
{
  u8i, n;
  i=2;
  OLED_GRAM[0][i]=0x00;
  OLED_GRAM[1][i]=0x00;
  OLED_GRAM[2][i]=0x00;
```

```
OLED_GRAM[3][i]=0x00;
OLED_GRAM[4][i]=0x00;
OLED_GRAM[5][i]=0x00;
OLED_GRAM[6][i]=0x00;
OLED_GRAM[7][i]=0x00;
OLED_WR_Byte(0xb0+i, OLED_CMD);        //设置页地址(0~7)
OLED_WR_Byte(0x00, OLED_CMD);          //设置显示位置——列低地址
OLED_WR_Byte(0x10, OLED_CMD);          //设置显示位置——列高地址
for(n=0; n<8; n++)OLED_WR_Byte(OLED_GRAM[n][i], OLED_DATA);
i=1;
OLED_GRAM[0][i]=0x00;
OLED_GRAM[1][i]=0x00;
OLED_GRAM[2][i]=0x00;
OLED_GRAM[3][i]=0x00;
OLED_GRAM[4][i]=0x00;
OLED_GRAM[5][i]=0x00;
OLED_GRAM[6][i]=0x00;
OLED_GRAM[7][i]=0x00;
OLED_WR_Byte(0xb0+i, OLED_CMD);        //设置页地址(0~7)
OLED_WR_Byte(0x00, OLED_CMD);          //设置显示位置——列低地址
OLED_WR_Byte(0x10, OLED_CMD);          //设置显示位置——列高地址
for(n=0; n<8; n++)OLED_WR_Byte(OLED_GRAM[n][i], OLED_DATA);
i=2;
OLED_GRAM[0][i]=0x00;
OLED_GRAM[1][i]=0x00;
OLED_GRAM[2][i]=0x01;
OLED_GRAM[3][i]=0x01;
OLED_GRAM[4][i]=0x01;
OLED_GRAM[5][i]=0x01;
OLED_GRAM[6][i]=0x00;
OLED_GRAM[7][i]=0x00;
OLED_WR_Byte(0xb0+i, OLED_CMD);        //设置页地址(0~7)
OLED_WR_Byte(0x00, OLED_CMD);          //设置显示位置——列低地址
OLED_WR_Byte(0x10, OLED_CMD);          //设置显示位置——列高地址
for(n=0; n<8; n++)OLED_WR_Byte(OLED_GRAM[n][i], OLED_DATA);
i=1;
OLED_GRAM[0][i]=0x00;
OLED_GRAM[1][i]=0xf8;
OLED_GRAM[2][i]=0x24;
```

```
  OLED_GRAM[3][i]=0x24;
  OLED_GRAM[4][i]=0x24;
  OLED_GRAM[5][i]=0x24;
  OLED_GRAM[6][i]=0xe8;
  OLED_GRAM[7][i]=0x00;
  OLED_WR_Byte (0xb0+i, OLED_CMD);        //设置页地址(0~7)
  OLED_WR_Byte (0x00, OLED_CMD);          //设置显示位置——列低地址
  OLED_WR_Byte (0x10, OLED_CMD);          //设置显示位置——列高地址
  for(n=0; n<8; n++)OLED_WR_Byte(OLED_GRAM[n][i], OLED_DATA);
}
```

字符'x'的显示子程序如下：

```
void OLED_Refresh_Gram_R6_x(void)
{
  u8i, n;
  i=2;
  OLED_GRAM[0][i]=0x00;
  OLED_GRAM[1][i]=0x00;
  OLED_GRAM[2][i]=0x00;
  OLED_GRAM[3][i]=0x00;
  OLED_GRAM[4][i]=0x00;
  OLED_GRAM[5][i]=0x00;
  OLED_GRAM[6][i]=0x00;
  OLED_GRAM[7][i]=0x00;
  OLED_WR_Byte (0xb0+i, OLED_CMD);        //设置页地址(0~7)
  OLED_WR_Byte (0x00, OLED_CMD);          //设置显示位置——列低地址
  OLED_WR_Byte (0x10, OLED_CMD);          //设置显示位置——列高地址
  for(n=0; n<8; n++)OLED_WR_Byte(OLED_GRAM[n][i], OLED_DATA);
  i=1;
  OLED_GRAM[0][i]=0x00;
  OLED_GRAM[1][i]=0x00;
  OLED_GRAM[2][i]=0x00;
  OLED_GRAM[3][i]=0x00;
  OLED_GRAM[4][i]=0x00;
  OLED_GRAM[5][i]=0x00;
  OLED_GRAM[6][i]=0x00;
  OLED_GRAM[7][i]=0x00;
  OLED_WR_Byte (0xb0+i, OLED_CMD);        //设置页地址(0~7)
  OLED_WR_Byte (0x00, OLED_CMD);          //设置显示位置——列低地址
  OLED_WR_Byte (0x10, OLED_CMD);          //设置显示位置——列高地址
```

```
for(n=0; n<8; n++)OLED_WR_Byte(OLED_GRAM[n][i], OLED_DATA);
i=2;
OLED_GRAM[0][i]=0x00;
OLED_GRAM[1][i]=0x01;
OLED_GRAM[2][i]=0x01;
OLED_GRAM[3][i]=0x01;
OLED_GRAM[4][i]=0x00;
OLED_GRAM[5][i]=0x01;
OLED_GRAM[6][i]=0x01;
OLED_GRAM[7][i]=0x00;

OLED_WR_Byte (0xb0+i, OLED_CMD);        //设置页地址(0~7)
OLED_WR_Byte (0x00, OLED_CMD);          //设置显示位置——列低地址
OLED_WR_Byte (0x10, OLED_CMD);          //设置显示位置——列高地址
for(n=0; n<8; n++)OLED_WR_Byte(OLED_GRAM[n][i], OLED_DATA);
i=1;
OLED_GRAM[0][i]=0x00;
OLED_GRAM[1][i]=0x04;
OLED_GRAM[2][i]=0x8C;
OLED_GRAM[3][i]=0x70;
OLED_GRAM[4][i]=0x74;
OLED_GRAM[5][i]=0x8C;
OLED_GRAM[6][i]=0x04;
OLED_GRAM[7][i]=0x00;
OLED_WR_Byte (0xb0+i, OLED_CMD);        //设置页地址(0~7)
OLED_WR_Byte (0x00, OLED_CMD);          //设置显示位置——列低地址
OLED_WR_Byte (0x10, OLED_CMD);          //设置显示位置——列高地址
  for(n=0; n<8; n++)OLED_WR_Byte(OLED_GRAM[n][i], OLED_DATA);
}
```

其中 4 线 SPI 驱动子程序如下：

```
void OLED_WR_Byte(u8 dat, u8 cmd)
{
  u8 i;
  OLED_RS=cmd; //写命令
  OLED_CS=0;
  for(i=0; i<8; i++)
  {
    OLED_SCLK=0;
    if(dat&0x80)OLED_SDIN=1;
```

```
        else OLED_SDIN = 0;
        OLED_SCLK = 1;
        dat<<=1;
    }
    OLED_CS = 1;
    OLED_RS = 1;
}
```

3.5.4　软件仿真

（1）使用 Proteus 软件，绘制如图 3-22、图 3-23、图 3-24 所示硬件电路图，并保存到指定位置。

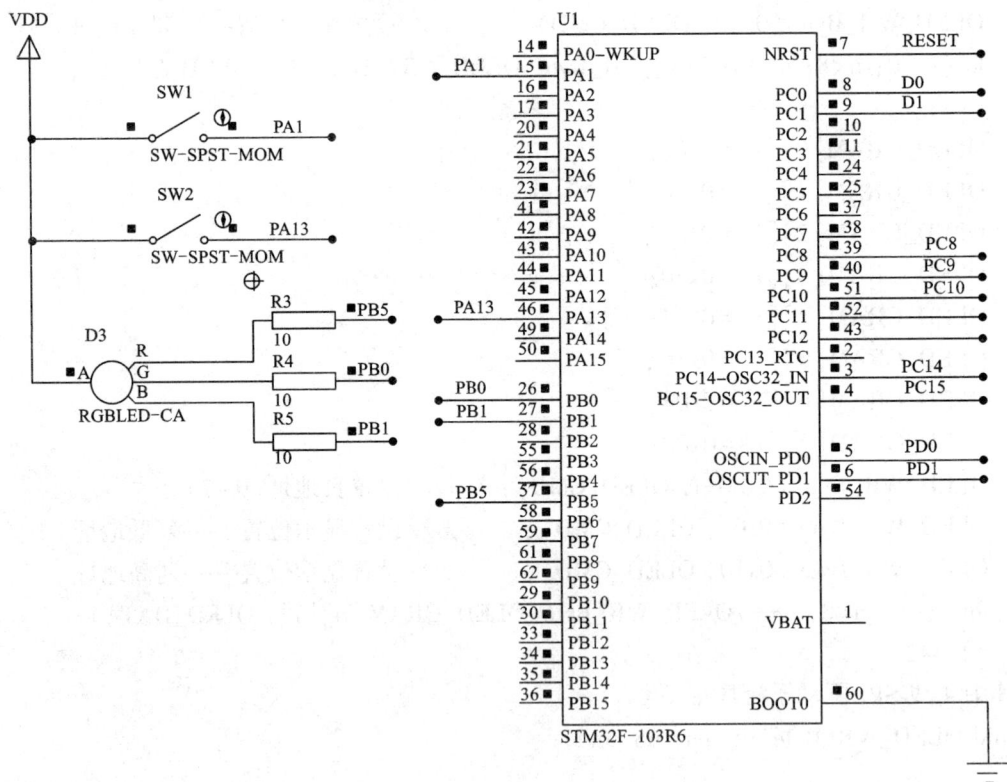

图 3-22　案例六启停电路原理图

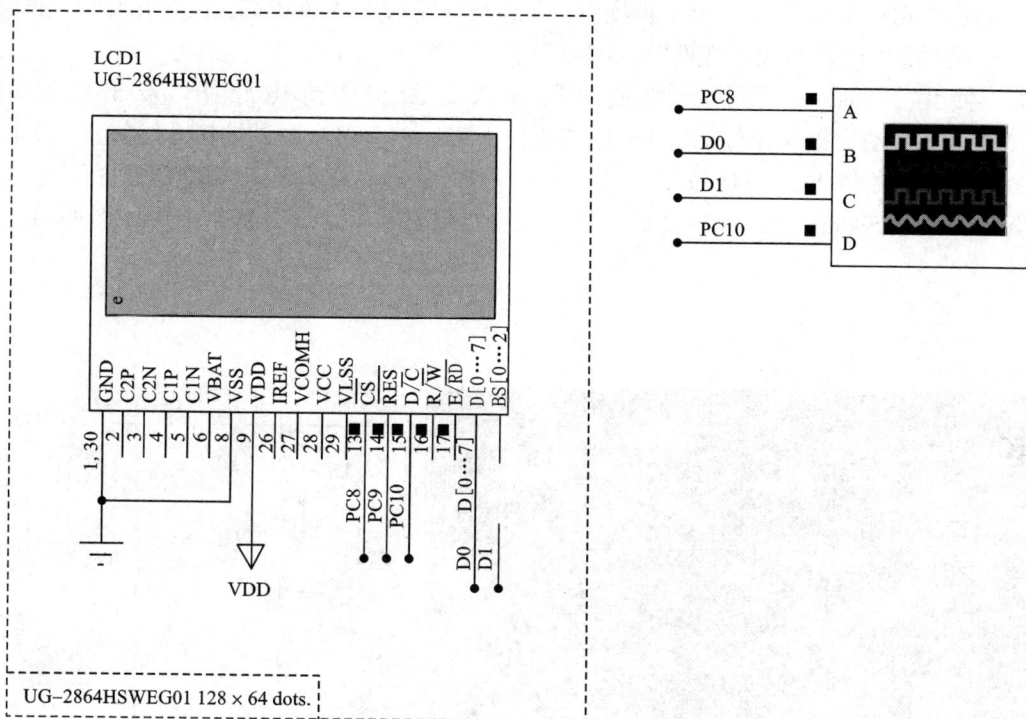

图 3-23 案例六 OLED 显示字符 e 界面

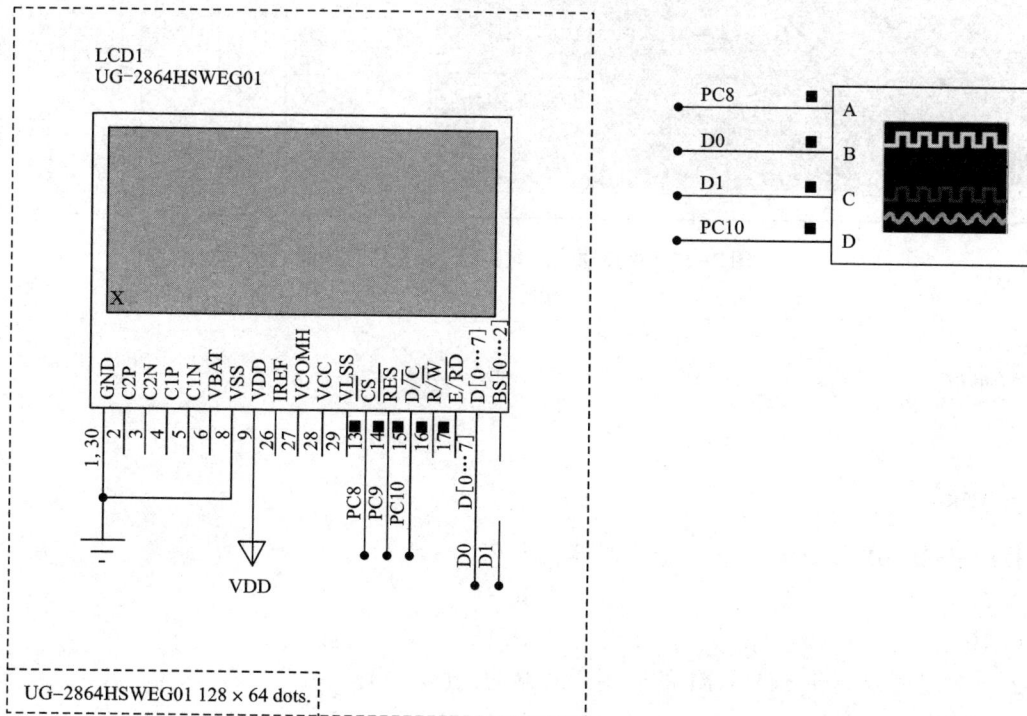

图 3-24 案例六 OLED 显示字符 x 界面

（2）使用 MDK Keil 建立一个工程项目，在编辑区输入上述源代码，保存并编译，排除所有程序错误后，生产目标代码文件"oled. hex"。

（3）使用 Proteus 软件打开绘制好的无人驾驶装置灯电路图，双击电路图中 STM32F103R6 元件，把编译好的"oled. hex"文件下载进去。单击调试按钮开始仿真，按下 K1 便可以观察到三色灯 RGBLED 按红、绿、蓝顺序指示，按下 K2 无人驾驶装置灯停止运行。同时显示器间隔 500ms 显示'e'或'x'，利用示波器截取的页地址设置指令时序图如图 3-25 所示。

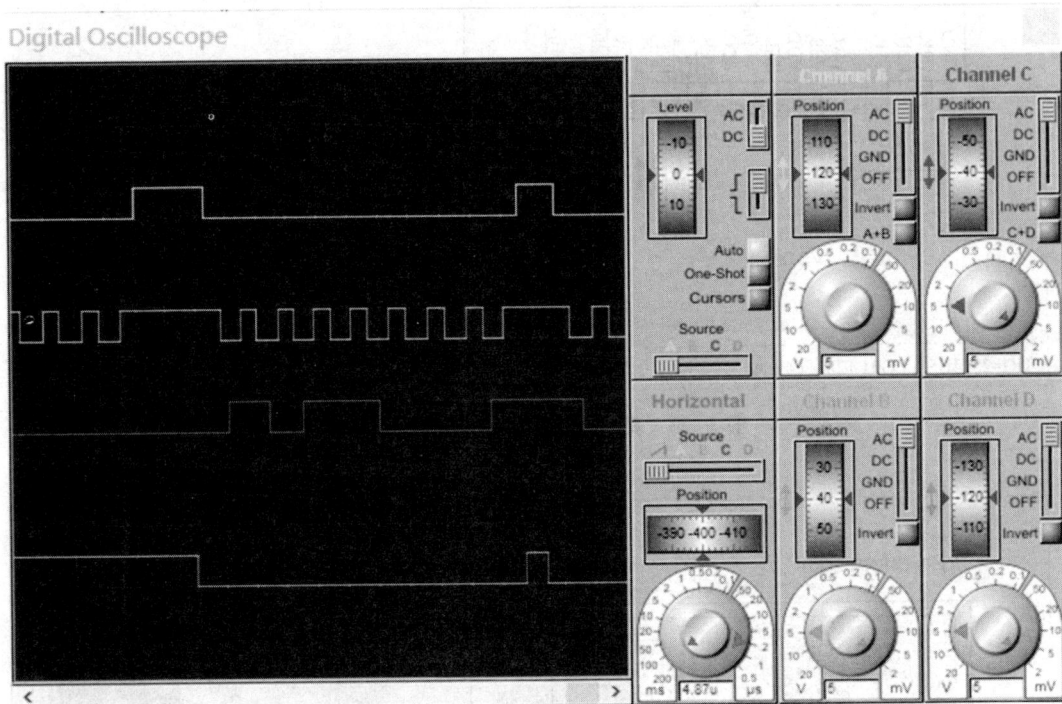

图 3-25　接口通信配置页地址=1 的时序图

章节测验

一、单选题

1. STM32F10X 一共有(　　)个定时器。

A. 6　　　　　　　　　　　　B. 8

C. 10　　　　　　　　　　　D. 16

2. 下列定时器属于 STM32F1 的通用定时器的是(　　)。

A. TIM1　　　　　　　　　　B. TIM2

C. TIM6　　　　　　　　　　D. TIM7

3.通用定时器的计数模式不包括(　　)。

A.向上计数   B.向下计数

C.中央对齐模式   D.两端对齐模式

二、论述题

1.通用定时器 3 的初始化程序如下，其中中断主优先级为 0，子优先级为 3。请在程序中补充完整。

```
void TIM3_Int_Init(u16 arr, u16 psc)
{
    TIM_TimeBaseInitTypeDef    TIM_TimeBaseStructure;
    NVIC_InitTypeDef NVIC_InitStructure;
    RCC_APB1PeriphClockCmd(RCC_APB1Periph_TIM3，ENABLE);
    TIM_TimeBaseStructure. TIM_Period =(    );
    TIM_TimeBaseStructure. TIM_Prescaler =(    );
    TIM_TimeBaseStructure. TIM_ClockDivision =TIM_CKD_DIV1;
    TIM_TimeBaseStructure. TIM_CounterMode =TIM_CounterMode_Up;
    TIM_TimeBaseInit(TIM3，&TIM_TimeBaseStructure);
    TIM_ITConfig(TIM3，TIM_IT_Update，ENABLE );
    NVIC_InitStructure. NVIC_IRQChannel =TIM3_IRQn;
    NVIC_InitStructure. NVIC_IRQChannelPreemptionPriority =(    );
    NVIC _ InitStructure. NVIC _ IRQChannelSubPriority = (    )；NVIC _ InitStructure. NVIC _
IRQChannelCmd =ENABLE;
    NVIC_Init(&NVIC_InitStructure);
    TIM_Cmd(TIM3，ENABLE);
}
```

2.根据上题中的程序，如配置系统频率 SYSCLK = 8 MHz，调用 TIM3 _ Int _ Init (999，7999)，将产生 1Hz 的定时中断。那么如果配置系统频率 SYSCLK = 72 MHz，那么产生 1Hz 的定时中断，该如何调用 TIM3_Int_Init( )呢？

项目四
无人驾驶装置驱动系统

学习目标

1. 理解 PWM 原理；
2. 学会设置 PWM 输出，理解参数含义；
3. 学会使用 PWM 实现直流电机调速。

4.1 直流电机调速原理

4.1.1 脉冲宽度调制

在直流斩波器原理图[图 4-1(a)]中，VT 表示电力电子开关器件，VD 表示续流二极管。当 VT 导通时，直流电源电压 U_s 加到电动机上；当 VT 关断时，直流电源与电机脱开，电动机电枢电流经 VD 续流，两端电压接近于零。如此反复，电枢端电压波形如图 4-1(b) 所示，好像是电源电压 U_s 在 t_{on} 时间内被接上，又在 $T - t_{on}$ 时间内被斩断，故称"斩波"。

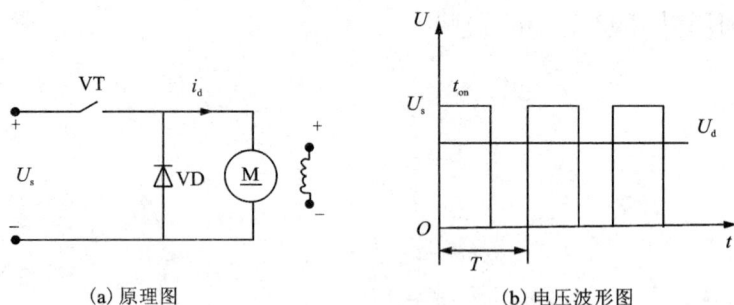

(a) 原理图　　　　　(b) 电压波形图

图 4-1　直流斩波器原理图和电压波形图

电动机得到的平均电压为：

$$U_d = \frac{t_{on}}{T}U_s = \rho U_s$$

式中：T 为电力电子开关器件的开关周期；t_{on} 为开通时间；ρ 为占空比，$\rho = t_{on}/T = t_{on}f$，其中 f 为开关频率。

脉冲宽度调制（PWM），是英文"Pulse Width Modulation"的缩写，简称脉宽调制，用 PWM 调制的方法，把恒定的直流电源电压调制成频率一定、宽度可变的脉冲电压序列，从而可以改变平均输出电压的大小，以调节电机转速。

4.1.2　双极式可逆 PWM 调速

直流电机的四象限运行状态如图 4-2 所示。

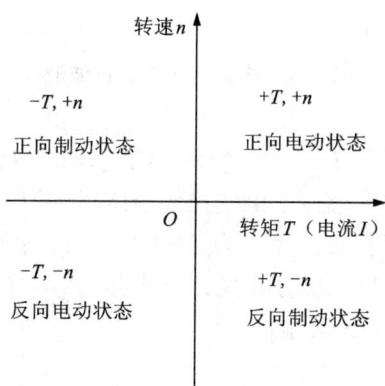

图 4-2　直流电机的四象限运行状态图

双极式可逆 PWM 变换器如图 4-3 所示。

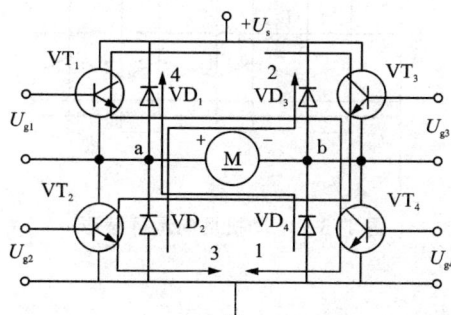

图 4-3　双极式可逆 PWM 变换器原理图

1）正向运行

第 1 阶段，在 $0 \leqslant t < t_{on}$ 期间，U_{g1}、U_{g4} 为正，VT_1、VT_4 导通，U_{g2}、U_{g3} 为负，VT_2、VT_3 截止，电流 i_d 沿回路 1 流通，电动机 M 两端电压 $U_{ab} = +U_s$；

第 2 阶段，在 $t_{on} \leqslant t < T$ 期间，U_{g1}、U_{g4} 为负，VT_1、VT_4 截止，VD_2、VD_3 续流，并钳位使

VT_2、VT_3 保持截止，电流 i_d 沿回路 2 流通，电动机 M 两端电压 $U_{ab} = -U_s$。

电动机正向运行波形图如图 4-4 所示。

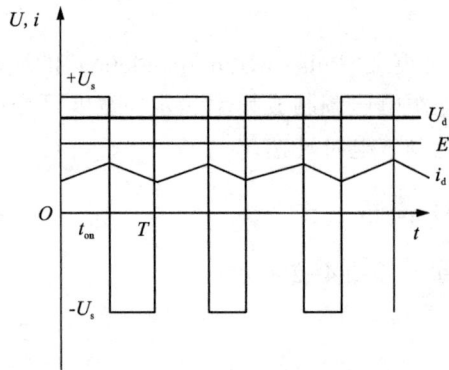

图 4-4   电动机正向运行波形

2）反向运行

第 1 阶段，在 $0 \leqslant t \leqslant t_{on}$ 期间，U_{g2}、U_{g3} 为负，VT_2、VT_3 截止，VD_1、VD_4 续流，并钳位使 VT_1、VT_4 截止，电流 $-i_d$ 沿回路 4 流通，电动机 M 两端电压 $U_{ab} = +U_s$；

第 2 阶段，在 $t_{on} \leqslant t \leqslant T$ 期间，U_{g2}、U_{g3} 为正，VT_2、VT_3 导通，U_{g1}、U_{g4} 为负，使 VT_1、VT_4 保持截止，电流 $-i_d$ 沿回路 3 流通，电动机 M 两端电压 $U_{ab} = -U_s$。

电动机反向运动波形如图 4-5 所示。

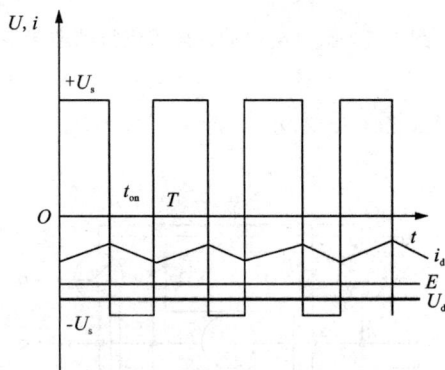

图 4-5   电动机反向运行波形

电机两端得到的平均电压：

$$U_d = \frac{t_{on}}{T} U_s - \frac{T - t_{on}}{T} U_s = \left(\frac{2t_{on}}{T} - 1 \right) U_s$$

$$= (2\rho - 1) U_s$$

式中：$\rho = t_{on}/T$ 为 PWM 波形的占空比；调速时，ρ 的可调范围为 0~1，定义 $\gamma = 2\rho - 1$，则当 $\rho > 0.5$ 时，γ 为正→电机正转；当 $\rho < 0.5$ 时，γ 为负→电机反转；当 $\rho = 0.5$ 时，$\gamma = 0$→电机停止。

4.2 STM32 的 PWM 简介

脉冲宽度调制(PWM)，是利用微处理器的数字输出来对模拟电路进行控制的一种非常有效的技术。简单一点，就是对脉冲宽度的控制。

STM32 的定时器除了 TIM6 和 TIM7，其他的定时器都可以用来产生 PWM 输出。其中高级定时器 TIM1 和 TIM8 可以同时产生多达 7 路的 PWM 输出。而通用定时器也能同时产生多达 4 路的 PWM 输出，这样，STM32 最多可以同时产生 30 路 PWM 输出！这里我们仅利用 TIM2 的 CH3 产生一路 PWM 输出。同样，我们首先对 PWM 相关的寄存器进行讲解，大家了解了定时器 TIM2 的 PWM 原理之后，我们再讲解怎么使用库函数产生 PWM 输出。

要使 STM32 的通用定时器 TIMx 产生 PWM 输出，除了上一章介绍的寄存器外，我们还会用到 3 个寄存器，来控制 PWM 的输出。这三个寄存器分别是：捕获/比较模式寄存器(TIMx_CCMR1/2)、捕获/比较使能寄存器(TIMx_CCER)、捕获/比较寄存器(TIMx_CCR1～4)。接下来我们简单介绍一下这三个寄存器。

4.3 PWM 相关寄存器

4.3.1 捕获/比较模式寄存器

该寄存器总共有 2 个，TIMx _CCMR1 和 TIMx _CCMR2。TIMx_CCMR1 控制 CH1 和 CH2，而 TIMx_CCMR2 控制 CH3 和 CH4。该寄存器的各位描述如图 4-6 所示。

15	14	13	12	11	10	9	8	7	6	5	4	3	2	1	0
OC4CE	OC4E[2:0]			OC4PE	OC4FE	CC4S[1:0]		OC3CE	OC3E[2:0]			OC3PE	OC3FE	CC3S[1:0]	
IC4F[3:0]				IC4PSC[1:0]				IC3F[3:0]				IC3PSC[1:0]			
rw	rw	rw	rw	rw	rw	rw	rw	rw	rw	rw	rw	rw	rw	rw	rw

图 4-6 TIMx_CCMR2 功能定义图

CC3S[1:0]：捕获/比较 3 选择（Capture/Compare 3 selection)，这 2 位定义通道的方向(输入/输出)，及输入脚的选择：

00：CC3 通道被配置为输出；

01：CC3 通道被配置为输入，IC3 映射在 TI3 上；

10：CC3 通道被配置为输入，IC3 映射在 TI4 上；

11：CC3 通道被配置为输入，IC3 映射在 TRGI 上。

4.3.2 捕获/比较使能寄存器

该寄存器控制着各个输入/输出通道的开关。该寄存器的各位描述如图 4-7 所示。

- CC3E：捕获/比较 3 输出使能（Capture/Compare 3 output enable)

CC3 通道配置为输出：

15	14	13	12	11	10	9	8	7	6	5	4	3	2	1	0
保留		CC4P	CC4E	保留		CC3P	CC3E	保留		CC2P	CC2E	保留		CC1P	CC1E
		rw	rw			rw	rw			rw	rw			rw	rw

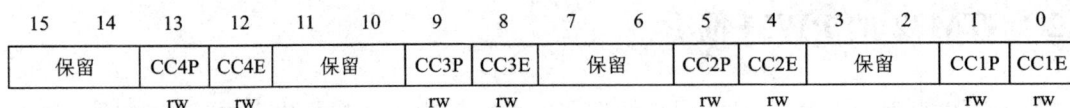

图 4-7　捕获/比较使能寄存器功能定义图

0：关闭——OC3 禁止输出；

1：开启——OC3 信号输出到对应的输出引脚。

CC3P：捕获/比较 3 输出极性（Capture/Compare 3 output polarity）

CC3 通道配置为输出：

0：OC3 高电平有效；

1：OC3 低电平有效。

4.3.3　捕获/比较寄存器

该寄存器总共有 4 个，对应 4 个输通道 CH1~4。因为这 4 个寄存器都差不多，我们仅以 TIMx_CCR3 为例介绍，该寄存器的各位描述如图 4-8 所示。

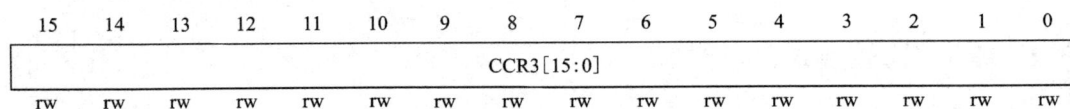

15	14	13	12	11	10	9	8	7	6	5	4	3	2	1	0
CCR3[15:0]															
rw	rw	rw	rw	rw	rw	rw	rw	rw	rw	rw	rw	rw	rw	rw	rw

图 4-8　TIMx_CCR3 功能定义图

CCR3[15：0]：捕获/比较 3 的值（Capture/Compare 3 value），若 CC3 通道配置为输出：CCR3 包含了装入当前捕获/比较 3 寄存器的值(预装载值)。

4.4　案例七　无人驾驶装置驱动系统(PWM)设计

4.4.1　方案设计

本节以直流电机作为无人驾驶装置的驱动元件，采用双极式可逆 PWM 调速方式。利用功率晶体管实现 H 桥式电路，利用小信号晶体管实现上、下桥臂的通断控制。为了让初学者能够清晰地了解直流电机的调速过程，本节仅对 H 桥一侧门极电路输入 PWM 信号用于电动机调速，另一侧门极电路输入开关量信号用于电动机旋转方向控制。

4.4.2　硬件设计

电动机为直流电机，功率晶体管型号为 TIP31、TIP32，小信号晶体管型号为 BC184。STM32F103R6T6 芯片通过通用定时器 2 的 CH3 通道(PA2)作为 PWM 的输出端口，连接 Q3，用于电动机的转速控制，开关信号 PA13 连接 Q6，用于控制电动机正反转，如图 4-9 所示，Q1 与 Q2 交替导通。

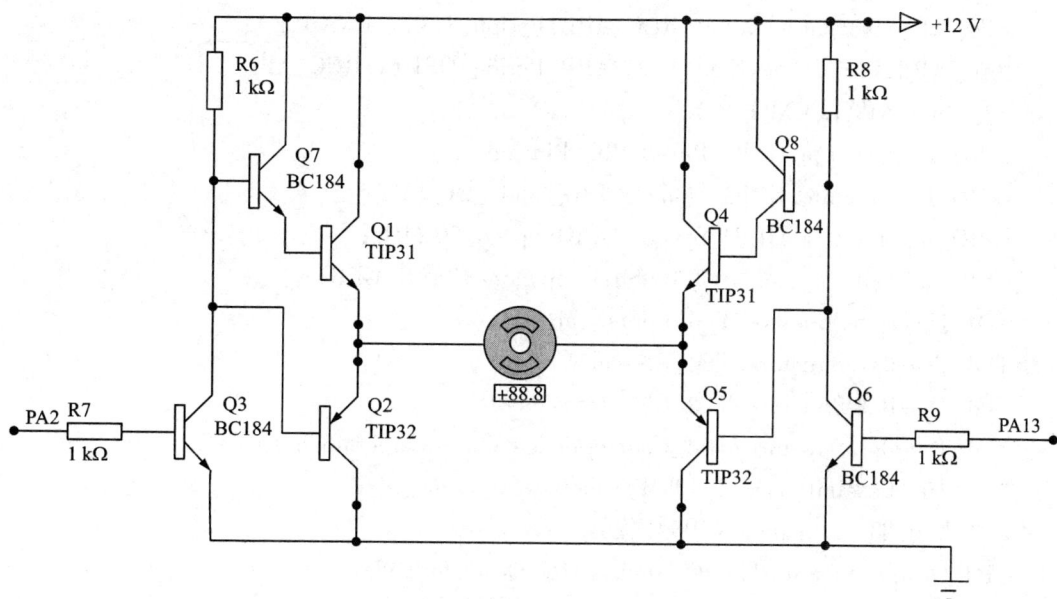

图 4-9　PWM 控制电机原理图

4.4.3　软件设计

　　无人机驾驶装置驱动系统程序主要功能是实现电机转速控制，转速由 TIM2_CH3 的 PWM 占空比决定。旋转方向由开关 K2 决定，K2 断开，PA13 为低电平，电机反转；K2 接通，PA13 为高电平，电机正转。程序流程图如图 4-10 所示。

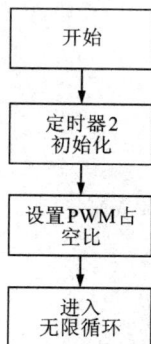

图 4-10　案例七软件流程图

TIM2_CH3 初始化程序如下：

```
void TIM2_PWM_Init( u16 arr, u16 psc)
{
    GPIO_InitTypeDef GPIO_InitStructure;
    TIM_TimeBaseInitTypeDef    TIM_TimeBaseStructure;
```

```
    TIM_OCInitTypeDef    TIM_OCInitStructure;
    RCC_APB1PeriphClockCmd(RCC_APB1Periph_TIM2, ENABLE);
    RCC_APB2PeriphClockCmd(RCC_APB2Periph_GPIOA|RCC_AP
    B2Periph_AFIO, ENABLE);
    GPIO_InitStructure.GPIO_Pin=GPIO_Pin_2;
    GPIO_InitStructure.GPIO_Mode=GPIO_Mode_AF_PP;
    GPIO_InitStructure.GPIO_Speed=GPIO_Speed_50 MHz;
    GPIO_Init(GPIOA, &GPIO_InitStructure); //初始化 GPIO
    TIM_TimeBaseStructure.TIM_Period=arr;
    TIM_TimeBaseStructure.TIM_Prescaler =psc;
    TIM_TimeBaseStructure.TIM_ClockDivision=0;
    TIM_TimeBaseStructure.TIM_CounterMode=TIM_CounterMode_Up;
    TIM_TimeBaseInit(TIM2, &TIM_TimeBaseStructure);
    //初始化 TIM2 Channel3 PWM 模式
    TIM_OCInitStructure.TIM_OCMode=TIM_OCMode_PWM2;
    TIM_OCInitStructure.TIM_OutputState=TIM_OutputState_Enable;
    TIM_OCInitStructure.TIM_OCPolarity=TIM_OCPolarity_High;
    TIM_OC3Init(TIM2, &TIM_OCInitStructure);
    TIM_OC3PreloadConfig(TIM2, TIM_OCPreload_Enable);
    TIM_Cmd(TIM2, ENABLE);    //使能 TIM2
}
```

设置占空比子程序调用库函数 TIM_SetCompare3(); 主程序如下:

```
#include "stm32f10x.h"
#include "delay.h"
#include "timer.h"
int main(void)
{
    delay_init();
    TIM2_PWM_Init(4999, 71); //PWM 频率=1000000/5000=200(Hz)
    TIM_SetCompare3(TIM2, 2500);
    while (1)
    {
        delay_ms(500);
    }
}
```

4.4.4　软件仿真

（1）使用 Proteus 软件，绘制如图 4-11、图 4-12 所示硬件电路图，并保存到指定位置。

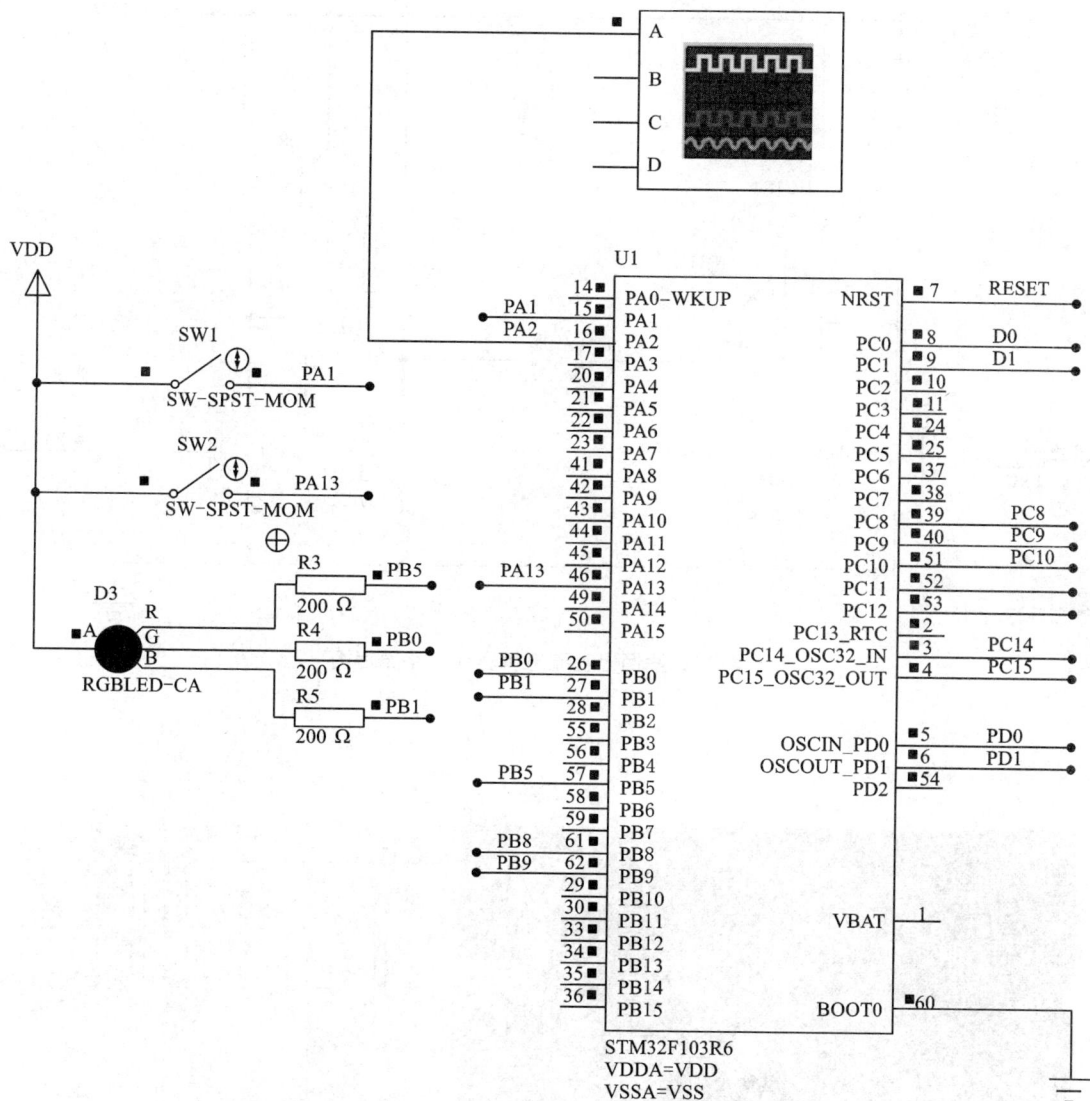

图 4-11 案例七 STM32F103R6 主电路原理图

（2）使用 MDK Keil 建立一个工程项目，在编辑区输入上述源代码，保存并编译，排除所有程序错误后，生产目标代码文件"motor.hex"。

（3）使用 Proteus 软件打开绘制好的无人驾驶装置电路图，双击电路图中 STM32F103R6 元件，把编译好的"motor.hex"文件下载进去。单击调试按钮开始仿真，按下 SW2 控制电机正、反转。利用示波器截取的 PWM 波形如图 4-13 所示。

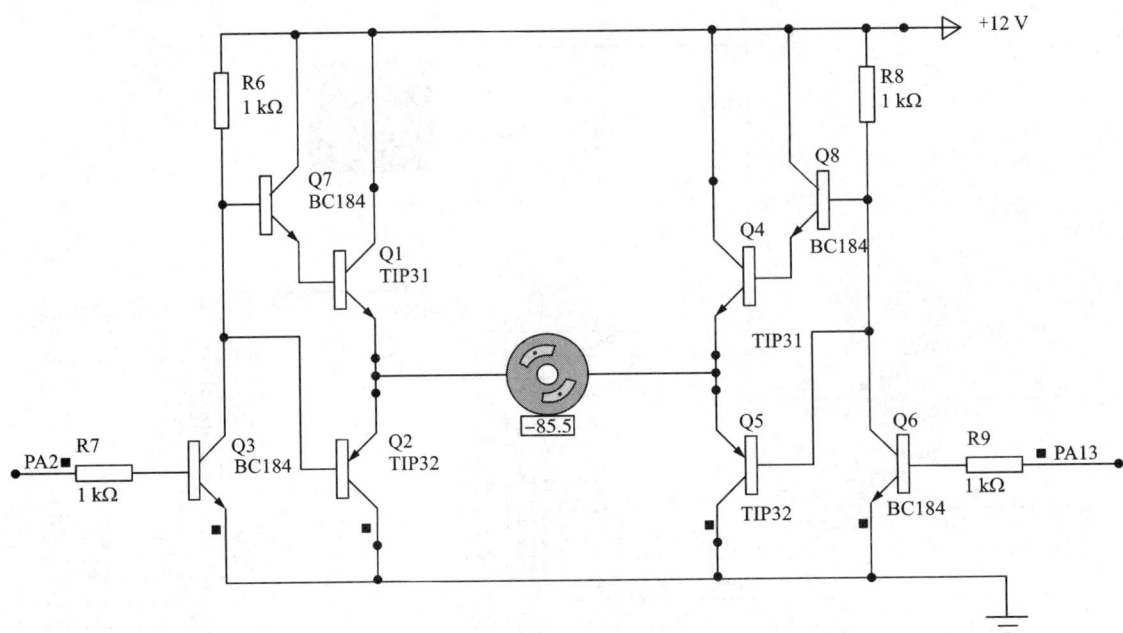

图 4-12　案例七直流电机驱动电路原理图

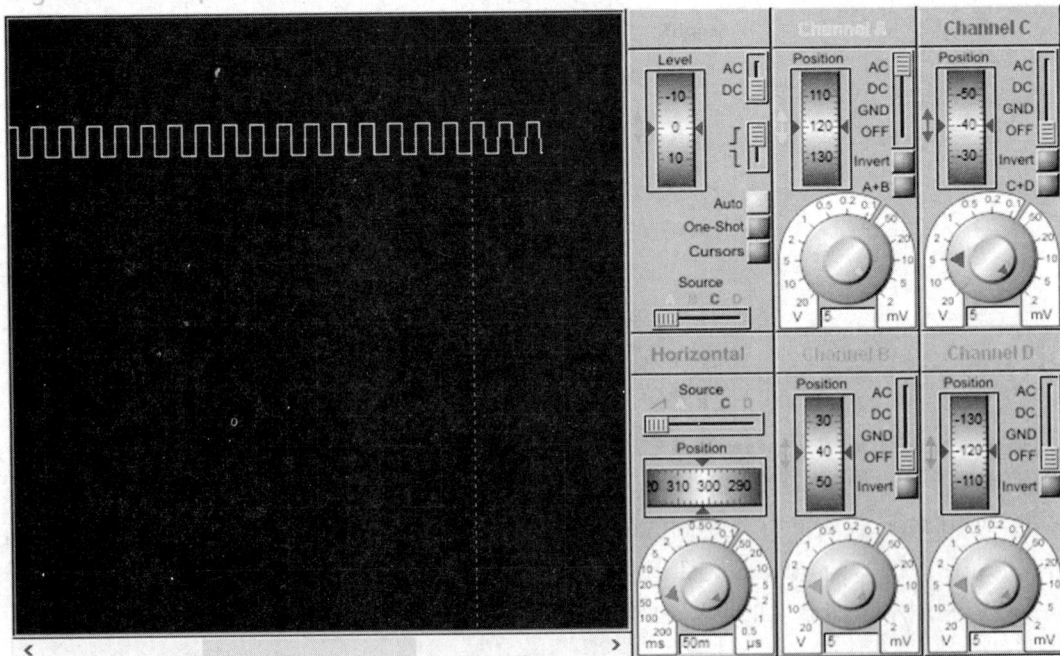

图 4-13　PWM 波形图

章节测验

一、单选题

1. STM32 高级定时器 TIM1 和 TIM8 可以同时产生多达(   )路的 PWM 输出。

A. 5   B. 6

C. 7   D. 8

2. STM32 通用定时器也能同时产生多达(   )路的 PWM 输出。

A. 3   B. 4

C. 5   D. 6

二、判断题

1. STM32 的定时器除了 TIM6 和 TIM7, 其他的定时器都可以用来产生 PWM 输出。(   )

2. 脉冲宽度调制(PWM), 是英文"Pulse Width Modulation"的缩写, 简称脉宽调制, 用 PWM 调制的方法, 把恒定的直流电源电压调制成频率一定、宽度可变的脉冲电压序列, 从而可以改变平均输出电压的大小, 以调节电机转速。(   )

项目五

无人驾驶装置数据存储系统

学习目标

1. 了解常用存储器分类、特点和应用；
2. 理解 I2C 协议原理；
3. 理解 EEPROM 的地址、读写时序和控制命令；
4. 掌握 STM32 的 I2C 接口配置流程。

5.1 常用存储器介绍

5.1.1 存储器种类

存储器是 STM32 微控制器的重要组成部分。存储器是用来存储程序代码和数据的部件，有了存储器 MCU 才具有记忆功能。基本的存储器种类如图 5-1 所示。

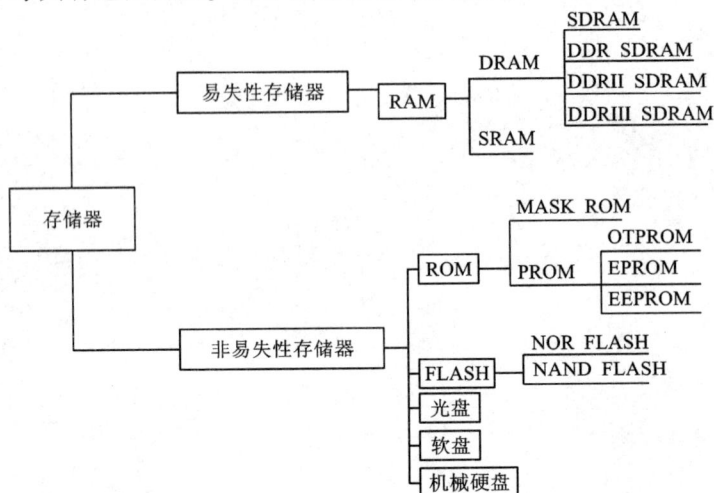

图 5-1 存储器分类图

存储器按其存储介质特性主要分为"易失性存储器"和"非易失性存储器"两大类。其中的"易失/非易失"是指存储器断电后，它存储的数据内容是否会丢失的特性。由于一般易失性存储器存取速度快，而非易失性存储器可长期保存数据，它们都在微控制器中占据着重要角色。在微控制器中易失性存储器最典型的代表是SRAM，非易失性存储器的代表则是闪存FLASH。

5.1.2　RAM存储器

RAM是"Random Access Memory"的缩写，被译为随机存储器。所谓"随机存取"，指的是当存储器中的消息被读取或写入时，所需要的时间与这段信息所在的位置无关。这个词的由来是因为早期计算机曾使用磁鼓作为存储器，磁鼓是顺序读写设备，而RAM可随机读取其内部任意地址的数据，时间都是相同的，因此得名。实际上现在RAM已经专门用于指代作为计算机内存的易失性半导体存储器。根据RAM的存储机制，又分为动态随机存储器DRAM(Dynamic RAM)以及静态随机存储器SRAM(Static RAM)两种。

动态随机存储器DRAM的存储单元以电容的电荷来表示数据，有电荷代表1，无电荷代表0，如图5-2所示。但时间一长，代表1的电容会放电，代表0的电容会吸收电荷，因此它需要定期刷新操作，这就是"动态(Dynamic)"一词所形容的特性。刷新操作会对电容进行检查，若电量大于满电量的1/2，则认为其代表1，并把电容充满；若电量小于满电量的1/2，则认为其代表0，并把电容放电，以此来保证数据的正确性。图中Capacitor为一个基本存储单元，当Transistor被选通时，可读可写。

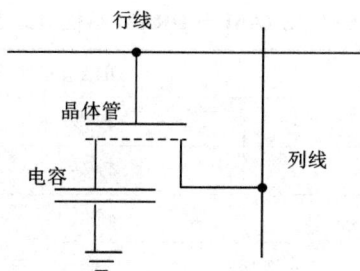

图5-2　DRAM存储单元

1)SDRAM

根据DRAM的通信方式，DRAM又分为同步和异步两种，这两种方式根据通信时是否需要使用时钟信号来区分。图5-3是一种利用时钟进行同步的通信时序，它在时钟的上升沿表示有效数据。

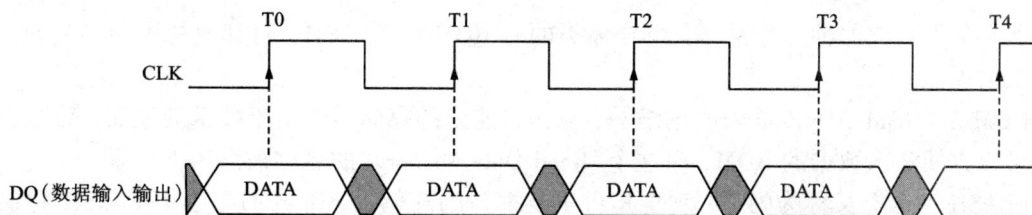

图5-3　SDRAM时序图

由于使用时钟同步的通信速度更快,所以同步 DRAM 使用更为广泛,这种 DRAM 被称为 SDRAM(Synchronous DRAM)。

2)DDR SDRAM

为了进一步提高 SDRAM 的通信速度,人们设计了 DDR SDRAM 存储器(Double Data Rate SDRAM)。它的存储特性与 SDRAM 没有区别,但 SDRAM 只在上升沿表示有效数据,在 1 个时钟周期内,只能表示 1 个有效数据;而 DDR SDRAM 在时钟的上升沿及下降沿各表示一个数据,也就是说在 1 个时钟周期内可以表示 2 位数据,在时钟频率同样的情况下,提高了一倍的速度。至于 DDR II 和 DDR III,它们的通信方式并没有区别,主要是通信同步时钟的频率提高了。

当前个人计算机常用的内存条是 DDR III SDRAM 存储器,在一个内存条上包含多个 DDR III SDRAM 芯片。

3)SRAM

静态随机存储器 SRAM 的存储单元以锁存器来存储数据。这种电路结构不需要定时刷新充电,就能保持状态(当然,如果断电了,数据还是会丢失的),所以这种存储器被称为“静态(Static)”RAM。

对比 DRAM 与 SRAM 的结构,可知 DRAM 的结构简单得多,所以生产相同容量的存储器,DRAM 的成本要更低,且集成度更高。而 DRAM 中的电容结构则决定了它的存取速度不如 SRAM,特性对比见表 5-1。

表 5-1　SRAM 与 DRAM 特性对比表

特性	DRAM	SRAM
存取速度	较慢	较快
集成度	较高	较低
生产成本	较低	较高
是否需要刷新	是	否

所以在实际应用场合中,SRAM 一般只用于 CPU 内部的高速缓存(Cache),而外部扩展的内存一般使用 DRAM。在 STM32 系统的控制器中,只有 STM32F429 型号或更高级的芯片才支持扩展 SDRAM,其他型号如 STM32F1、STM32F2 及 STM32F407 等型号只能扩展 SRAM。

5.1.3　非易失性存储器

非易失性存储器种类非常多,半导体类的有 ROM 和 FLASH,而其他的则包括光盘、软盘及机械硬盘。

ROM 是“Read Only Memory”的缩写,意为只能读的存储器。由于技术的发展,后来设计出了可以方便写入数据的 ROM,而这个“Read Only Memory”的名称被沿用下来了。

FLASH 存储器又称为闪存,它也是可重复擦写的存储器,部分书籍会把 FLASH 存储器称为 FLASH ROM,但它的容量一般比 EEPROM 大得多,且在擦除时,一般以多个字节为单位。如有的 FLASH 存储器以 4096 个字节为扇区,最小的擦除单位为一个扇区。根据存储单元电路的不同, FLASH 存储器又分为 NOR FLASH 和 NAND FLASH。

1) OTPROM

OTPROM(One Time Programable ROM)是一次可编程存储器。这种存储器出厂时内部并没有资料, 用户可以使用专用的编程器将自己的资料写入, 但只能写入一次, 被写入过后, 它的内容也不可再修改。在 NXP 公司生产的控制器芯片中常使用 OTPROM 来存储密钥; 在 STM32F429 芯片中也具有一部分 OTPROM 空间。

2) EEPROM

EEPROM(Electrically Erasable Programmable ROM)是电可擦除存储器。EEPROM 可以重复擦写, 它的擦除和写入都是直接使用电路控制, 不需要再使用外部设备来擦写。而且可以按字节为单位修改数据, 无需整个芯片擦除。现在主要使用的 ROM 芯片都是 EEPROM。

3) NOR FLASH 和 NAND FLASH

NOR 与 NAND 的共性是在数据写入前都需要有擦除操作, 而擦除操作一般是以"扇区/块"为单位的。而 NOR 与 NAND 特性的差别, 主要是由于其内部"地址/数据线"是否分开导致的。NOR 与 NAND 特性对比表如表 5-2 所示。

表 5-2　NOR 与 NAND 特性对比表

特性	NOR FLASH	NAND FLASH
同容量存储器成本	较贵	较便宜
集成度	较低	较高
介质类型	随机存储	连续存储
地址线和数据线	独立分开	共用
擦除单元	以"扇区/块"擦除	以"扇区/块"擦除
读写单元	可以基于字节读写	必须以"块"为单位读写
读取速度	较高	较低
写入速度	较低	较高
坏块	较少	较多
是否支持 XIP	支持	不支持

由于 NOR 的地址线和数据线分开, 它可以按"字节"读写数据, 符合 CPU 的指令译码执行要求, 所以假如 NOR 上存储了代码指令, CPU 给 NOR 一个地址, NOR 就能向 CPU 返回一个数据让 CPU 执行, 中间不需要额外的处理操作。而由于 NAND 的数据和地址线共用, 只能按"块"来读写数据, 假如 NAND 上存储了代码指令, CPU 给 NAND 地址后, 它无法直接返回该地址的数据, 所以不符合指令译码要求。表 5-2 中的最后一项"是否支持 XIP"描述的就是这种立即执行的特性(eXecute InPlace)。

若代码存储在 NAND 上, 可以把它先加载到 RAM 存储器上, 再由 CPU 执行。所以在功能上可以认为 NOR 是一种断电后数据不丢失的 RAM, 但它的擦除单位与 RAM 有区别, 且读写速度比 RAM 要慢得多。另外, FLASH 的擦除次数都是有限的(现在普遍是 10 万次左右),

当它的使用接近寿命的时候，可能会出现写操作失败。由于 NAND 通常是整块擦写，块内有一位失效整个块就会失效，这被称为坏块，而且由于擦写过程复杂，从整体来说 NOR 坏块更少，寿命更长。由于可能存在坏块，所以 FLASH 存储器需要"探测/错误更正（EDC/ECC）"算法来确保数据的正确性。

由于两种 FLASH 存储器特性的差异，NOR FLASH 一般应用在代码存储的场合，如嵌入式控制器内部的程序存储空间。而 NAND FLASH 一般应用在大数据量存储的场合，包括 SD 卡、U 盘以及固态硬盘等，都是 NAND FLASH 类型的。

在本项目中会对如何使用 EEPROM 存储器进行实例讲解。

5.2　I2C 协议

5.2.1　I2C 协议简介

I2C 通信协议（Inter-Integrated Circuit）是由 Philips 公司开发的，由于它引脚少，硬件实现简单，可扩展性强，不需要 USART、CAN 等通信协议的外部收发设备，现在被广泛地使用在系统内多个集成电路（IC）间的通信方面。I2C 的协议定义了通信的起始和停止信号、数据有效性、响应、仲裁、时钟同步和地址广播等环节。I2C 通信设备之间的常用连接方式如图 5-4 所示。

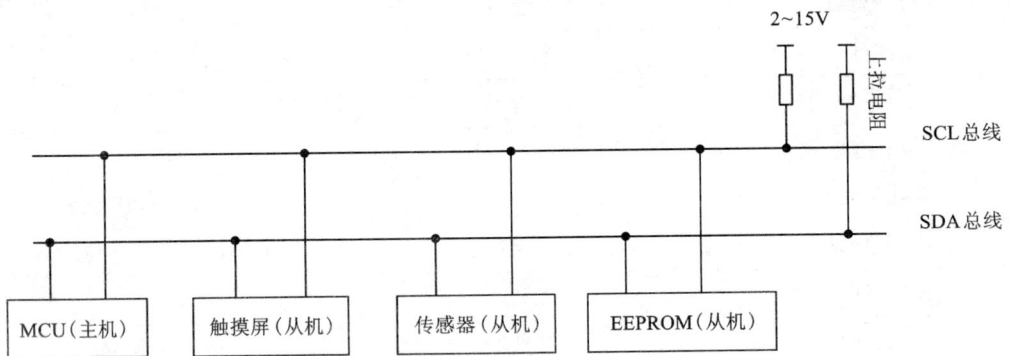

图 5-4　I2C 通信节点组网图

它的物理层有如下特点：

● 它是一个支持设备的总线。"总线"指多个设备共用的信号线。在一个 I2C 通信总线中，可连接多个 I2C 通信设备，支持多个通信主机及多个通信从机。

● 一个 I2C 总线只使用两条总线线路，一条双向串行数据线（SDA），一条串行时钟线（SCL）。数据线即用来表示数据，时钟线用于数据收发同步。

● 每个连接到总线的设备都有一个独立的地址，主机可以利用这个地址进行不同设备之间的访问。

● 总线通过上拉电阻接到电源。当 I2C 设备空闲时，会输出高阻态，而当所有设备都空闲，都输出高阻态时，由上拉电阻把总线拉成高电平。

● 多个主机同时使用总线时，为了防止数据冲突，会利用仲裁方式决定由哪个设备占用总线。

• 具有三种传输模式：标准模式传输速率为 100 kbit/s，快速模式为 400 kbit/s，高速模式下可达 3.4 Mbit/s，但目前大多 I2C 设备尚不支持高速模式。

• 连接到相同总线的 IC 数量受到总线的最大电容 400 pF 限制。

5.2.2 I2C 基本读写过程

I2C 通信过程如图 5-5、图 5-6、图 5-7 所示。

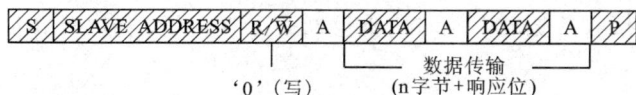

图 5-5 主机写数据到从机

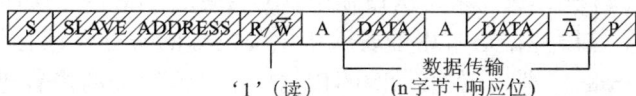

图 5-6 主机由从机中读数据

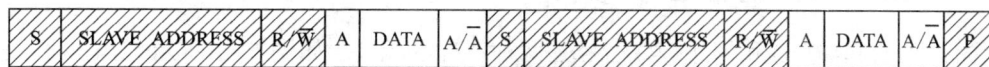

图 5-7 I2C 通信的复合格式

其中：

S：传输开始信号；

SLAVE_ADDRESS：从机地址；

R/$\overline{\text{W}}$：传输方向选择位，1 为读，0 为写；

A/$\overline{\text{A}}$：应答(ACK)或非应答(NACK)信号；

P：停止传输信号。

这些图表示的是主机和从机通信时，SDA 线的数据包序列。其中 S 表示由主机的 I2C 接口产生的传输起始信号(S)，这时连接到 I2C 总线上的所有从机都会接收到这个信号。起始信号产生后，所有从机就开始等待主机紧接下来广播的从机地址信号(SLAVE_ADDRESS)。在 I2C 总线上，每个设备的地址都是唯一的，当主机广播的地址与某个设备地址相同时，这个设备就被选中了，没被选中的设备将会忽略之后的数据信号。根据 I2C 协议，这个从机地址可以是 7 位或 10 位的。在地址位之后，是传输方向的选择位，该位为 0 时，表示后面的数据传输方向是由主机传输至从机，即主机向从机写数据。该位为 1 时，则相反，即主机由从机读数据。从机接收到匹配的地址后，主机或从机会返回一个应答(ACK)或非应答(NACK)信号，只有接收到应答信号后，主机才能继续发送或接收数据。

1) 写数据

若配置的方向传输位为"写数据"方向，即第一幅图的情况，广播完地址，接收到应答信号后，主机开始正式向从机传输数据（DATA），数据包的大小为 8 位，主机每发送完一个字节数据，都要等待从机的应答信号（ACK），重复这个过程，可以向从机传输 N 个数据，这个 N 没有大小限制。当数据传输结束时，主机向从机发送一个停止传输信号（P），表示不再传输数据。

2）读数据

若配置的方向传输位为"读数据"方向，即第二幅图的情况，广播完地址，接收到应答信号后，从机开始向主机返回数据（DATA），数据包大小也为 8 位，从机每发送完一个数据，都会等待主机的应答信号（ACK），重复这个过程，可以返回 N 个数据，这个 N 也没有大小限制。当主机希望停止接收数据时，就向从机返回一个非应答信号（NACK），则从机自动停止数据传输。

3）读和写数据

除了基本的读、写数据方式，I2C 通信更常用的是复合格式，即第三幅图的情况，该传输过程有两次起始信号（S）。一般在第一次传输中，主机通过 SLAVE_ADDRESS 寻找到从设备后，发送一段"数据"，这段数据通常用于表示从设备内部的寄存器或存储器地址（注意区分它与 SLAVE_ADDRESS 的区别）；在第二次的传输中，对该地址的内容进行读或写。也就是说，第一次通信是告诉从机读写地址，第二次则是读写的实际内容。

5.2.3　通信的起始和停止信号

上面提到的起始（S）和停止（P）信号是两种特殊的状态，如图 5-8 所示。当 SCL 线是高电平时 SDA 线从高电平向低电平切换，这个情况表示通信的起始。当 SCL 线是高电平时 SDA 线由低电平向高电平切换，表示通信的停止。起始和停止信号一般由主机产生。

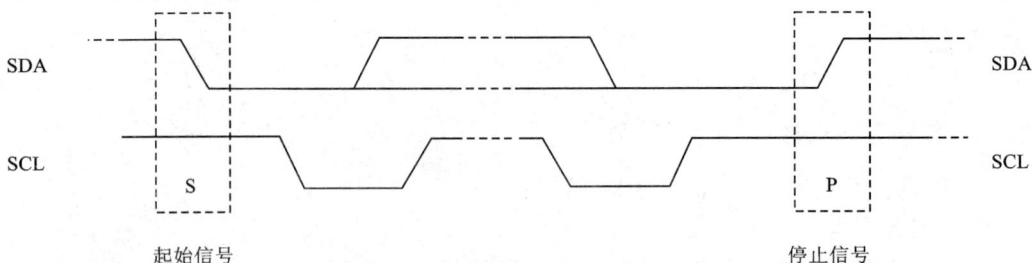

图 5-8　I2C 通信起始（S）和停止（P）信号

5.2.4　数据有效性

I2C 使用 SDA 信号线来传输数据，使用 SCL 信号线来进行数据同步，如图 5-9 所示。SDA 数据线在 SCL 的每个时钟周期内传输一位数据。传输时，SCL 为高电平的时候 SDA 表示的数据有效，即此时的 SDA 为高电平时表示数据"1"，为低电平时表示数据"0"。当 SCL 为低电平时，SDA 的数据无效，一般在这个时候 SDA 进行电平切换，为下一次表示数据做好准备。

每次数据传输都以字节为单位，每次传输的字节数不受限制。

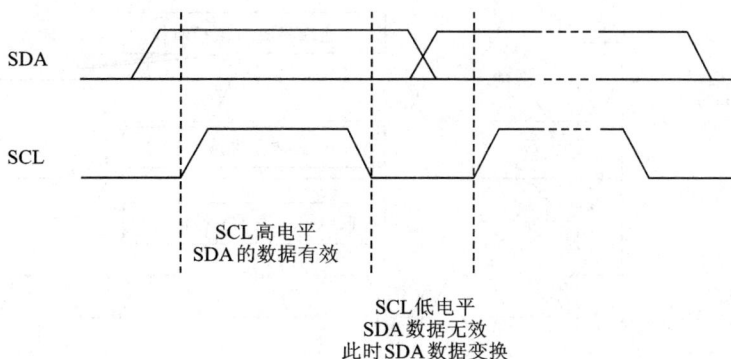

图5-9 SCL信号线进行数据同步

5.2.5 地址及数据方向

I2C 总线上的每个设备都有自己的独立地址,主机发起通信时,通过 SDA 信号线发送设备地址(SLAVE_ADDRESS)来查找从机。I2C 协议规定设备地址可以是 7 位或 10 位的,实际中 7 位的地址应用比较广泛。紧跟设备地址的一个数据位用来表示数据传输方向,它是数据方向位($R/\overline{W}$),第 8 位或第 11 位。数据方向位为"1"时表示主机由从机读数据,该位为"0"时表示主机向从机写数据,如图 5-10 所示。

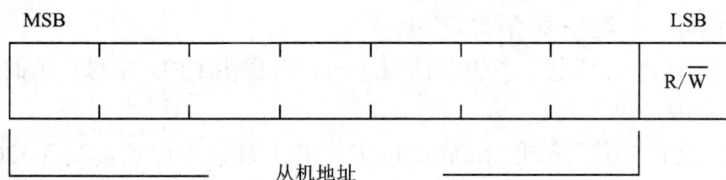

图5-10 设备地址(7位)

读数据方向时,主机会释放对 SDA 信号线的控制,由从机控制 SDA 信号线,主机接收信号;写数据方向时,SDA 由主机控制,从机接收信号。

5.2.6 应答

I2C 的数据和地址传输都带响应。响应包括"应答(ACK)"和"非应答(NACK)"两种信号。作为数据接收端时,当设备(无论主从机)接收到 I2C 传输的一个字节数据或地址后,若希望对方继续发送数据,则需要向对方发送"应答(ACK)"信号,发送方会继续发送下一个数据;若接收端希望结束数据传输,则向对方发送"非应答(NACK)"信号,发送方接收到该信号后会产生一个停止信号,结束信号传输,如图 5-11 所示。

传输时主机产生时钟,在第 9 个时钟时,数据发送端会释放 SDA 的控制权,由数据接收端控制 SDA,若 SDA 为高电平,表示非应答信号(NACK),低电平表示应答信号(ACK)。

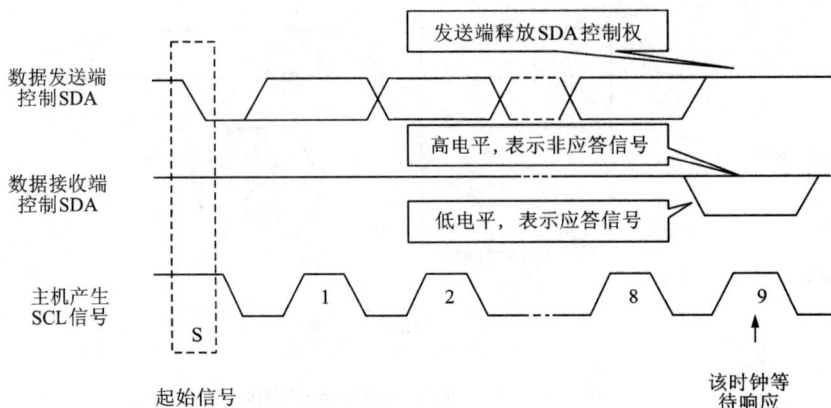

图 5-11 应答信号

5.3 STM32 的 I2C 外设

如果我们直接控制 STM32 的两个 GPIO 引脚，分别用作 SCL 及 SDA，按照上述信号的时序要求，直接像控制 LED 灯那样控制引脚的输出（若是接收数据时则读取 SDA 电平），就可以实现 I2C 通信。同样，假如我们按照 USART 的要求去控制引脚，也能实现 USART 通信。所以只要遵守协议，就是标准的通信，不管您如何实现它，不管是 ST 生产的控制器还是 ATMEL 生产的存储器，都能按通信标准交互。

由于直接控制 GPIO 引脚电平产生通信时序时，需要由 CPU 控制每个时刻的引脚状态，所以称之为"软件模拟协议"方式。

相对地，还有"硬件协议"方式，STM32 的 I2C 片上外设专门负责实现 I2C 通信协议，只要配置好该外设，它就会自动根据协议要求产生通信信号，收发数据并缓存起来，CPU 只要检测该外设的状态和访问数据寄存器，就能完成数据收发。这种由硬件外设处理 I2C 协议的方式减轻了 CPU 的工作负担，且使软件设计更加简单。

STM32 的 I2C 外设可用作通信的主机及从机，支持 100 kbit/s 和 400 kbit/s 的速率，支持 7 位、10 位设备地址，支持 DMA 数据传输，并具有数据校验功能。它的 I2C 外设还支持 SMBus2.0 协议，SMBus 协议与 I2C 类似，主要应用于笔记本电脑的电池管理中。

5.3.1 通信引脚

I2C 的所有硬件架构都是根据图 5-12 中左侧 SCL 线和 SDA 线展开的（其中的 SMBA 线用于 SMBUS 的警告信号，I2C 通信没有使用）。STM32 芯片有多个 I2C 外设，它们的 I2C 通信信号引出到不同的 GPIO 引脚上，使用时必须配置到这些指定的引脚，如表 5-3 所示。关于 GPIO 引脚的复用功能，以芯片规格书为准。

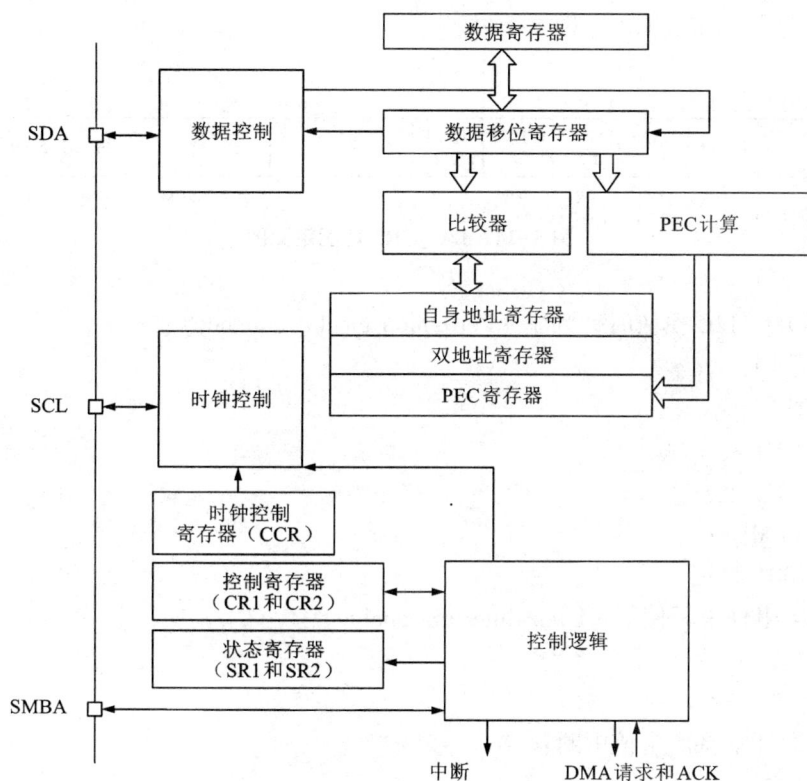

图 5-12　STM32 的 I2C 结构图

表 5-3　I2C 引脚定义表

复用功能	I2C1_REMAP = 0	I2C1_REMAP = 1
I2C1_SCL	PB6	PB8
I2C1_SDA	PB7	PB9

5.3.2　相关寄存器

1）控制寄存器 1（I2C_CR1，图 5-13）

15	14	13	12	11	10	9	8	7	6	5	4	3	2	1	0
SWRST	保留	ALERT	PEC	POS	ACK	STOP	START	NO STRETCH	ENGC	ENPEC	ENARP	SMB TYPE	保留	SMBUS	PE
rw	res	rw	rw	rw	rw	rw	rw	rw	rw	rw	rw	rw	res	rw	rw

图 5-13　I2C_CR1 功能定义图

PE：I2C 模块使能（Peripheral enable）

0：禁用 I2C 模块；

1：启用 I2C 模块。根据 SMBUS 位的设置，相应的 I/O 口需配置为复用功能。

2）控制寄存器 2（I2C_CR2，图 5-14）

15	14	13	12	11	10	9	8	7	6	5	4	3	2	1	0
保留			LAST	DMA EN	ITBUF EN	ITEVT EN	ITERR EN	保留		FREQ[5:0]					
res			rw	rw	rw	rw	rw	res		rw	rw	rw	rw	rw	rw

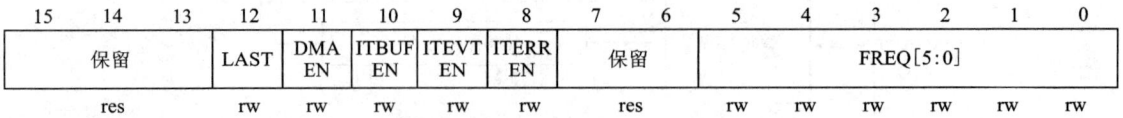

图 5-14　I2C_CR2 功能定义图

FREQ[5：0]：I2C 模块时钟频率（Peripheral clock frequency）

000000：禁用；

000001：禁用；

000010：2 MHz；

⋮

100100：36 MHz；

大于 100100：禁用。

ITEVTEN：事件中断使能（Event interrupt enable）

0：禁止事件中断；

1：允许事件中断。

在下列条件下，将产生该中断：

—SB = 1（主模式）；

—ADDR = 1（主/从模式）；

—ADD10 = 1（主模式）；

—STOPF = 1（从模式）；

—BTF = 1，但是没有 TxE 或 RxNE 事件；

—如果 ITBUFEN = 1，TxE 事件为 1；

—如果 ITBUFEN = 1，RxNE 事件为 1。

3）自身地址寄存器 1（I2C_OAR1，图 5-15）

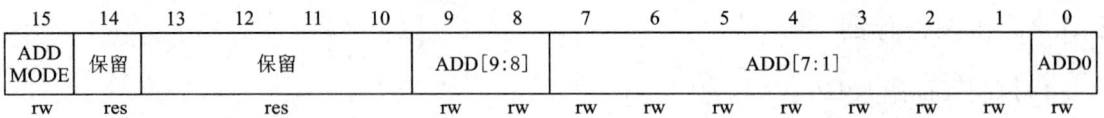

15	14	13	12	11	10	9	8	7	6	5	4	3	2	1	0
ADD MODE	保留	保留				ADD[9:8]		ADD[7:1]							ADD0
rw	res	res				rw	rw	rw	rw	rw	rw	rw	rw	rw	rw

图 5-15　I2C_OAR1 功能定义图

ADDMODE：寻址模式（从模式）（Addressing mode（slave mode））

0：7 位从地址（不响应 10 位地址）；

1：10 位从地址（不响应 7 位地址）。

4）数据寄存器（I2C_DR，图 5-16）

DR[7：0]：8 位数据寄存器（8-bit data register），用于存放接收到的数据或放置用于发送到总线的数据。

15	14	13	12	11	10	9	8	7	6	5	4	3	2	1	0
保留								DR[7:0]							
res								rw	rw	rw	rw	rw	rw	rw	rw

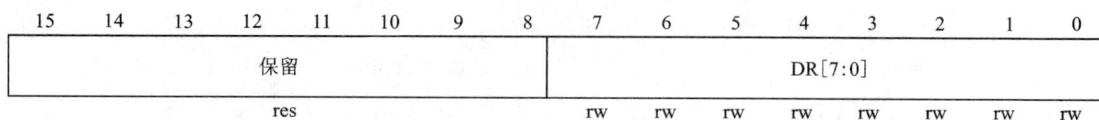

图 5-16　I2C_DR 功能定义图

发送器模式：当写一个字节至 DR 寄存器时，自动启动数据传输。一旦传输开始(TxE = 1)，如果能及时把下一个需传输的数据写入 DR 寄存器，I2C 模块将保持连续的数据流。

接收器模式：接收到的字节被拷贝到 DR 寄存器(RxNE = 1)。在接收到下一个字节(RxNE = 1)之前读出数据寄存器，即可实现连续的数据传送。

5)状态寄存器 1(I2C_SR1，图 5-17)

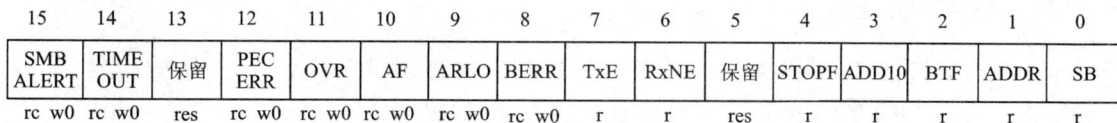

15	14	13	12	11	10	9	8	7	6	5	4	3	2	1	0
SMB ALERT	TIME OUT	保留	PEC ERR	OVR	AF	ARLO	BERR	TxE	RxNE	保留	STOPF	ADD10	BTF	ADDR	SB
rc w0	rc w0	res	rc w0	rc w0	rc w0	rc w0	rc w0	r	r	res	r	r	r	r	r

图 5-17　I2C_SR1 功能定义图

TxE：数据寄存器为空（发送时）（Data register empty（transmitters））

0：数据寄存器非空；

1：数据寄存器空。

RxNE：数据寄存器非空（接收时）（Data register not empty（receivers））

0：数据寄存器为空；

1：数据寄存器非空。

6)状态寄存器 2 (I2C_SR2，图 5-18)

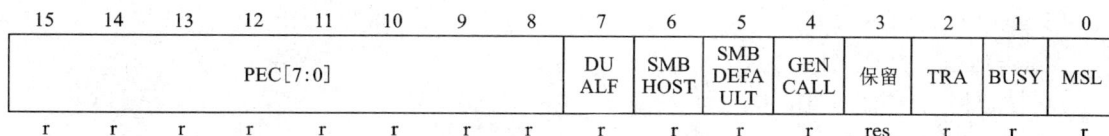

15	14	13	12	11	10	9	8	7	6	5	4	3	2	1	0
PEC[7:0]								DU ALF	SMB HOST	SMB DEFA ULT	GEN CALL	保留	TRA	BUSY	MSL
r	r	r	r	r	r	r	r	r	r	r	r	res	r	r	r

图 5-18　I2C_SR2 功能定义图

BUSY：总线忙（Bus busy）

0：在总线上无数据通信；

1：在总线上正在进行数据通信。

7)时钟控制寄存器(I2C_CCR，图 5-19)

F/S：I2C 主模式选项（I2C master mode selection）

0：标准模式的 I2C；

1：快速模式的 I2C。

DUTY：快速模式时的占空比（Fast mode duty cycle）

15	14	13	12	11	10	9	8	7	6	5	4	3	2	1	0
F/S	DUTY	保留		CCR[11:0]											
rw	rw			rw	rw	rw	rw	rw	rw	rw	rw	rw	rw	rw	rw

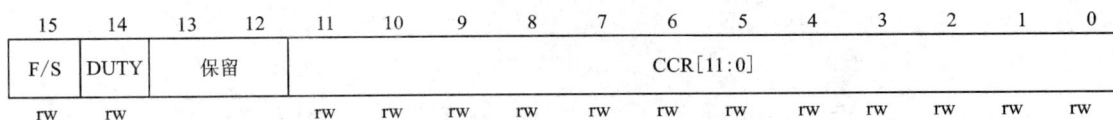

图 5-19　I2C_CCR 功能定义图

0：快速模式下：Tlow/Thigh = 2；

1：快速模式下：Tlow/Thigh = 16/9。

CCR[11:0]：快速/标准模式下的时钟控制分频系数（主模式）（Clock control register in Fast/Standard mode (Master mode)）

该分频系数用于设置主模式下的 SCL 时钟。

5.3.3　时钟控制逻辑

SCL 线的时钟信号，由 I2C 接口根据时钟控制寄存器（CCR）来控制，控制的参数主要为时钟频率。配置 I2C 的 CCR 寄存器可修改通信速率相关的参数。

（1）可选择 I2C 通信的"标准/快速"模式，这两个模式分别对应 100/400 kbit/s 的通信速率。

（2）在快速模式下可选择 SCL 时钟的占空比，可选 Tlow/Thigh = 2 或 Tlow/Thigh = 16/9 模式。I2C 协议规定在 SCL 高电平时对 SDA 信号采样，SCL 低电平时 SDA 准备下一个数据。这样，修改 SCL 的高低电平比会影响数据采样，但其实这两个模式的比例差别并不大，若不是要求非常严格，这里随便选就可以了。

（3）CCR 寄存器中还有一个 12 位的配置因子 CCR，它与 I2C 外设的输入时钟源共同作用，产生 SCL 时钟。STM32 的 I2C 外设都挂载在 APB1 总线上，使用 APB1 的时钟源 PCLK1，SCL 信号线的输出时钟公式如下：

- 标准模式：

Thigh = CCR * TPCKL1

Tlow = CCR * TPCLK1

- 快速模式中 Tlow/Thigh = 2 时：

Thigh = CCR * TPCKL1

Tlow = 2(CCR * TPCLK1)

- 快速模式中 Tlow/Thigh = 16/9 时：

Thigh = 9(CCR * TPCKL1)

Tlow = 16(CCR * TPCLK1)

例如，若 PCLK1 = 36 MHz，想要配置 400 kbit/s 的速率，计算方式如下：

PCLK 时钟周期：TPCLK1 = 1/36000000

目标 SCL 时钟周期：TSCL = 1/400000

SCL 时钟周期内的高电平时间：Thigh = TSCL/3

SCL 时钟周期内的低电平时间：Tlow = 2 * TSCL/3

计算 CCR 的值：CCR = Thigh/TPCLK1 = 30

计算结果得出 CCR 为 30，向该寄存器位写入此值则可以控制 I2C 的通信速率为 400 kHz，其实即使配置出来的 SCL 时钟不完全等于标准的 400 kHz，I2C 通信的正确性也不会受到影响，因为所有数据通信都是由 SCL 协调的，只要它的时钟频率不远高于标准即可。

5.3.4 控制逻辑

1）数据控制

I2C 的 SDA 信号主要连接到数据移位寄存器上。数据移位寄存器的数据来源及目标是数据寄存器（DR）、地址寄存器（OAR）、PEC 寄存器以及 SDA 数据线。当向外发送数据的时候，数据移位寄存器以"数据寄存器"为数据源，把数据一位一位地通过 SDA 信号线发送出去；当从外部接收数据的时候，数据移位寄存器把 SDA 信号线采样到的数据一位一位地存储到"数据寄存器"中。若使能了数据校验，接收到的数据会经过 PEC 计算器运算，运算结果存储在"PEC 寄存器"中。当 STM32 的 I2C 工作在从机模式的时候，接收到设备地址信号时，数据移位寄存器会把接收到的地址与 STM32 的自身的"I2C 地址寄存器"的值作比较，以便响应主机的寻址。STM32 的自身 I2C 地址可通过修改"自身地址寄存器"修改，支持同时使用两个 I2C 设备地址，两个地址分别存储在 OAR1 和 OAR2 中。

2）控制逻辑

控制逻辑负责协调整个 I2C 外设，控制逻辑的工作模式根据我们配置的"控制寄存器（CR1/CR2）"的参数而改变。在外设工作时，控制逻辑会根据外设的工作状态修改"状态寄存器（SR1 和 SR2）"，我们只要读取这些寄存器相关的寄存器位，就可以了解 I2C 的工作状态。除此之外，控制逻辑还根据要求，负责控制产生 I2C 中断信号、DMA 请求及各种 I2C 的通信信号（起始、停止、响应信号等）。

5.3.5 主模式通信过程

使用 I2C 外设通信时，在通信的不同阶段它会对"状态寄存器（SR1 及 SR2）"的不同数据位写入参数，我们通过读取这些寄存器位来了解通信状态。

1）主发送器

图 5-20 中的是"主发送器"流程，即作为 I2C 通信的主机端时，向外发送数据时的过程。

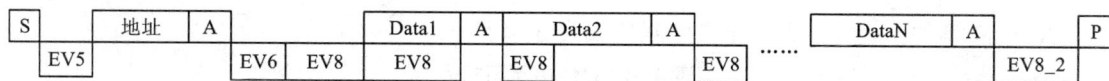

图 5-20 "主发送器"流程图

主发送器发送流程及事件说明如下：

● 控制 I2C 设备产生起始信号（S），当发生起始信号后，它产生事件"EV5"，并会对 SR1 寄存器的"SB"位置 1，表示起始信号已经发送。

● 紧接着发送设备地址并等待应答信号，若有从机应答，则产生事件"EV6"及"EV8"，这时 SR1 寄存器的"ADDR"位及"TxE"位被置 1，ADDR 为 1 表示地址已经发送，TxE 为 1 表示数据寄存器为空。

- 以上步骤正常执行并对 ADDR 位清零后，我们往 I2C 的"数据寄存器 DR"写入要发送的数据，这时 TxE 位会被置 0，表示数据寄存器非空。I2C 外设通过 SDA 信号线一位位把数据发送出去后，又会产生"EV8"事件，即 TxE 位被置 1，重复这个过程，就可以发送多个字节数据了。

- 当我们发送数据完成后，控制 I2C 设备产生一个停止信号(P)，这个时候会产生 EV8_2 事件，SR1 的 TxE 位及 BTF 位都被置 1，表示通信结束。

假如我们使能了 I2C 中断，以上所有事件产生时，都会产生 I2C 中断信号，进入同一个中断服务函数，到 I2C 中断服务程序后，再通过检查寄存器位来判断是哪一个事件。

2) 主接收器

主接收器过程，即作为 I2C 通信的主机端时，从外部接收数据的过程，见图 5-21。

7位主发送器

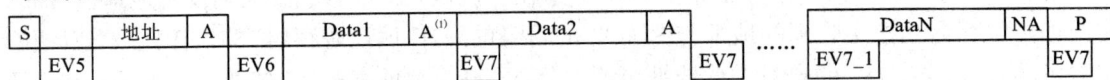

图 5-21 "主接收器"流程图

主接收器接收流程及事件说明如下：

- 同主发送流程，起始信号(S)是由主机端产生的，控制发生起始信号后，它产生事件"EV5"，并会对 SR1 寄存器的"SB"位置 1，表示起始信号已经发送。

- 紧接着发送设备地址并等待应答信号，若有从机应答，则产生事件"EV6"，这时 SR1 寄存器的"ADDR"位被置 1，表示地址已经发送。

- 从机端接收到地址后，开始向主机端发送数据。当主机接收到这些数据后，会产生"EV7"事件，SR1 寄存器的 RxNE 被置 1，表示接收数据寄存器非空，我们读取该寄存器后，可对数据寄存器清空，以便接收下一次数据。此时我们可以控制 I2C 发送应答信号(ACK)或非应答信号(NACK)，若应答，则重复以上步骤接收数据，若非应答，则停止传输。

- 发送非应答信号后，产生停止信号(P)，结束传输。

5.3.6 I2C 中断请求

I2C 中断事件、事件标志、开启控制位如表 5-4 所示。

表 5-4 I2C 中断请求表

中断事件	事件标志	开启控制位
起始位已发送(主)	SB	
地址已发送(主)或地址匹配(从)	ADDR	
10 位头段已发送(主)	ADD10	ITEVTEN
已收到停止(从)	STOPF	
数据字节传输完成	BTF	

续表 5-4

中断事件	事件标志	开启控制位
接收缓冲区非空	RxNE	ITEVTEN 和 ITBUFEN
发送缓冲区空	TxE	
总线错误	BERR	ITERREN
仲裁丢失（主）	ARLO	
响应失败	AF	
过载/欠载	OVR	
PEC 错误	PECERR	
超时/Tlow 错误	TIMEOUT	
SMBus 提醒	SMBALERT	

5.4　AT24C02 简介

AT24C02 是一个 2 kbit 串行 CMOS EEPROM，内部含有 256 个 8 位字节。其实物图、引脚定义分别如图 5-22、表 5-5 所示。

图 5-22　AT24C02 实物图

表 5-5　AT24C02 引脚定义

引脚名称	引脚功能
A0 ~ A2	地址输入
SDA	串行数据
SCL	串行时钟
WP	写保护
NC	不连接

AT24C02 支持总线数据传送协议 I2C，总线协议规定任何将数据传送到总线的器件作为发送器。任何从总线接收数据的器件为接收器。数据传送是由产生串行时钟和所有起始停止信号的主器件控制的。主器件和从器件都可以作为发送器或接收器，但由主器件控制传送数据(发送或接收)的模式，由于 A0、A1 和 A2 可以组成 000~111 八种情况，即通过器件地址输入端 A0、A1 和 A2 可以实现将最多 8 个 AT24C02 器件连接到总线上，通过不同的配置进行器件选择。

1) AT24C02 特点
- 数据线上的看门狗定时器；
- 可编程复位门槛电平；
- 高数据传送速率为 400 kHz 和 IIC 总线兼容；
- 2.7~7 V 的工作电压；
- 低功耗 CMOS 工艺；
- 8 字节页写缓冲区；
- 片内防误擦除写保护；
- 高低电平复位信号输出；
- 100 万次擦写周期；
- 数据保存可达 100 年；
- 商业级、工业级和汽车温度范围。

2) 寻址方式

AT24C02 的存储容量为 2 kbit，内容分成 32 页，每页 8Byte，共 256Byte，操作时有两种寻址方式：芯片寻址和片内子地址寻址。

(1) 芯片寻址：AT24C02 的芯片地址为 1010，其地址控制字格式为 1010A2A1A0R/W。其中 A2、A1、A0 可编程地址选择位。A2、A1、A0 为引脚接高、低电平后得到确定的三位编码，与 1010 形成 7 位编码，即为该器件的地址码。R/W 为芯片读写控制位，该位为 0，表示芯片进行写操作。

(2) 片内子地址寻址：可对内部 256B 中的任一个进行读/写操作，其寻址范围为 00~FF，共 256 个寻址单位。

5.5　案例八　无人驾驶装置系统参数存储之 EEPROM

5.1.1　方案设计

EEPROM 存储器，作为无人驾驶装置的出厂参数的存储芯片，用于厂商、产品序列号、装置初始化参数等数据存储。STM32 利用 I2C1 接口，实现 EEPROM 数据的读写。

5.5.2　硬件设计

AT24C02 与 STM32 的连接，AT24C02 的 SCL 和 SDA 分别连在 STM32 的 PB6 和 PB7 上的，连接关系如图 5-23 所示。

EEPROM 芯片的设备地址一共有 7 位，其中高 4 位固定为 1010 b，低 3 位则由 A0/A1/

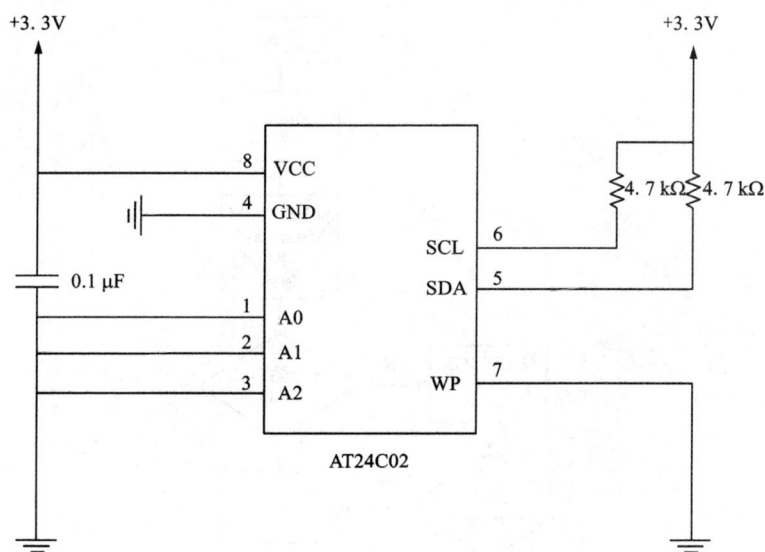

图 5-23　AT24C02 原理图

A2 信号线的电平决定，图 5-24 中的 R/W 位是读写方向位，与地址无关。

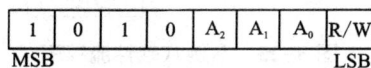

图 5-24　EEPROM 设备地址

按照我们此处的连接，A0/A1/A2 均为 0，所以 EEPROM 的 7 位设备地址是：1010000b，即 0x50。由于 I2C 通信时常常是地址跟读写方向连在一起构成一个 8 位数，且当 R/W 位为 0 时，表示写方向，所以加上 7 位地址，其值为"0xA0"，常称该值为 I2C 设备的"写地址"；当 R/W 位为 1 时，表示读方向，加上 7 位地址，其值为"0xA1"，常称该值为"读地址"。

EEPROM 芯片中还有一个 WP 引脚，具有写保护功能，当该引脚为高电平时，禁止写入数据；当该引脚为低电平时，可写入数据。我们直接接地，不使用写保护功能。

5.5.3　软件设计

无人机驾驶装置出厂参数存储系统程序主要功能是实现出厂参数的读写，这里我们不使用 STM32 的硬件 I2C 来读写 AT24C02，而是通过软件模拟。程序流程图如图 5-25 所示。

I2C 初始化程序如下：

```
void IIC_Init(void)
{
    GPIO_InitTypeDef GPIO_InitStructure;
    RCC_APB2PeriphClockCmd(RCC_APB2Periph_GPIOB, ENABLE);
    GPIO_InitStructure.GPIO_Pin = GPIO_Pin_6 | GPIO_Pin_7;
    GPIO_InitStructure.GPIO_Mode = GPIO_Mode_Out_PP;
```

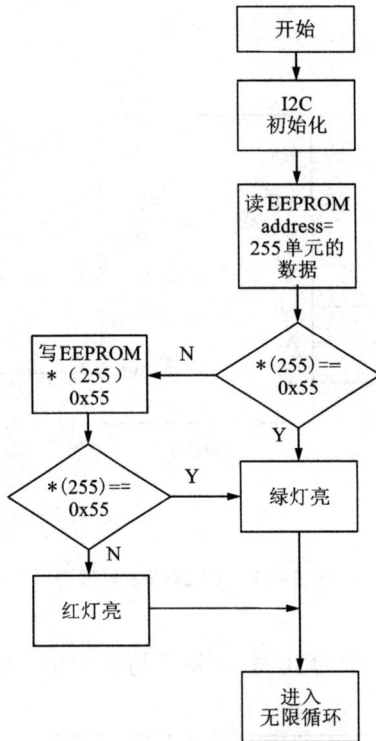

图 5-25　案例八软件流程图

```
        GPIO_InitStructure. GPIO_Speed = GPIO_Speed_50 MHz;
        GPIO_Init(GPIOB, &GPIO_InitStructure);
        GPIO_SetBits(GPIOB, GPIO_Pin_6 | GPIO_Pin_7);
```
产生 IIC 起始信号程序如下:
```
void IIC_Start(void)
{
    SDA_OUT();
    IIC_SDA = 1;
    IIC_SCL = 1;
    delay_us(4);
    IIC_SDA = 0;
    delay_us(4);
    IIC_SCL = 0;
}
```
产生 IIC 停止信号程序如下:
```
void IIC_Stop(void)
{
```

```
    SDA_OUT();
    IIC_SCL=0;
    IIC_SDA=0;
    delay_us(4);
    IIC_SCL=1;
    IIC_SDA=1;
    delay_us(4);
}
```

等待应答信号到来程序如下:

```
u8 IIC_Wait_Ack(void)
{
    u8 ucErrTime=0;
    SDA_IN();
    IIC_SDA=1; delay_us(1);
    IIC_SCL=1; delay_us(1);
    while(READ_SDA)
    {
        ucErrTime++;
        if(ucErrTime>250)
        {
            IIC_Stop();
            return 1;
        }
    }
    IIC_SCL=0;
    return 0;
}
//产生 ACK 应答
void IIC_Ack(void)
{
    IIC_SCL=0;
    SDA_OUT();
    IIC_SDA=0;
    delay_us(2);
    IIC_SCL=1;
    delay_us(2);
    IIC_SCL=0;
}
```

NACK 应答程序如下:

```
void IIC_NAck(void)
{
  IIC_SCL = 0;
  SDA_OUT();
  IIC_SDA = 1;
  delay_us(2);
  IIC_SCL = 1;
  delay_us(2);
  IIC_SCL = 0;
}
```

IIC 发送一个字节程序如下：

```
void IIC_Send_Byte(u8 txd)
{
    u8 t;
    SDA_OUT();
    IIC_SCL = 0;
    for(t = 0; t < 8; t++)
    {
      if((txd&0x80)>>7)
        IIC_SDA = 1;
      else
        IIC_SDA = 0;
      txd <<= 1;
      delay_us(2);
      IIC_SCL = 1;
      delay_us(2);
      IIC_SCL = 0;
      delay_us(2);
    }
}
```

读一个字节程序如下：

```
u8 IIC_Read_Byte(unsigned char ack)
{
  unsigned char i, receive = 0;
  SDA_IN();
  for(i = 0; i < 8; i++)
    {
        IIC_SCL = 0;
        delay_us(2);
```

```
            IIC_SCL = 1;
            receive<< = 1;
            if( READ_SDA) receive++;
        delay_us(1);
    }
    if (! ack)
        IIC_NAck( );
    else
        IIC_Ack( );
    return receive;
}
```

检查 AT24CXX 程序如下:

```
u8 AT24CXX_Check(void)
{
    u8 temp;
    temp = AT24CXX_ReadOneByte(255);
    if( temp = = 0X55)
        return 0;
    else
    {
        AT24CXX_WriteOneByte(255, 0X55);
        temp = AT24CXX_ReadOneByte(255);
        if( temp = = 0X55) return 0;
    }
    return 1;
}
```

在 AT24CXX 指定地址读出一个数据代码如下:

```
u8 AT24CXX_ReadOneByte(u16 ReadAddr)
{
    u8 temp = 0;
    IIC_Start( );
    IIC_Send_Byte(0XA0);
    IIC_Wait_Ack( );
    IIC_Send_Byte(ReadAddr>>8);
    IIC_Wait_Ack( );
    IIC_Wait_Ack( );
    IIC_Send_Byte(ReadAddr%256);
    IIC_Wait_Ack( );
    IIC_Start( );
```

```
    IIC_Send_Byte(0XA1);
    IIC_Wait_Ack();
      temp=IIC_Read_Byte(0);
    IIC_Stop();
    return temp;
}
```

在 AT24CXX 指定地址写入一个数据

```
void AT24CXX_WriteOneByte(u16 WriteAddr, u8 DataToWrite)
{
    IIC_Start();
    if(EE_TYPE>AT24C16)
    {
      IIC_Send_Byte(0XA0);
      IIC_Wait_Ack();
      IIC_Send_Byte(WriteAddr>>8);
    }else
    {
      IIC_Send_Byte(0XA0+((WriteAddr/256)<<1));}
      IIC_Wait_Ack();
      IIC_Send_Byte(WriteAddr%256);
      IIC_Wait_Ack();
      IIC_Send_Byte(DataToWrite);
      IIC_Wait_Ack();
      IIC_Stop();
      delay_ms(10);
}
```

5.5.4　软件仿真

（1）使用 Proteus 软件，绘制如图 5-26、图 5-27 所示硬件电路图，并保存到指定位置。

（2）使用 MDK Keil 建立一个工程项目，在编辑区输入上述源代码，保存并编译，排除所有程序错误后，生产目标代码文件"i2c. hex"。

（3）使用 Proteus 软件打开绘制好的无人驾驶装置电路图，双击电路图中 STM32F103R6 元件，把编译好的"i2c. hex"文件下载进去。单击调试按钮开始仿真，观察三色灯的颜色，绿灯亮表示 EEPROM 读写正常，红灯亮表示读写异常。

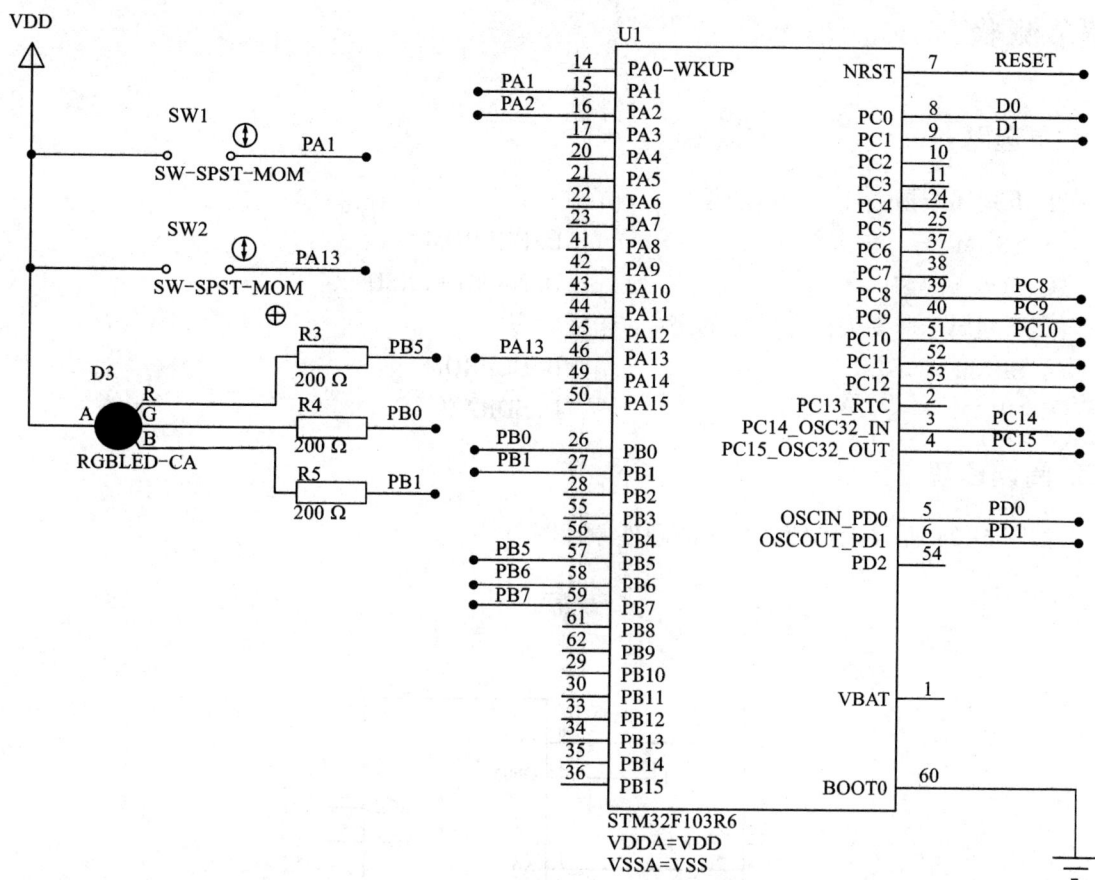

图 5-26　案例八 STM32F103R6 主电路原理图

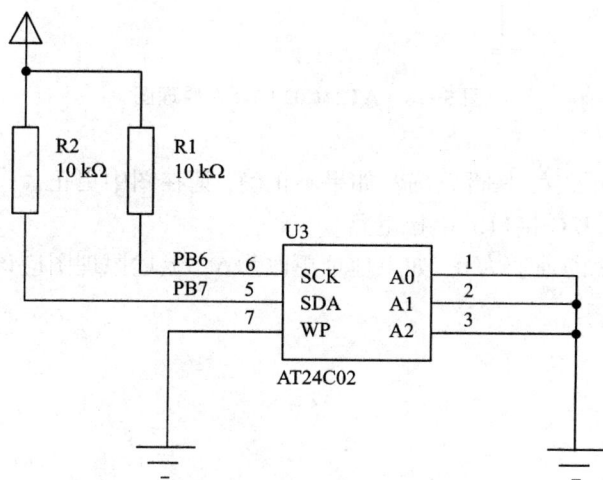

图 5-27　案例八 AT24C02 电路原理图

章节测验

一、单选题

1. 下列属于易失性存储器的是(　　　)。
A. SRAM   B. EEPROM
C. NOR FLASH   D. NAND FLASH
2. 下列属于非易失性存储器的是(　　　)。
A. SRAM   B. EEPROM
C. DRAM   D. SDRAM

二、阅读理解

如图 5-28 所示, 为 AT24C02 的硬件原理图。

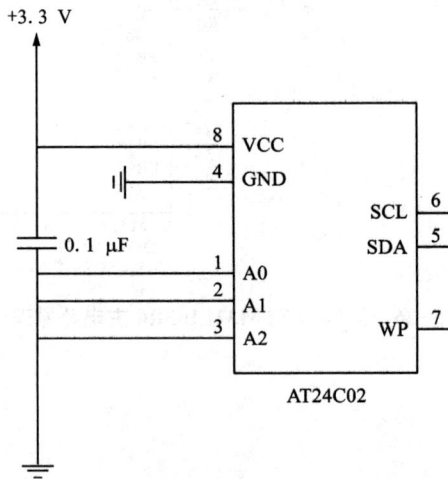

图 5-28　AT24C02 的硬件原理图

(1) 图中 WP 管脚悬空, 是否正确? 如果不正确, 请在图中更正。
(2) 请在图中补充 I2C 接口的上拉电路。
(3) 图中 AT24C02 的地址为 0, 如果地址更改为 5。上述原理图应该如何修改?

项目六

无人驾驶装置的通信系统

学习目标

1. 了解通信的概念和分类；
2. 理解串口通信原理；
3. 学会使用 STM32 的串口功能。

6.1　通信的概念

处理器与外部设备通信一般有两种方式：串行通信和并行通信。

6.1.1　并行通信

传输原理：数据各个位同时传输（多倍的串行通信），如图 6-1 所示。

优点：传输速度快。

缺点：占用引脚资源多（一般传输几位就需要几个引脚）。

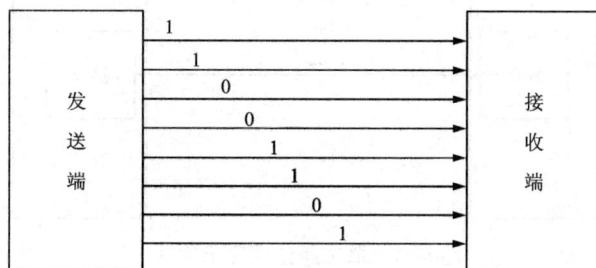

图 6-1　并行通信原理示意图

6.1.2　串行通信

- 传输原理：数据逐位顺序传输，如图 6-2 所示。
- 优点：占用引脚资源较少(一般 1~2 个引脚用于数据传输)。
- 缺点：数据传输速度相对较慢。

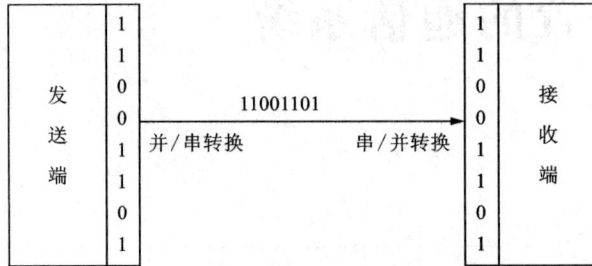

图 6-2　串行通信原理示意图

串行通信按照数据传送方向分为全双工、半双工及单工通信，如表 6-1 所示。

表 6-1　串行通信分类表

通信方式	说明
全双工	在同一时刻，两个设备之间可以同时收发数据
半双工	两个设备之间可以收发数据，但不能在同一时刻进行
单工	在任何时刻都只能进行一个方向的通信，即一个固定为发送设备，另一个固定为接收设备

- 单工通信：数据只能在一个方向上传输，如图 6-3 所示。

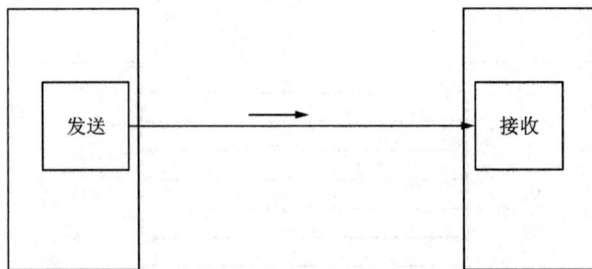

图 6-3　单工通信原理示意图

- 半双工通信：允许数据在两个方向上传输，但是，在具体时刻，只允许数据在一个方向上传输(可切换方向的单工通信)，如图 6-4。
- 全双工通信：允许数据同时在两个方向上传输，要求发送设备和接受设备都有独立的接收和发送能力，如图 6-5 所示。

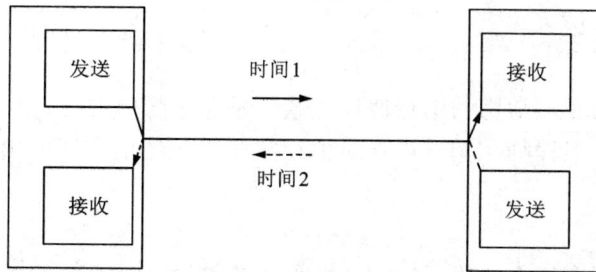

图 6-4　半双工通信原理示意图

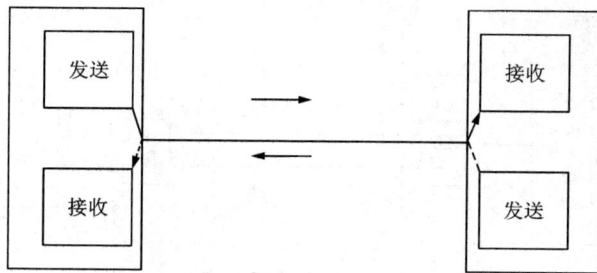

图 6-5　全双工通信原理示意图

　　串行通信方式主要有同步通信和异步通信。同步通信：带时钟同步信号传输，如：SPI、IIC 通信接口。异步通信：不带时钟同步信号，如：UART、单总线。常见串行通信标准如表 6-2 所示。

表 6-2　常见串行通信标准

通信标准	引脚说明	通信方式	通信方向
UART （通用异步收发器）	TXD：发送端 RXD：接收端 GND：公共地	异步通信	全双工
单总线 （1-wire）	DQ：发送/接收端	异步通信	半双工
SPI	SCK：同步时钟 MISO：主机输入，从机输出 MOSI：主机输出，从机输入	同步通信	全双工
I2C	SCL：同步时钟 SDA：数据输入/输出端	同步通信	半双工

6.2　串口通信协议

串口是一种设备间非常常用的串行通信方式，因为它简单便捷，因此大部分电子设备都支持该通信方式。电子工程师在调试设备时也经常使用该通信方式输出调试信息。

6.2.1　物理层

串口通信的物理层有很多标准及变种，我们主要讲解 RS-232 标准。RS-232 标准主要规定了信号的用途、通信接口以及信号的电平标准。

使用 RS-232 标准的串口设备间常见的通信结构如图 6-6 所示。

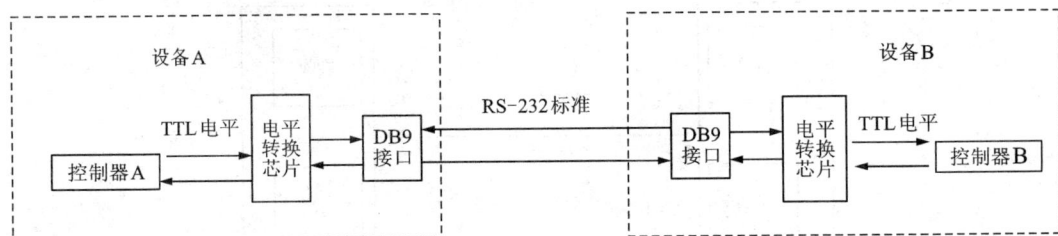

图 6-6　串口通信结构图

在上面的通信方式中，两个通信设备的"DB9 接口"之间通过串口信号线建立起连接，串口信号线中使用"RS-232 标准"传输数据信号。由于 RS-232 电平标准的信号不能直接被控制器直接识别，所以这些信号会经过一个"电平转换芯片"转换成控制器能识别的"TTL 标准"的电平信号，才能实现通信。

1）电平标准

根据通信使用的电平标准不同，串口通信可分为 TTL 标准及 RS-232 标准，见表 6-3。

表 6-3　TTL 电平标准与 RS-232 电平标准

通信标准	电平标准（发送端）
5V TTL	逻辑 1：2.4 V~5 V 逻辑 0：0 V~0.5 V
RS-232	逻辑 1：-15 V~3 V 逻辑 0：+3 V~+15 V

我们知道常见的电子电路中常使用 TTL 的电平标准，理想状态下，使用 5 V 表示二进制逻辑 1，使用 0 V 表示逻辑 0；而为了增加串口通信的远距离传输及抗干扰能力，它使用-15 V 表示逻辑 1，+15 V 表示逻辑 0，即 RS-232 电平标准。使用 RS-232 与 TTL 电平标准表示同一个信号时的对照图如图 6-7 所示。因为控制器一般使用 TTL 电平标准，所以常常会使用 MAX3232 芯片对 TTL 及 RS-232 电平的信号进行转换。

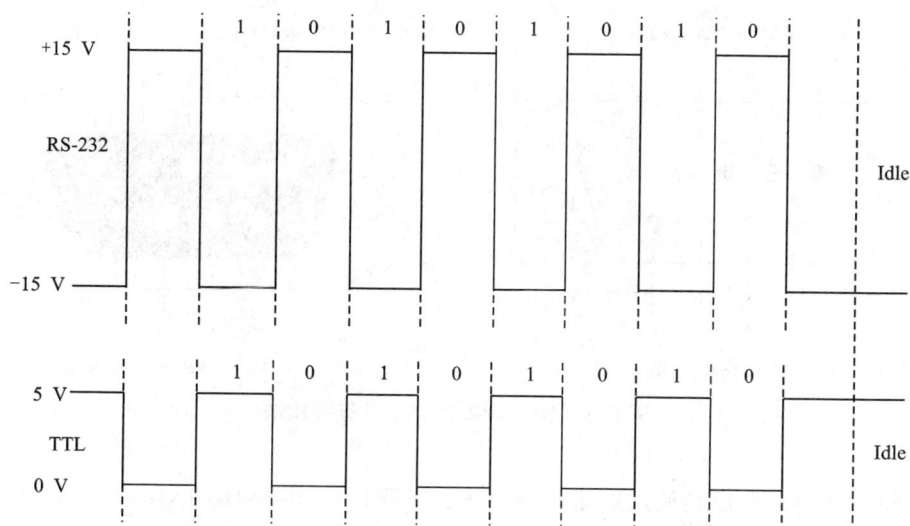

图 6-7　同一个信号 RS-232 与 TTL 标准下的对照图

2）RS-232 信号线

在旧式的台式计算机中一般会有 RS-232 标准的 COM 口（也称 DB9 接口），如图 6-8 所示。

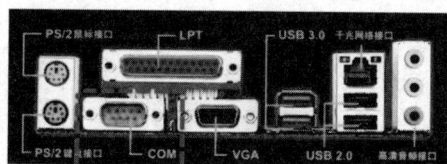

COM 口即 DB9 接口

串口线

图 6-8　电脑主板上的 COM 口及串口线

其中接线口以针式引出信号线的称为公头，以孔式引出信号线的称为母头。在计算机中一般引出公头接口，而在调制调解器设备中引出的一般为母头，使用上图中的串口线即可把它与计算机连接起来。通信时，串口线中传输的信号就是使用前面讲解的 RS-232 标准调制的。在这种应用场合下，DB9 接口中的公头及母头的各个引脚的标准信号线接法如图 6-9 所示。

公头   母头

DCD RXD TXD DTR GND   GND DTR TXD RXD DCD

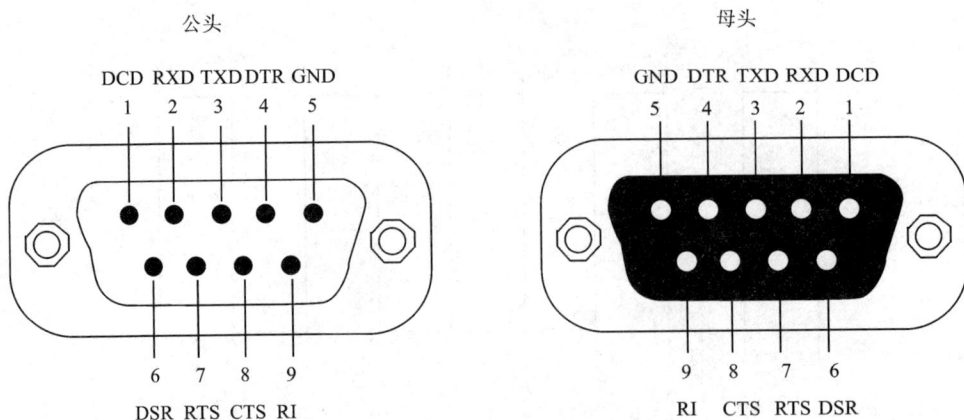

图 6-9   DB9 标准的公头及母头接法

在目前的其他工业控制使用的串口通信中，一般只使用 RXD、TXD 以及 GND 三条信号线，直接传输数据信号，而 RTS、CTS、DSR、DTR 及 DCD 信号都被裁剪掉了。

6.2.2   协议层

串口通信的数据包由发送设备通过自身的 TXD 接口传输到接收设备的 RXD 接口。在串口通信的协议层中，规定了数据包的内容，它起起始位、主体数据、校验位以及停止位组成，通信双方的数据包格式要约定一致才能正常收发数据，其组成如图 6-10 所示。

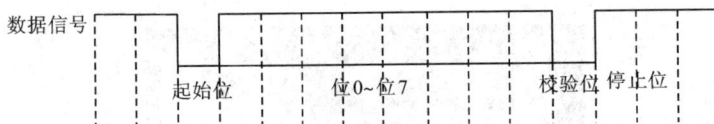

数据信号   起始位   位0~位7   校验位 停止位

图 6-10   串口数据包的基本组成

1）波特率

异步通信中由于没有时钟信号（如前面讲解的 DB9 接口中是没有时钟信号的），所以两个通信设备之间需要约定好波特率，即每个码元的长度，以便对信号进行解码。上图中用虚线分开的每一格代表一个码元。常见的波特率为 4800 b/s、9600 b/s、115200 b/s 等。

2）通信的起始和停止信号

串口通信的一个数据包从起始信号开始，直到停止信号结束。数据包的起始信号由一个逻辑 0 的数据位表示，而数据包的停止信号可由 0.5、1、1.5 或 2 个逻辑 1 的数据位表示，只要双方约定一致即可。

3）有效数据

在数据包的起始位之后紧接着的就是要传输的主体数据内容，也称为有效数据，有效数据的长度常被约定为 5、6、7 或 8 位长。

4）数据校验

在有效数据之后，有一个可选的数据校验位。由于数据通信相对更容易受到外部干扰导致传输数据出现偏差，可以在传输过程加上校验位来解决这个问题。校验方法有奇校验（odd）、偶校验（even）、0 校验（space）、1 校验（mark）以及无校验（noparity）。奇校验要求有效数据和校验位中"1"的个数为奇数，比如一个 8 位长的有效数据为：01101001，此时总共有 4 个"1"，为达到奇校验效果，校验位为"1"，最后传输的数据将是 8 位的有效数据加上 1 位的校验位总共 9 位。

偶校验与奇校验要求刚好相反，要求帧数据和校验位中"1"的个数为偶数，比如数据帧：11001010，此时数据帧"1"的个数为 4 个，所以偶校验位为"0"。

0 校验是不管有效数据中的内容是什么，校验位总为"0"，1 校验是校验位总为"1"。

6.3　STM32 的 USART 外设

通用同步异步收发器（Universal Synchronous Asynchronous Receiver and Transmitter）是一个串行通信设备，可以灵活地与外部设备进行全双工数据交换。有别于 USART 还有一个 UART （Universal Asynchronous Receiver and Transmitter），它是在 USART 基础上裁剪掉了同步通信功能，只有异步通信功能。简单区分同步和异步就是看通信时需不需要对外提供时钟输出，我们平时用的串口通信基本都是 UART。

串行通信一般是以帧格式传输数据的，即是一帧一帧的传输，每帧包含有起始信号、数据信息、停止信息，可能还有校验信息。USART 就是对这些传输参数作具体规定，但参数值不是唯一的，很多参数值都可以自定义设置，这样可增强它的兼容性。USART 满足外部设备对工业标准 NRZ 异步串行数据格式的要求，并且使用了小数波特率发生器，可以提供多种波特率，使得它的应用更加广泛。USART 支持同步单向通信和半双工单线通信；还支持局域互联网络 LIN、智能卡（SmartCard）协议与 lrDA（红外线数据协会）SIR ENDEC 规范。

USART 在 STM32 应用最多莫过于"打印"程序信息，一般在硬件设计时都会预留一个 USART 通信接口连接电脑，用于在调试程序时把一些调试信息"打印"在电脑端的串口调试助手工具上，从而了解程序运行是否正确、如果出错具体哪里出错等等。

6.3.1　USART 功能框图

USART 的功能框图包含了 USART 最核心的内容，掌握了功能框图，对 USART 就有一个整体的把握，在编程时思路就非常清晰。USART 功能框图如图 6-11 所示。

1）功能引脚

- TX：发送数据输出引脚。
- RX：接收数据输入引脚。
- SW_RX：数据接收引脚，只用于单线和智能卡模式，属于内部引脚，没有具体外部引脚。
- nRTS：请求以发送（Request To Send），n 表示低电平有效。如果使能 RTS 流控制，当 USART 接收器准备好接收新数据时就会将 nRTS 变成低电平；当接收寄存器已满时，nRTS 将被设置为高电平。该引脚只适用于硬件流控制。
- nCTS：清除以发送（Clear To Send），n 表示低电平有效。如果使能 CTS 流控制，发送器在发送下一帧数据之前会检测 nCTS 引脚，如果为低电平，表示可以发送数据，如果为高电平则在发送完当前数据帧之后停止发送。该引脚只适用于硬件流控制。
- SCLK：发送器时钟输出引脚。这个引脚仅适用于同步模式。

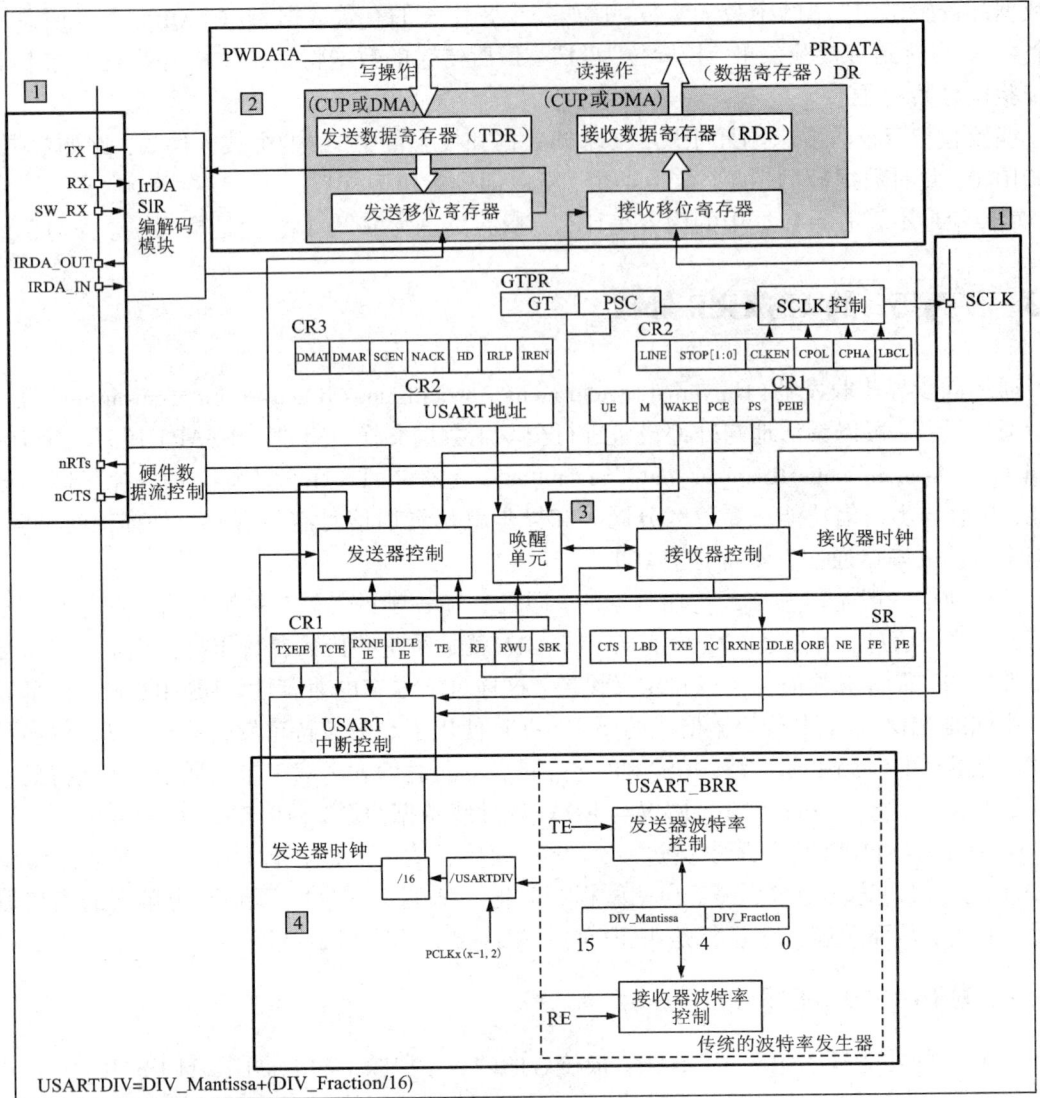

图 6-11 USART 功能框图

USART 引脚在 STM32F103ZET6 芯片具体分布见表 6-4。

表 6-4 STM32F103ZET6 USART 引脚

引脚	APB2 总线	APB1 总线			
	USART1	USART2	USART3	USART4	USART5
TX	PA9	PA2	PB10	PC10	PC12
RX	PA10	PA3	PB11	PC11	PD2
SCLK	PA8	PA4	PB12		
nCTS	PA11	PA0	PB13		
nRTS	PA12	PA1	PB14		

STM32F103ZET6 系统控制器有三个 USART 和两个 UART，其中 USART1 的时钟来源于 APB2 总线时钟，其最大频率为 72 MHz，其他四个的时钟来源于 APB1 总线时钟，其最大频率为 36 MHz。UART 只是异步传输功能，所以没有 SCLK、nCTS 和 nRTS 功能引脚。

2）数据寄存器

USART 数据寄存器（USART_DR）只有低 9 位有效，并且第 9 位数据是否有效要取决于 USART 控制寄存器 1（USART_CR1）的 M 位设置，当 M 位为 0 时表示 8 位数据字长，当 M 位为 1 时表示 9 位数据字长，我们一般使用 8 位数据字长。USART_DR 包含了已发送的数据或者接收到的数据。USART_DR 实际是包含了两个寄存器，一个专门用于发送的可写 TDR，一个专门用于接收的可读 RDR。当进行发送操作时，往 USART_DR 写入数据会自动存储在 TDR 内；当进行读取操作时，向 USART_DR 读取数据会自动提取 RDR 数据。TDR 和 RDR 都是介于系统总线和移位寄存器之间的。串行通信是一位一位传输的，发送时把 TDR 内容转移到发送移位寄存器，然后把移位寄存器的数据每一位发送出去，接收时把接收到的每一位顺序保存在接收移位寄存器内然后才转移到 RDR。

3）控制器

USART 有专门控制发送的发送器、控制接收的接收器，还有唤醒单元、中断控制等等。使用 USART 之前需要向 USART_CR1 寄存器的 UE 位置 1 使能 USART，UE 位用来开启供给串口的时钟。发送或者接收数据字长可选 8 位或 9 位，由 USART_CR1 的 M 位控制。USART 发送或者接收数据过程示意图如图 6-12 所示。

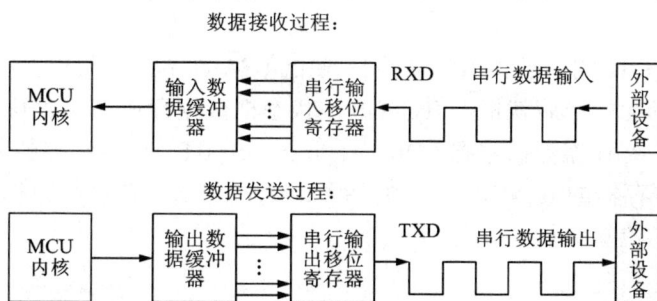

图 6-12 USART 发送或者接收数据过程示意图

当 USART_CR1 寄存器的发送使能位 TE 置 1 时，启动数据发送，发送移位寄存器的数据会在 TX 引脚输出，低位在前，高位在后。如果是同步模式 SCLK 也输出时钟信号。一个字符帧发送需要三个部分：起始位+数据帧+停止位。起始位是一个位周期的低电平，位周期就是每一位占用的时间；数据帧就是我们要发送的 8 位或 9 位数据，数据是从最低位开始传输的；停止位是一定时间周期的高电平。停止位时间长短是通过 USART 控制寄存器 2（USART_CR2）的 STOP[1:0]位控制的，可选 0.5 个、1 个、1.5 个和 2 个停止位。默认使用 1 个停止位。2 个停止位适用于正常 USART 模式、单线模式和调制解调器模式。0.5 个和 1.5 个停止位用于智能卡模式。当选择 8 位字长，使用 1 个停止位时，具体发送字符时序图如图 6-13 所示。

当发送使能位 TE 置 1 之后，发送器开始会先发送一个空闲帧（一个数据帧长度的高电平），接下来就可以往 USART_DR 寄存器写入要发送的数据。在写入最后一个数据后，需要等待 USART 状态寄存器（USART_SR）的 TC 位为 1，表示数据传输完成，如果 USART_CR1

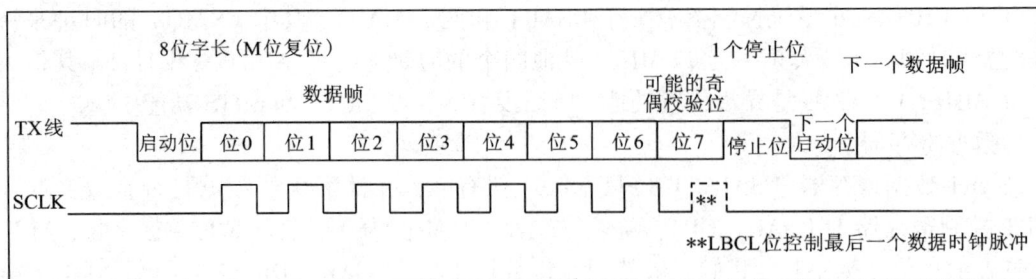

图 6-13　字符发送时序图

寄存器的 TCIE 位置 1，将产生中断。在发送数据时，编程的时候有几个比较重要的标志位总结如表 6-5 所示。

表 6-5　发送数据相关标志位汇总表

名称	描述
TE	发送使能
TXE	发送寄存器为空，发送单个字节的时候使用
TC	发送完成，发送多个字节数据的时候使用
TXIE	发送完成中断使能

如果将 USART_CR1 寄存器的 RE 位置 1，使能 USART 接收，使得接收器在 Rx 线开始搜索起始位。在确定到起始位后就根据 Rx 线电平状态把数据存放在接收移位寄存器内。接收完成后就把接收移位寄存器数据移到 RDR 内，并把 USART_SR 寄存器的 RxNE 位置 1，同时如果 USART_CR1 寄存器的 RxNEIE 置 1 的话可以产生中断。在接收数据时，编程的时候有几个比较重要的标志位总结如表 6-6 所示。

表 6-6　接收数据相关标志位汇总表

名称	描述
RE	接收使能
RXNE	读数据寄存器非空
RXNEIE	发送完成中断使能

4）小数波特率生成

波特率指数据信号对载波的调制速率，它用单位时间内载波调制状态改变次数来表示，单位为波特。比特率指单位时间内传输的比特数，单位 bit/s(bps)。对于 USART 波特率与比特率相等，以后不区分这两个概念。波特率越大，传输速率越快。USART 的发送器和接收器使用相同的波特率。计算公式如下：

$$波特率 = \frac{fPLCK}{(16 * USARTDIV)}$$

其中，fPLCK 为 USART 时钟，USARTDIV 是一个存放在波特率寄存器（USART_BRR）的一个无符号定点数。其中 DIV_Mantissa[11：0] 位定义 USARTDIV 的整数部分，DIV_Fraction[3：0]位定义 USARTDIV 的小数部分。

例如：DIV_Mantissa = 24（0x18），DIV_Fraction = 10（0x0A），此时 USART_BRR 的值为 0x18A；那么 USARTDIV 的小数位 10/16 = 0.625，整数位 24，最终 USARTDIV 的值为 24.625。如果知道 USARTDIV 的值为 27.68，那么 DIV_Fraction = 16 * 0.68 = 10.88，最接近的正整数为 11，所以 DIV_Fraction[3：0] 为 0xB；DIV_Mantissa = 27，即为 0x1B。波特率的常用值有 2400 bps、9600 bps、19200 bps、115200 bps。下面以实例讲解如何设定寄存器值得到波特率的值。

我们知道 USART1 使用 APB2 总线时钟，最高可达 72 MHz，其他 USART 的最高时钟频率为 36 MHz。我们选取 USART1 作为实例讲解，即 fPLCK = 72 MHz。为得到 115200bps 的波特率，此时：

$$115200 = \frac{72000000}{16 * USARTDIV}$$

解得 USARTDIV = 39.0625，可算得 DIV_Fraction = 0.0625 * 16 = 1 = 0x01，DIV_Mantissa = 39 = 0x17，即应该设置 USART_BRR 的值为 0x171。

5）校验控制

STM32F103 系列控制器 USART 支持奇偶校验。当使用校验位时，串口传输的长度将是 8 位的数据帧加上 1 位的校验位总共 9 位，即 9 数据位，此时 USART_CR1 寄存器的 M 位需要设置为 1。将 USART_CR1 寄存器的 PCE 位置 1 就可以启动奇偶校验控制，奇偶校验由硬件自动完成。启动了奇偶校验控制之后，在发送数据帧时会自动添加校验位，接收数据时自动验证校验位。接收数据时如果出现奇偶校验位验证失败，会见 USART_SR 寄存器的 PE 位置 1，并可以产生奇偶校验中断。使能了奇偶校验控制后，每个字符帧的格式将变成：起始位+数据帧+校验位+停止位。

6）中断控制

USART 有多个中断请求事件，具体见表 6-7。

表 6-7　中断事件汇总表

中断事件	事件标志	使能控制位
发送数据寄存器为空	TXE	TXEIE
CTS 标志	CTS	CTSIE
发送完成	TC	TCIE
准备好读取接收到的数据	RXNE	RXNEIE
检测到上溢错误	ORE	
检测到空闲线路	IDLE	IDLEIE
奇偶校验错误	PE	PEIE
断路标志	LBD	LBDIE
多缓冲通信中的噪声标志、上溢错误和帧错误	NF/ORE/FE	EIE

6.3.2　USART 相关寄存器

1）状态寄存器（USART_SR，图 6-14）

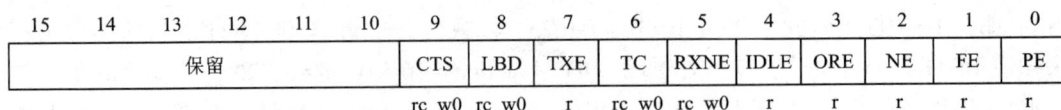

15	14	13	12	11	10	9	8	7	6	5	4	3	2	1	0
		保留				CTS	LBD	TXE	TC	RXNE	IDLE	ORE	NE	FE	PE
						rc w0	rc w0	r	rc w0	rc w0	r	r	r	r	r

图 6-14　USART_SR 功能定义图

● TXE：发送数据寄存器空（Transmit data register empty）

当 TDR 寄存器中的数据被硬件转移到移位寄存器的时候，该位被硬件置位。如果 USART_CR1 寄存器中的 TXEIE 为 1，则产生中断。对 USART_DR 的写操作，将该位清零。

0：数据还没有被转移到移位寄存器；

1：数据已经被转移到移位寄存器。

● TC：发送完成（Transmission complete）

当包含有数据的一帧发送完成后，并且 TXE = 1 时，由硬件将该位置 1。如果 USART_CR1 中的 TCIE 为 1，则产生中断。由软件序列清除该位（先读 USART_SR，然后写入 USART_DR）。TC 位也可以通过写入 0 来清除，只有在多缓存通信中才推荐这种清除程序。

0：发送还未完成；

1：发送完成。

● RXNE：读数据寄存器非空（Read data register not empty）

当 RDR 移位寄存器中的数据被转移到 USART_DR 寄存器中，该位被硬件置位。如果 USART_CR1 寄存器中的 RXNEIE 为 1，则产生中断。对 USART_DR 的读操作可以将该位清零。RXNE 位也可以通过写入 0 来清除，只有在多缓存通信中才推荐这种清除程序。

0：数据没有收到；

1：收到数据，可以读出。

2）数据寄存器（USART_DR，图 6-15）

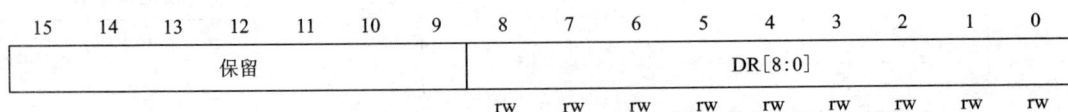

15	14	13	12	11	10	9	8	7	6	5	4	3	2	1	0
			保留							DR[8:0]					
							rw	rw	rw	rw	rw	rw	rw	rw	rw

图 6-15　USART_DR 功能定义图

● DR[8:0]：数据值（Data value）

DR[8:0] 包含了发送或接收的数据。由于它是由两个寄存器组成的，一个给发送用（TDR），一个给接收用（RDR），该寄存器兼具读和写的功能。

3）波特比率寄存器（USART_BRR，图 6-16）

● DIV_Mantissa[11:0]：USARTDIV 的整数部分；

● DIV_Fraction[3:0]：USARTDIV 的小数部分。

15	14	13	12	11	10	9	8	7	6	5	4	3	2	1	0
DIV_Mantissa[11:0]												DIV_Fraction[3:0]			
rw	rw	rw	rw	rw	rw	rw	rw	rw	rw	rw	rw	rw	rw	rw	rw

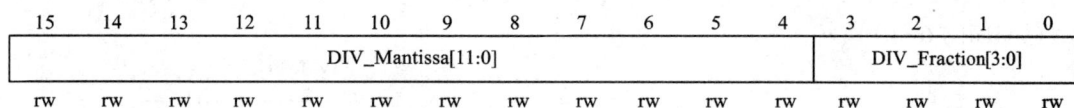

图 6-16 USART_BRR 功能定义图

4）控制寄存器 1（USART_CR1，图 6-17）

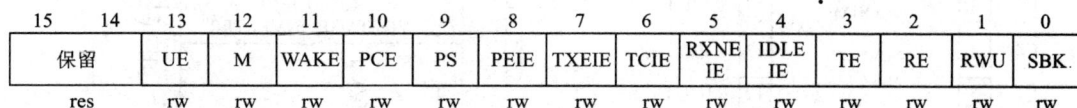

15	14	13	12	11	10	9	8	7	6	5	4	3	2	1	0
保留		UE	M	WAKE	PCE	PS	PEIE	TXEIE	TCIE	RXNEIE	IDLEIE	TE	RE	RWU	SBK
res		rw	rw	rw	rw	rw	rw	rw	rw	rw	rw	rw	rw	rw	rw

图 6-17 USART_CR1 功能定义图

- UE：USART 使能（USART enable）

0：USART 分频器和输出被禁止；

1：USART 模块使能。

- TE：发送使能（Transmitter enable）

0：禁止发送；

1：使能发送。

- RE：接收使能（Receiver enable）

0：禁止接收；

1：使能接收，并开始搜寻 RX 引脚上的起始位。

5）控制寄存器 2（USART_CR2，图 6-18）

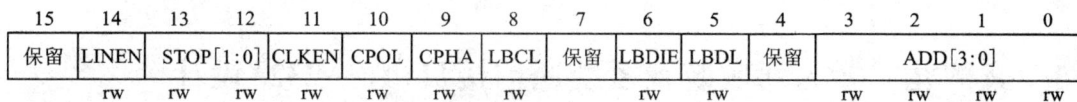

15	14	13	12	11	10	9	8	7	6	5	4	3	2	1	0
保留	LINEN	STOP[1:0]		CLKEN	CPOL	CPHA	LBCL	保留	LBDIE	LBDL	保留	ADD[3:0]			
	rw	rw	rw	rw	rw	rw	rw		rw	rw		rw	rw	rw	rw

图 6-18 USART_CR2 功能定义图

STOP：停止位（STOP bits）

00：1 个停止位；

01：0.5 个停止位；

10：2 个停止位；

11：1.5 个停止位；

6.4 MAX232 简介

MAX232 芯片是美信（MAXIM）公司专为 RS-232 标准串口设计的单电源电平转换芯片，使用+5 V 单电源供电。MAX232 是一种双组驱动器/接收器，当用单片机和 PC 机通过串口进行通信时，尽管单片机有串行通信的功能，但单片机提供的信号电平和 RS-232 的标准不一样,因此要通过 MAX232 这种类似的芯片进行电平转换。MAX220、MAX232、MAX232A 内部示意图如图 6-19 所示。

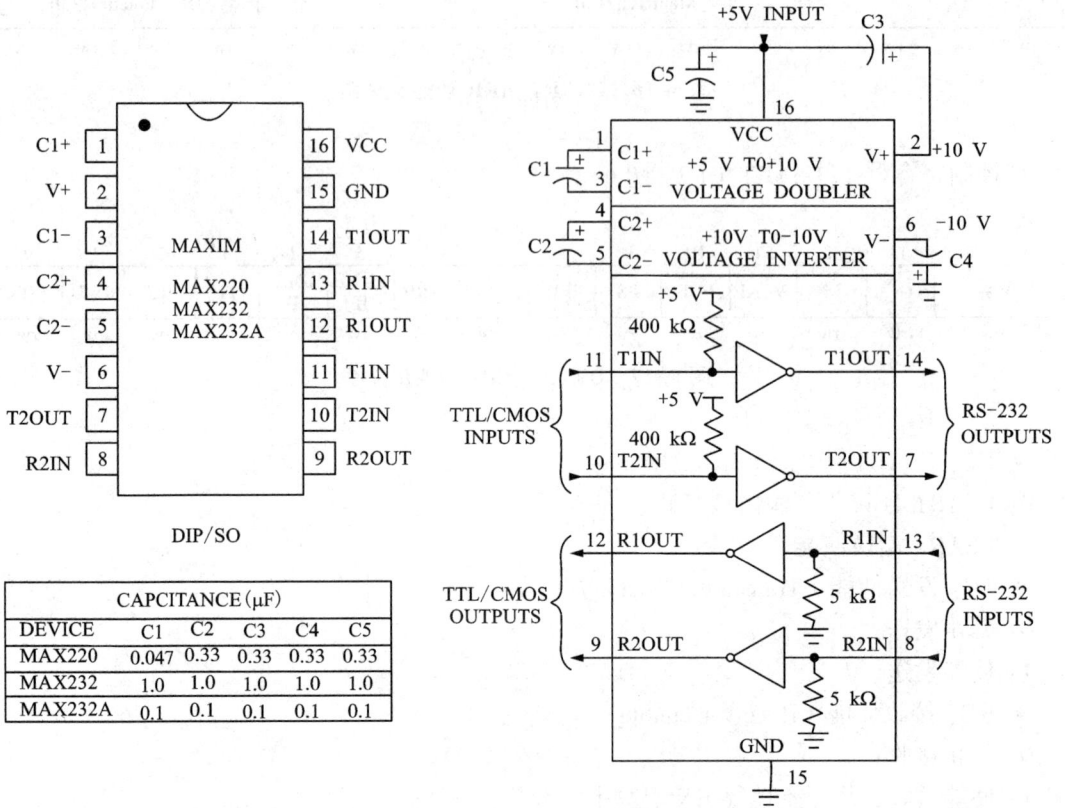

图 6-19　MAX220、MAX232、MAX232A 内部示意图

6.5　案例九　无人驾驶装置系统通信接口(RS-232)设计

6.5.1　方案设计

通过 RS-232 接口实现无人驾驶装置与 PC 控制站的通信。

6.5.2　硬件设计

STM32 的 USART1 口通过 MAX232 芯片完成 TTL 电平至 RS-232 电平转换后,与 PC 控制站串口 1 建立通信。

在 Proteus 仿真软件中,用 COMPIM 模块打开虚拟串口 2,与 PC 控制站虚拟串口 1 完成通信过程,如图 6-20 所示。

6.5.3　软件设计

无人驾驶装置系统 RS-232 通信程序主要完成 USART1 数据的收发操作。

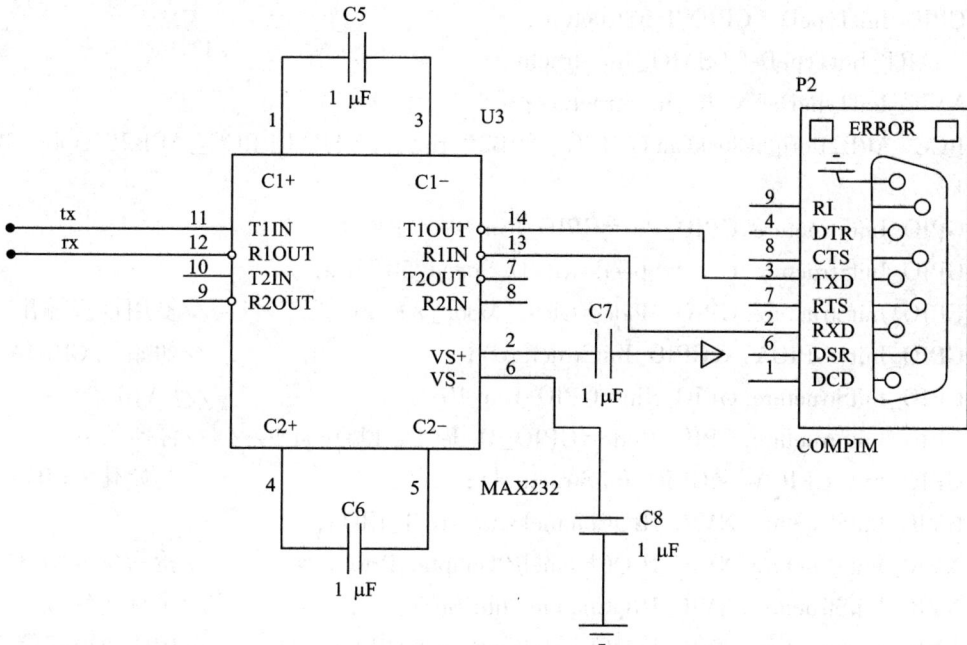

图 6-20　MAX232 接口图

在主程序中完成发数据操作以及从数据缓存中读出数据，在 USART 中断处理子程序中完成收数据功能，如图 6-21 所示。

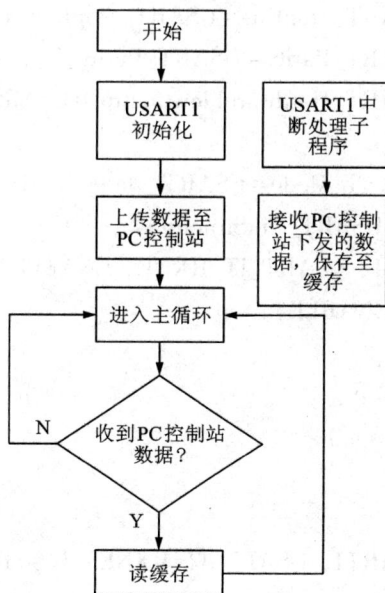

图 6-21　案例九软件流程图

USART1 初始化程序如下：

```
void uart_init(u32 bound)
{
```

```
        GPIO_InitTypeDef GPIO_InitStructure;
        USART_InitTypeDef USART_InitStructure;
        NVIC_InitTypeDef NVIC_InitStructure;
        RCC_APB2PeriphClockCmd ( RCC_APB2Periph_USART1 | RCC_APB2Periph_GPIOA,
ENABLE);
        GPIO_InitStructure. GPIO_Pin = GPIO_Pin_9;  //PA. 9
        GPIO_InitStructure. GPIO_Speed = GPIO_Speed_50 MHz;
        GPIO_InitStructure. GPIO_Mode = GPIO_Mode_AF_PP;        //复用推挽输出
        GPIO_Init( GPIOA, &GPIO_InitStructure);                //初始化 GPIOA. 9
        GPIO_InitStructure. GPIO_Pin = GPIO_Pin_10;            //PA10
        GPIO_InitStructure. GPIO_Mode = GPIO_Mode_IN_FLOATING; //浮空输入
        GPIO_Init( GPIOA, &GPIO_InitStructure);                //初始化 GPIOA. 10
        NVIC_InitStructure. NVIC_IRQChannel = USART1_IRQn;
        NVIC_InitStructure. NVIC_IRQChannelPreemptionPriority = 3; //抢占优先级 3
        NVIC_InitStructure. NVIC_IRQChannelSubPriority = 3;        //子优先级 3
        NVIC_InitStructure. NVIC_IRQChannelCmd = ENABLE;           //IRQ 通道使能
        NVIC_Init( &NVIC_InitStructure);                    //根据指定的参数初
                                                             始化 NVIC 寄存器
        USART_InitStructure. USART_BaudRate = bound;            //串口波特率
        USART_InitStructure. USART_WordLength = USART_WordLength_8b;
        USART_InitStructure. USART_StopBits = USART_StopBits_1;   //一个停止位
        USART_InitStructure. USART_Parity = USART_Parity_No;      //无奇偶校验位
        USART_InitStructure. USART_HardwareFlowControl = USART_HardwareFlowControl_None;
                                                             //无硬件数据流控制
        USART_InitStructure. USART_Mode = USART_Mode_Rx | USART_Mode_Tx;
        USART_Init( USART1, &USART_InitStructure);           //初始化串口 1
        USART_ITConfig( USART1, USART_IT_RXNE, ENABLE);      //开启接受中断
        USART_Cmd( USART1, ENABLE);                          //使能串口 1
    }
USART1 中断处理子程序如下：
void USART1_IRQHandler( void)
{
    u8 Res;
if( USART_GetITStatus( USART1, USART_IT_RXNE) ! = RESET)
                                                       //接收中断( 接收到的
                                                       数据必须是以 0x0d
                                                       0x0a 结尾)
    {
        Res = USART_ReceiveData( USART1);                //读取接收到的数据
```

```
    if( ( USART_RX_STA&0x8000) = = 0)                          //接收未完成
    {
      if( USART_RX_STA&0x4000)                                 //接收到了 0x0d
      {
        if( Res! = 0x0a)
         USART_RX_STA = 0;                                     //接收错误, 重新开始
        else
           USART_RX_STA| = 0x8000;                             //接收完成了
      }
      else                                                     //还没收到 0X0d
      {
        if( Res = = 0x0d)
          USART_RX_STA| = 0x4000;
        else
        {
          USART_RX_BUF[ USART_RX_STA&0X3FFF] = Res;
          USART_RX_STA++;
        if( USART_RX_STA>( USART_REC_LEN-1) )
          USART_RX_STA = 0;                                    //接收数据错误, 重新
                                                                 开始接收

        }
      }
    }

  }
}
```

主程序如下：

```
int main( void)
{
  u16 t;
  u16 len;
  u16 times = 0;
  delay_init( ) ;
  NVIC_PriorityGroupConfig( NVIC_PriorityGroup_2) ;
     uart_init( 9600) ;
  while( 1)
  {
    if( USART_RX_STA&0x8000)
    {
      len = USART_RX_STA&0x3fff;                               //得到此次接收到的数
```

据长度

```
for( t=0; t<len; t++)
{
    USART_SendData( USART1, USART_RX_BUF[t]);
    while( USART_GetFlagStatus( USART1, USART_FLAG_TC)! =SET);
                                               //等待发送结束
}
USART_RX_STA =0;
}
}
}
```

6.5.4　软件仿真

（1）使用 Proteus 软件，绘制如图 6-22、图 6-23 所示硬件电路图，并保存到指定位置。

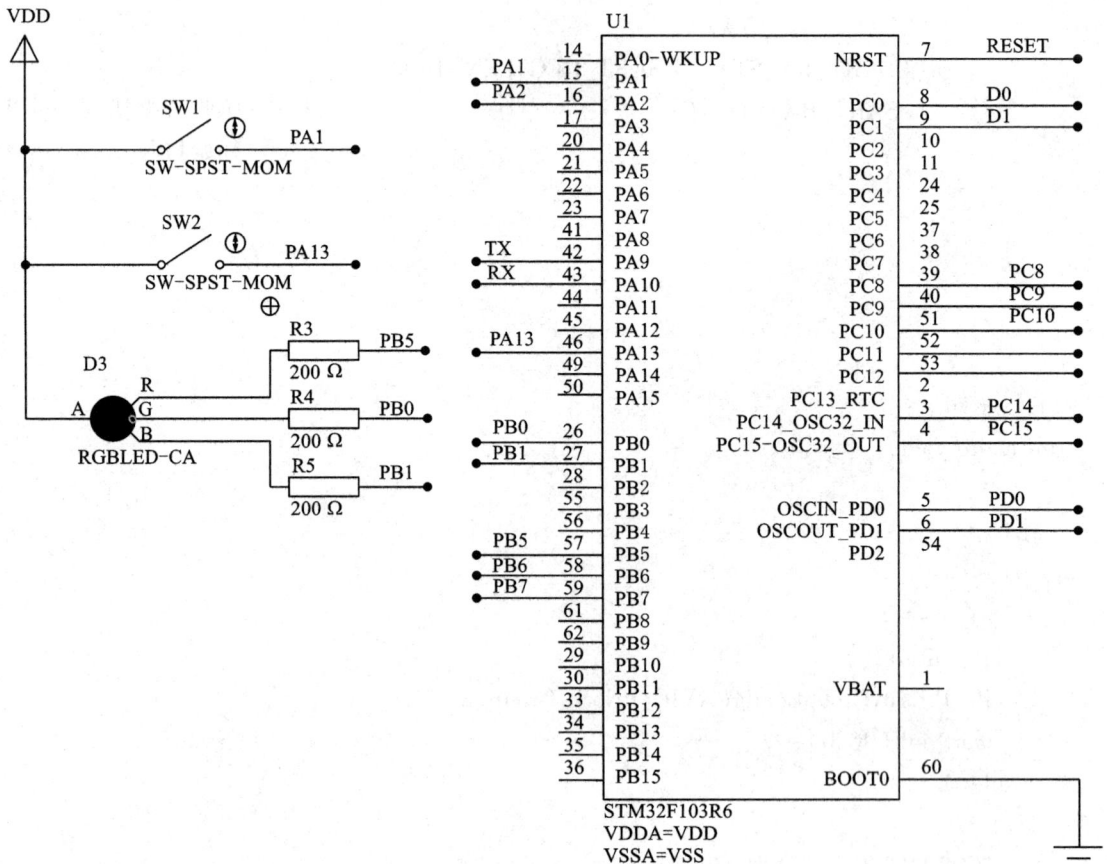

图 6-22　案例九 STM32F103R6 主电路原理图

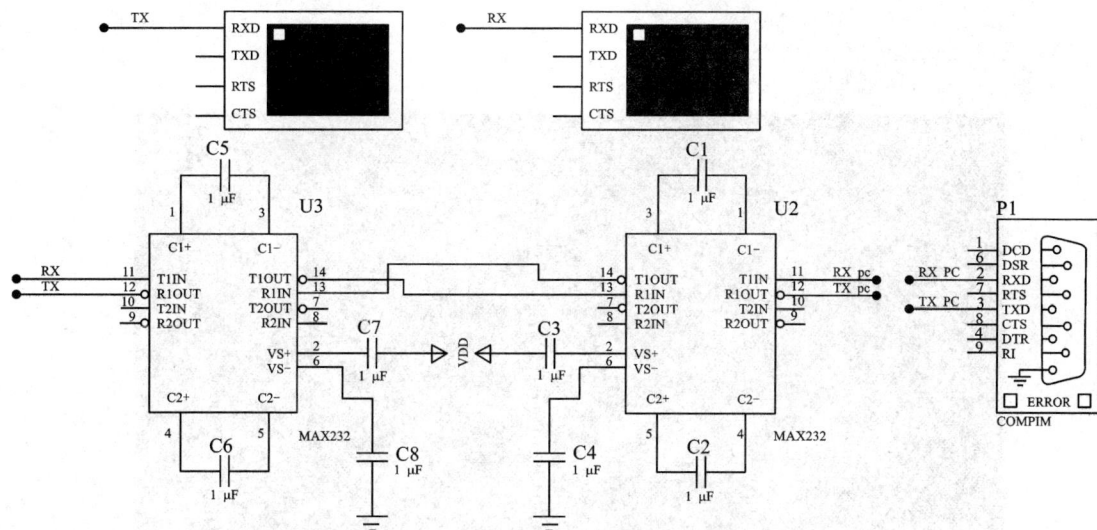

图 6-23　案例九 RS-232 电路原理图

（2）使用 MDK Keil 建立一个工程项目，在编辑区输入上述源代码，保存并编译，排除所有程序错误后，生产目标代码文件"usart. hex"。

（3）使用 Proteus 软件打开绘制好的无人驾驶装置电路图，双击电路图中 STM32F103R6 元件，把编译好的"usart. hex"文件下载进去。在 PC 站控制台用串口调试助手打开虚拟串口 1，设置波特率为 9600 bps，无校验位，1 位停止位。单击调试按钮开始仿真，串口调试助手和 Proteus 虚拟终端如图 6-24、图 6-25、图 6-26 所示。

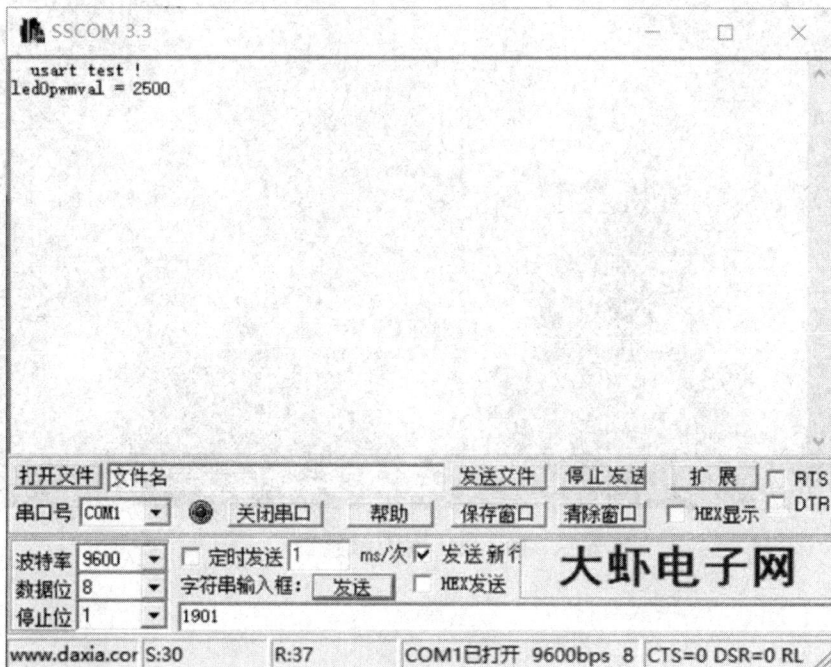

图 6-24　串口调试助手数据

图 6-25　TX 端数据

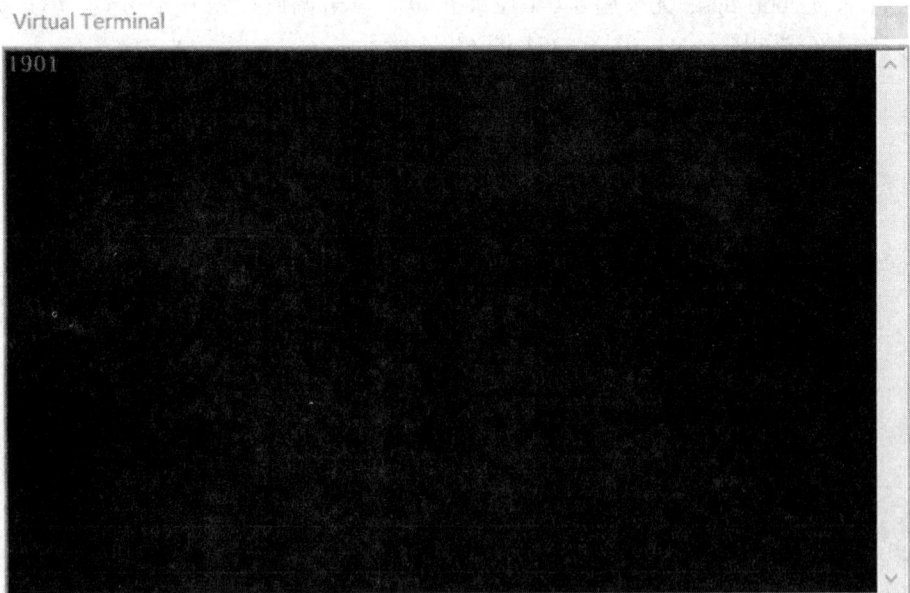

图 6-25　RX 端数据

章节测验

一、单选题

1.串行通信按照数据传送方向分为(　　)通信。

A.全双工　　　　　　　　　　　　B.半双工

C.单工　　　　　　　　　　　　　D.以上全是

2.在串口通信的协议层中,规定了数据包的内容,它由起始位、主体数据、(　　)以及停止位组成,通信双方的数据包格式要约定一致才能正常收发数据。

A.校验位　　　　　　　　　　　　B.填充位

C.地址位　　　　　　　　　　　　D.以上都不是

3.奇校验要求有效数据和校验位中"1"的个数为奇数,比如一个 8 位长的有效数据为:01101001,此时总共有 4 个"1",为达到奇校验效果,校验位为(　　),最后传输的数据将是 8 位的有效数据加上 1 位的校验位总共 9 位。

A.0　　　　　　　　　　　　　　B.1

C.为空　　　　　　　　　　　　　D.以上全部是

4.偶校验与奇校验要求刚好相反,要求帧数据和校验位中"1"的个数为偶数,比如数据帧:11001010,此时数据帧"1"的个数为 4 个,所以偶校验位为(　　)。

A.0　　　　　　　　　　　　　　B.1

C.为空　　　　　　　　　　　　　D.以上全不是

二、判断题

1.处理器与外部设备通信一般有两种方式:串行通信和并行通信。(　　)

2.全双工通信允许数据同时在两个方向上传输,要求发送设备和接收设备都有独立的接收和发送能力。(　　)

3.半双工通信:允许数据在两个方向上传输,但是,在具体时刻,只允许数据在一个方向上传输(可切换方向的单工通信)。(　　)

4.由于 RS-232 电平标准的信号不能直接被控制器直接识别,所以这些信号会经过一个"电平转换芯片"转换成控制器能识别的"TTL 标准"的电平信号,才能实现通信。(　　)

项目七

无人驾驶装置的感知系统

7.1 模数转换器 ADC 功能介绍

7.1.1 STM32 ADC 简介

STM32 拥有 1~3 个 ADC(STM32F101/102 系列只有 1 个 ADC)，这些 ADC 可以独立使用，也可以使用双重模式(提高采样率)。STM32 的 ADC 是 12 位逐次逼近型的模拟数字转换器。它有 18 个通道，可测量 16 个外部和 2 个内部信号源。各通道的 A/D 转换可以单次、连续、扫描或间断模式执行。ADC 的结果可以左对齐或右对齐方式存储在 16 位数据寄存器中。模拟看门狗特性允许应用程序检测输入电压是否超出用户定义的高/低阈值。

STM32F103 系列最少都拥有 2 个 ADC，我们选择的 STM32F103ZET 包含有 3 个 ADC。STM32 的 ADC 最大的转换速率为 1 MHz，也就是转换时间为 1 μs(在 ADCCLK = 14 MHz，采样周期为 1.5 个 ADC 时钟周期下得到)，不要让 ADC 的时钟超过 14 MHz，否则将导致结果准确度下降。

STM32 将 ADC 的转换分为 2 个通道组：规则通道组和注入通道组。规则通道相当于你正常运行的程序，而注入通道呢，就相当于中断。在你程序正常执行的时候，中断是可以打断你的执行的。同这个类似，注入通道的转换可以打断规则通道的转换，在注入通道被转换完成之后，规则通道才得以继续转换。

7.1.2 ADC 功能介绍

ADC 功能框图如图 7-1 所示。

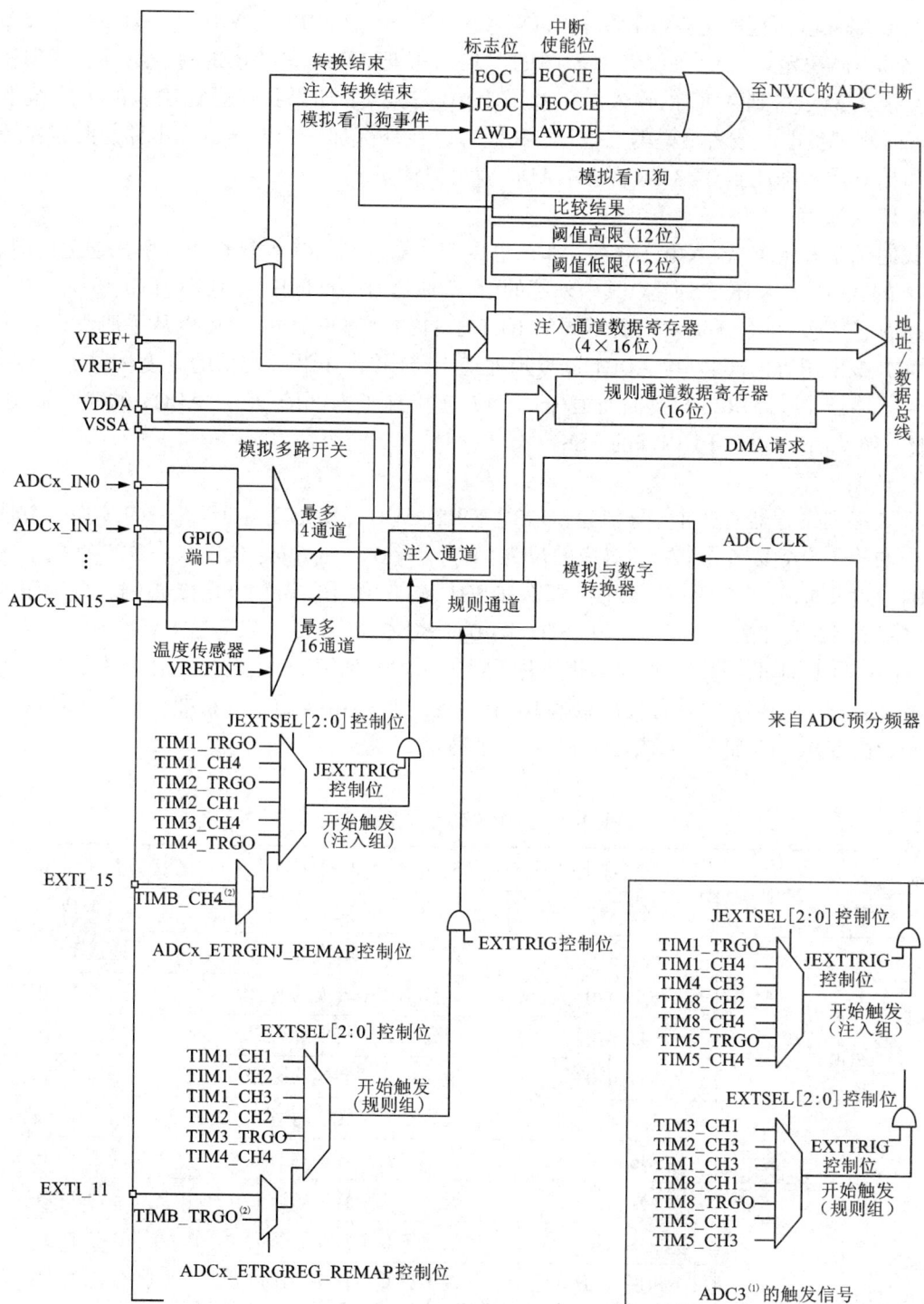

图 7-1　ADC 功能框图

1）电压输入范围

ADC 输入电压范围为：VREF− ≤ VIN ≤ VREF+。由 VREF−、VREF+、VDDA、VSSA 这四个外部引脚决定。我们在设计原理图的时候一般把 VSSA 和 VREF−接地，把 VREF+和 VDDA 接 3.3V，得到 ADC 的输入电压范围为：0~3.3V。如果我们想让输入的电压范围变宽，可以测试负电压或者更高的正电压，我们可以在外部加一个电压调理电路，把需要转换的电压抬升或者降压到 0~3.3V，这样 ADC 就可以测量了。

2）输入通道

我们确定好 ADC 输入电压之后，那么电压怎么输入到 ADC？这里我们引入通道的概念，STM32 的 ADC 多达 18 个通道，其中外部的 16 个通道就是框图中的 ADCx_IN0、ADCx_IN1…ADCx_IN15。这 16 个通道对应着不同的 IO 口，具体是哪一个 IO 口可以从手册查询到。其中 ADC1/2/3 还有内部通道：ADC1 的模拟通道 16 连接到了芯片内部的温度传感器，Vrefint 连接到了通道 17。ADC2 的模拟通道 16 和 17 连接到了内部的 VSS。ADC3 的模拟通道 9、14、15、16 和 17 连接到了内部的 VSS。

3）转换顺序

规则序列寄存器有 3 个，分别为 SQR3、SQR2、SQR1，如表 7-1 所示。SQR3 控制着规则序列中的第 1 个到第 6 个转换，对应的位为：SQ1[4：0]~SQ6[4：0]，第一次转换的是 SQ1[4：0]，如果通道 16 想第一次转换，那么在 SQ1[4：0]写 16 即可。SQR2 控制着规则序列中的第 7 到第 12 个转换，对应的位为：SQ7[4：0]~SQ12[4：0]，如果通道 1 想第 8 个转换，则 SQ8[4：0]写 1 即可。SQR1 控制着规则序列中的第 13 到第 16 个转换，对应的位为：SQ13[4：0]~SQ16[4：0]，如果通道 6 想第 10 个转换，则 SQ10[4：0]写 6 即可。具体使用多少个通道，由 SQR1 的 L[3：0]决定，最多 16 个通道。

表 7-1　规则序列寄存器配置表

规则序列寄存器 SQRx,x(1,2,3)			
寄存器	寄存器位	功能	取值
SQR3	SQ1[4:0]	设置第 1 个转换的通道	通道 1~16
	SQ2[4:0]	设置第 2 个转换的通道	通道 1~16
	SQ3[4:0]	设置第 3 个转换的通道	通道 1~16
	SQ4[4:0]	设置第 4 个转换的通道	通道 1~16
	SQ5[4:0]	设置第 5 个转换的通道	通道 1~16
	SQ6[4:0]	设置第 6 个转换的通道	通道 1~16
SQR2	SQ7[4:0]	设置第 7 个转换的通道	通道 1~16
	SQ8[4:0]	设置第 8 个转换的通道	通道 1~16
	SQ9[4:0]	设置第 9 个转换的通道	通道 1~16
	SQ10[4:0]	设置第 10 个转换的通道	通道 1~16
	SQ11[4:0]	设置第 11 个转换的通道	通道 1~16
	SQ12[4:0]	设置第 12 个转换的通道	通道 1~16

续表 7-1

规则序列寄存器 SQRx,x(1,2,3)			
寄存器	寄存器位	功能	取值
SQR1	SQ13[4:0]	设置第 13 个转换的通道	通道 1~16
	SQ14[4:0]	设置第 14 个转换的通道	通道 1~16
	SQ15[4:0]	设置第 15 个转换的通道	通道 1~16
	SQ16[4:0]	设置第 16 个转换的通道	通道 1~16
	L[3:0]	需要转换多少个通道	1~16

注入序列寄存器 JSQR 只有一个,如表 7-1 所示,最多支持 4 个通道,具体多少个由 JSQR 的 JL[2:0]决定。如果 JL 的值小于 4 的话,则 JSQR 跟 SQR 决定转换顺序的设置不一样,第一次转换的不是 JSQR1[4:0],而是 JSQRx[4:0],x=(4-JL),跟 SQR 刚好相反。如果 JL=00(1 个转换),那么转换的顺序是从 JSQR4[4:0]开始,而不是从 JSQR1[4:0]开始,这个要注意,编程的时候不要搞错。当 JL 等于 4 时,跟 SQR 一样。

表 7-2　注入序列寄存器配置表

注入序列寄存器 JSQR			
寄存器	寄存器位	功能	取值
JSQR	JSQ1[4:0]	设置第 1 个转换的通道	通道 1~4
	JSQ2[4:0]	设置第 2 个转换的通道	通道 1~4
	JSQ3[4:0]	设置第 3 个转换的通道	通道 1~4
	JSQ4[4:0]	设置第 4 个转换的通道	通道 1~4
	JL[1:0]	需要转换多少个通道	1~4

4) 触发源

通道选好了,转换的顺序也设置好了,那接下来就该开始转换了。ADC 转换可以由 ADC 控制寄存器 2:ADC_CR2 的 ADON 这个位来控制,写 1 的时候开始转换,写 0 的时候停止转换,这个是最简单也是最好理解的开启 ADC 转换的控制方式,理解起来没啥技术含量。ADC 还支持触发转换,这个触发包括内部定时器触发和外部 IO 触发。触发源有很多,具体选择哪一种触发源,由 ADC 控制寄存器 2:ADC_CR2 的 EXTSEL[2:0] 和 JEXTSEL[2:0]位来控制。EXTSEL[2:0]用于选择规则通道的触发源,JEXTSEL[2:0]用于选择注入通道的触发源。选定好触发源之后,触发源是否要激活,则由 ADC 控制寄存器 2:ADC_CR2 的 EXTTRIG 和 JEXTTRIG 这两位来激活。其中 ADC3 的规则转换和注入转换的触发源与 ADC1/2 的有所不同,在框图上已经表示出来。

5) 转换时间

ADC 输入时钟 ADC_CLK 由 PCLK2 经过分频产生,最大是 14 MHz,分频因子由 RCC 时钟配置寄存器 RCC_CFGR 的位 15:14 ADCPRE[1:0]设置,可以是 2/4/6/8 分频,注意这里没有 1 分频。一般我们设置 PCLK2＝HCLK＝72 MHz。

ADC 使用若干个 ADC_CLK 周期对输入的电压进行采样，采样的周期数可通过 ADC 采样时间寄存器 ADC_SMPR1 和 ADC_SMPR2 中的 SMP[2：0]位设置，ADC_SMPR2 控制的是通道 0～9，ADC_SMPR1 控制的是通道 10～17。每个通道可以分别用不同的时间采样。其中采样周期最小是 1.5 个，即如果我们要达到最快的采样，那么应该设置采样周期为 1.5 个周期，这里说的周期就是 1/ADC_CLK。

ADC 的转换时间跟 ADC 的输入时钟和采样时间有关，公式为：Tconv＝采样时间 +12.5 个周期。当 ADCLK＝14 MHz(最高)，采样时间设置为 1.5 个周期(最快)，那么总的转换时间(最短)Tconv＝1.5 个周期 + 12.5 个周期 = 14 个周期 = 1 μs。一般我们设置 PCLK2＝72 MHz，经过 ADC 预分频器能分频到最大的时钟只能是 12 MHz，采样周期设置为 1.5 个周期，算出最短的转换时间为 1.17 μs，这个才是最常用的。

6）数据寄存器

ADC 转换后的数据根据转换组的不同，规则组的数据放在 ADC_DR 寄存器，注入组的数据放在 JDRx。

ADC 规则组数据寄存器 ADC_DR 只有一个，是一个 32 位的寄存器，低 16 位在单模式时使用，高 16 位是在双模式下保存 ADC2 转换的规则数据，双模式就是 ADC1 和 ADC2 同时使用。在单模式下，ADC1/2/3 都不使用高 16 位。因为 ADC 的精度是 12 位，无论 ADC_DR 的高 16 或者低 16 位都放不满，只能左对齐或者右对齐，具体是以哪一种方式存放，由 ADC_CR2 的 11 位 ALIGN 设置。规则通道可以有 16 个，可规则数据寄存器只有一个，如果使用多通道转换，那转换的数据就全部都挤在了 DR 里面，前一个时间点转换的通道数据，就会被下一个时间点的另外一个通道转换的数据覆盖掉，所以当通道转换完成后就应该把数据取走，或者开启 DMA 模式，把数据传输到内存里面，不然就会造成数据的覆盖。最常用的做法就是开启 DMA 传输。

ADC 注入组最多有 4 个通道，刚好注入数据寄存器也有 4 个，每个通道对应着自己的寄存器，不会跟规则寄存器那样产生数据覆盖的问题。ADC_JDRx 是 32 位的，低 16 位有效，高 16 位保留，数据同样分为左对齐和右对齐，具体是以哪一种方式存放，由 ADC_CR2 的 11 位 ALIGN 设置。

7）中断

数据转换结束后，可以产生中断，中断分为三种：规则通道转换结束中断、注入转换通道转换结束中断、模拟看门狗中断。其中转换结束中断很好理解，跟我们平时接触的中断一样，有相应的中断标志位和中断使能位，我们还可以根据中断类型写相应配套的中断服务程序。

当被 ADC 转换的模拟电压低于低阈值或者高于高阈值时，就会产生中断，前提是我们开启了模拟看门狗中断，其中低阈值和高阈值由 ADC_LTR 和 ADC_HTR 设置。例如我们设置高阈值是 2.5V，那么模拟电压超过 2.5V 的时候，就会产生模拟看门狗中断，反之低阈值也一样。

规则通道和注入通道转换结束后，除了产生中断外，还可以产生 DMA 请求，把转换好的数据直接存储在内存里面。要注意的是只有 ADC1 和 ADC3 可以产生 DMA 请求。

8）电压转换

模拟电压经过 ADC 转换后，是一个 12 位的数字值，如果通过串口以 16 进制打印出来的话，可读性比较差，那么有时候我们就需要把数字电压转换成模拟电压，也可以跟实际的模拟电压(用万用表测)对比，看看转换是否准确。我们一般在设计原理图的时候会把 ADC 的输入电压范围设定在：0~3.3 V，因为 ADC 是 12 位的，那么 12 位满量程对应的就是 3.3V，12 位满量程对应的数字值是：2^12。数值 0 对应的就是 0V。如果转换后的数值为 X，X 对应的模拟电压为 Y，那么会有这么一个等式成立：$Y = (3.3 * X) / 2^{12}$。

7.2　ADC 相关寄存器

7.2.1　ADC 控制寄存器(ADC_CR1，图 7-2)

31	30	29	28	27	26	25	24	23	22	21	20	19	18	17	16
保留								AWDEN	AWD ENJ	保留		DUALMOD[3:0]			
								rw	rw			rw	rw	rw	rw

15	14	13	12	11	10	9	8	7	6	5	4	3	2	1	0
DISCNUM[2:0]			DISC ENJ	DISC EN	JAUTO	AWD SGL	SCAN	JEOC IE	AWDIE	EOCIE	AWDCH[4:0]				
rw	rw	rw	rw	rw	rw	rw	rw	rw	rw	rw	rw	rw	rw	rw	rw

图 7-2　ADC_CR1 功能定义图

ADC_CR1 的 SCAN 位用于设置扫描模式，由软件设置和清除，如果设置为 1，则使用扫描模式，如果为 0，则关闭扫描模式。在扫描模式下，由 ADC_SQRx 或 ADC_JSQRx 寄存器选中的通道被转换。如果设置了 EOCIE 或 JEOCIE，只在最后一个通道转换完毕后才会产生 EOC 或 JEOC 中断。

ADC_CR1[19：16]用于设置 ADC 的操作模式。

7.2.2　ADC 控制寄存器(ADC_CR2，图 7-3)

31	30	29	28	27	26	25	24	23	22	21	20	19	18	17	16
保留								TS VREFE	SW START	SW STARTJ	EXT TRIG	EXTSEL[2:0]			保留
								rw	rw	rw	rw	rw	rw	rw	

15	14	13	12	11	10	9	8	7	6	5	4	3	2	1	0
JEXT TRIG	JEXTSEL[2:0]			ALIGN	保留		DMA	保留				RST CAL	CAL	CONT	ADON
rw	rw	rw	rw	rw			rw					rw	rw	rw	rw

图 7-3　ADC_CR2 功能定义图

ADON 位用于开关 AD 转换器。而 CONT 位用于设置是否进行连续转换，我们使用单次转换，所以 CONT 位必须为 0。CAL 和 RSTCAL 用于 AD 校准。ALIGN 用于设置数据对齐，如果使用右对齐，该位设置为 0。

EXTSEL[2：0]用于选择启动规则转换组转换的外部事件，详细的设置关系如图 7-4 所示。

位19:17	EXTSEL[2:0]：选择启动规则通道组转换的外部事件
	这些位选择用于启动规则通道组转换的外部事件
	ADC1和ADC2的触发配置如下
	000：定时器1的CC1事件　　　　100：定时器3的TRGO事件
	001：定时器1的CC2事件　　　　101：定时器4的CC4事件
	010：定时器1的CC3事件　　　　110：EXTI线11/TIM8_TRGO，仅大容量产品具
	有 TIM8_TRGO功能
	011：定时器2的CC2事件　　　　111：SWSTART
	ADC3的触发配置如下
	000：定时器3的CC1事件　　　　100：定时器8的TRGO事件
	001：定时器2的CC3事件　　　　101：定时器5的CC1事件
	010：定时器1的CC3事件　　　　110：定时器5的CC3事件
	011：定时器8的CC1事件　　　　111：SWSTART

图 7-4　EXTSEL[2：0]功能定义图

如果使用的是软件触发(SWSTART)，设置这 3 个位为 111。ADC_CR2 的 SWSTART 位用于开始规则通道的转换，我们每次转换(单次转换模式下)都需要向该位写 1。AWDEN 位用于使能温度传感器和 Vrefint。

7.2.3　ADC 采样事件寄存器(ADC_SMPR1 和 ADC_SMPR2)

这两个寄存器用于设置通道 0~17 的采样时间，每个通道占用 3 位，如图 7-5、图 7-6 所示。

位31:24	保留。必须保持为0
位23:0	SMPx[2:0]:选择通道x的采样时间
	这些位用于独立地选择每个通道的采样时间。在采样周期中通道选择位必须保持不变。
	000：1.5个周期　　　　100：41.5个周期
	001：7.5个周期　　　　101：55.5个周期
	010：13.5个周期　　　　110：71.5个周期
	011：28.5个周期　　　　111：239.5个周期
	注：
	——ADC1的模拟输入通道16和通道17在芯片内部连到了温度传感器和Vrefint
	——ADC2的模拟输入通道16和通道17在芯片内部连到了VSS
	——ADC3模拟输入通道14, 15, 16, 17与VSS相连

图 7-5　ADC_SMPR1 寄存器各位描述

31	30	29	28	27	26	25	24	23	22	21	20	19	18	17	16
保留		SMP9[2:0]			SMP8[2:0]			SMP7[2:0]			SMP6[2:0]			SMP5[2:0]	
		rw	rw	rw	rw	rw	rw	rw	rw	rw	rw	rw	rw	rw	rw

15	14	13	12	11	10	9	8	7	6	5	4	3	2	1	0
		SMP4[2:0]			SMP3[2:0]			SMP2[2:0]			SMP1[2:0]			SMP0[2:0]	
rw	rw	rw	rw	rw	rw	rw	rw	rw	rw	rw	rw	rw	rw	rw	rw

位31:30	保留。必须保持为0
位29:0	SMPx[2:0]:选择通道x的采样时间 这些位用于独立地选择每个通道的采样时间。在采样周期中通道选择位必须保持不变 000: 1.5个周期　　　　100: 41.5个周期 001: 7.5个周期　　　　101: 55.5个周期 010: 13.5个周期　　　　110: 71.5个周期 011: 28.5个周期　　　　111: 239.5个周期 注:ADC3的模拟输入通道9与VSS相连

图 7-6 ADC_SMPR2 寄存器各位描述

对于每个要转换的通道,采样时间建议尽量长一点,以获得较高的准确度,但是这样会降低 ADC 的转换速率。ADC 的转换时间可以由以下公式计算:

$$Tcovn = 采样时间 + 12.5 个周期$$

其中:Tcovn 为总转换时间,采样时间是根据每个通道的 SMP 位的设置来决定的。例如,当 ADCCLK = 14 MHz 的时候,并设置 1.5 个周期的采样时间,则得到:Tcovn = 1.5 个周期 + 12.5 个周期 = 14 个周期 = 1 μs。

7.2.4 ADC 规则序列寄存器(ADC_SQR1~3)

这几个寄存器的功能都差不多,这里我们仅介绍一下 ADC_SQR1,该寄存器的各位描述如图 7-7 所示。

L[3:0] 用于存储规则序列的长度,我们这里只用了 1 个,所以设置这几个位的值为 0。其他的 SQ13~16 则存储了规则序列中第 13~16 个通道的编号(0~17)。另外两个规则序列寄存器同 ADC_SQR1 大同小异,我们这里就不再介绍了,要说明一点的是:如果选择的是单次转换,所以只有一个通道在规则序列里面,这个序列就是 SQ1,通过 ADC_SQR3 的最低 5 位(也就是 SQ1)设置。

31	30	29	28	27	26	25	24	23	22	21	20	19	18	17	16
保留								L[3:0]				SQ16[4:0]			
								rw	rw	rw	rw	rw	rw	rw	rw

15	14	13	12	11	10	9	8	7	6	5	4	3	2	1	0
	SQ15[4:0]					SQ14[4:0]					SQ13[4:0]				
rw	rw	rw	rw	rw	rw	rw	rw	rw	rw	rw	rw	rw	rw	rw	rw

位31:24	保留。必须保持为0
位23:20	L[3:0]：规则通道序列长度 这些位定义了在规则通道转换序列中的转换总数 0000：1个转换 0001：2个转换 ⋮ 0011：26个转换
位19:15	SQ16[4:0]：规则序列中的第16个转换 这些位定义了转换序列中的第16个转换通道的编号(0~17)
位14:10	SQ15[4:0]：规则序列中的第15个转换
位9:5	SQ14[4:0]：规则序列中的第14个转换
位4:0	SQ13[4:0]：规则序列中的第13个转换

图 7-7　ADC_ SQR1 寄存器各位描述

7.2.5　ADC 规则数据寄存器（ADC_DR）

　　这里要提醒一点的是，该寄存器的数据可以通过 ADC_CR2 的 ALIGN 位设置左对齐或右对齐，在读取数据的时候要注意。ADC_DR 功能定义图如图 7-8 所示。

31	30	29	28	27	26	25	24	23	22	21	20	19	18	17	16
ADC2DATA[15:0]															
r	r	r	r	r	r	r	r	r	r	r	r	r	r	r	r

15	14	13	12	11	10	9	8	7	6	5	4	3	2	1	0
DATA[15:0]															
r	r	r	r	r	r	r	r	r	r	r	r	r	r	r	r

位31:16	ADC2DATA[15:0]：ADC2转换的数据 ——在ADC1中：双模式下，这些位包含了ADC2转换的规则通道数据 ——在ADC2中：不用这些位
位15:0	DATA[15:0]：规则转换的数据 这些位为只读，包含了规则通道的转换结果

图 7-8　ADC_DR 功能定义图

7.2.6　ADC 状态寄存器(ADC_SR)

　　这里我们要用到的是 EOC 位，我们通过该位判断来决定此次规则通道的 AD 转换是否已经完成，如果完成我们就从 ADC_DR 中读取转换结果，否则等待转换完成。ADC_SR 功能定义图如图 7-9 所示。

31	30	29	28	27	26	25	24	23	22	21	20	19	18	17	16
保留															

15	14	13	12	11	10	9	8	7	6	5	4	3	2	1	0
保留											STRT	JSTRT	JEOC	EOC	AWD
											rw	rw	rw	rw	rw

位31:5	保留。必须保持为0
位4	STRT：规则通道开始位 该位由硬件在规则通道组转换开始时设置，由软件清除 0：规则通道转换未开始 1：规则通道转换已开始
位3	JSTRT：注入通道开始位 该位由硬件在注入通道组转换开始时设置，由软件清除 0：注入通道转换未开始 1：注入通道转换已开始
位2	JEOC：注入通道转换结束位 该位由硬件在所有注入通道组转换结束时设置，由软件清除 0：转换未完成 1：转换完成
位1	EOC：转换结束位 该位由硬件在（规则或注入）通道组转换结束时设置，由软件清除或由读取ADC_DR时清除 0：转换未完成 1：转换完成
位0	AWD：模拟看门狗标志位 该位由硬件在转换的电压值超出了ADC_LTR和ADC_HTR寄存器定义的范围时设置，由软件清除 0：没有发生模拟看门狗事件 1：发生模拟看门狗事件

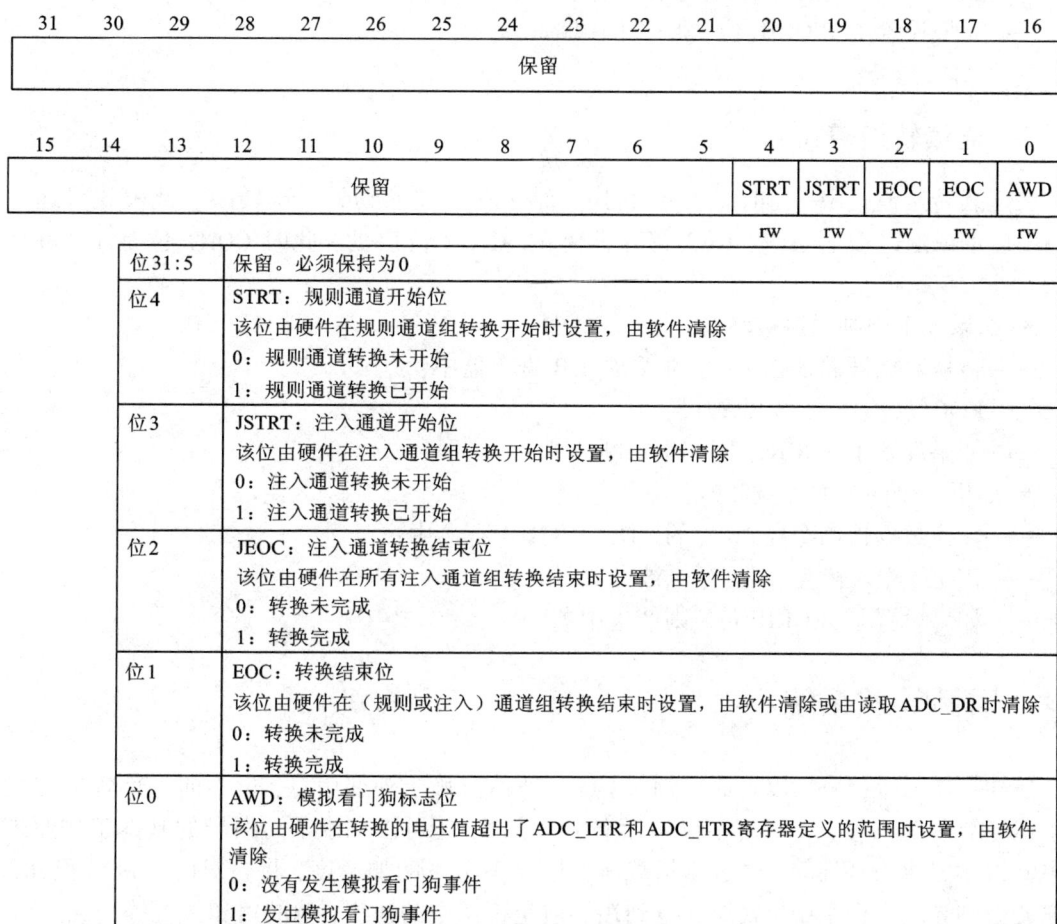

图 7-9　ADC_SR 功能定义图

7.3　ADC 转换模式

7.3.1　单次转换模式

单次转换模式下，ADC 只执行一次转换。该模式既可通过设置 ADC_CR2 寄存器的 ADON 位（只适用于规则通道）启动也可通过外部触发启动（适用于规则通道或注入通道），这时 CONT 位为 0。一旦选择通道的转换完成：

- 如果一个规则通道被转换：
——转换数据被储存在 16 位 ADC_DR 寄存器中；
——EOC（转换结束）标志被设置；
——如果设置了 EOCIE，则产生中断。
- 如果一个注入通道被转换：
——转换数据被储存在 16 位的 ADC_DRJ1 寄存器中；

——JEOC(注入转换结束)标志被设置;

——如果设置了 JEOCIE 位,则产生中断。

然后 ADC 停止。

7.3.2 连续转换模式

在连续转换模式中,当前面 ADC 转换一结束马上就启动另一次转换。此模式可通过外部触发启动或通过设置 ADC_CR2 寄存器上的 ADON 位启动,此时 CONT 位是 1。每个转换后:

- 如果一个规则通道被转换:

——转换数据被储存在 16 位的 ADC_DR 寄存器中;

——EOC(转换结束)标志被设置;

——如果设置了 EOCIE,则产生中断。

- 如果一个注入通道被转换:

——转换数据被储存在 16 位的 ADC_DRJ1 寄存器中;

——JEOC(注入转换结束)标志被设置;

——如果设置了 JEOCIE 位,则产生中断。

7.4 惯性导航系统

惯性导航系统(INS,以下简称惯导)是一种不依赖于外部信息,也不向外部辐射能量的自主式导航系统。其工作环境不仅包括空中、地面,还可以在水下。惯导的基本工作原理是以牛顿力学定律为基础的,通过测量载体在惯性参考系的加速度,将它对时间进行积分,且把它变换到导航坐标系中,就能够得到在导航坐标系中的速度、偏航角和位置等信息。

7.4.1 惯性传感器

在大多数智能机器中,惯性传感器主要起到两个作用:一是设备稳定和瞄准;二是导航和制导。GPS 由于无处不在,可能被视为大多数系统的首选导航辅助手段,但在某些情况下,依赖 GPS 会带来严重问题,因为它可能会被阻挡。在 GPS 被阻挡期间切换到惯性检测是可行的,但要求惯性传感器质量足够好,并能在此期间提供足够高的精度。对于稳定或伺服环路,反馈机制可能要依赖惯性传感器,以使天线、吊车平台、施工刀片、农具或无人飞行器上的相机维持一个可靠的指向角。在所有这些例子中,惯性传感器的作用已不仅仅是提供有用的功能(如手机中的手势控制等),而是发展到要在异乎寻常的困难环境中提供关键精度或安全机制。

加速度、振动、冲击、倾斜和旋转(旋转除外)实际上都是加速度在不同时间段的不同表现,如图 7-10 所示。然而,我们人类无法基于直觉将这些运动感视为加速度/减速度的变化形式。惯性传感器用于测量分析如图 7-10 所示的物体运动形式。

惯性系统已经成为自动驾驶汽车和无人机领域的关键支撑技术;通过加速度计、陀螺仪、磁罗盘、GPS 等姿态传感器采集当前无人装置姿态,并进行姿态解析;通过激光雷达、超声波系统获取无人装置所处的空间位置和周围障碍物等环境信息。

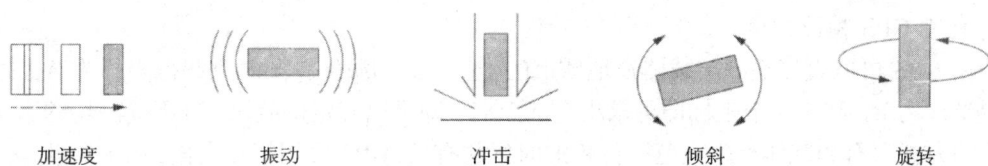

图 7-10　物体运动形式

1）利用陀螺仪检测角度

最直观的角度检测器就是陀螺仪了，如图所示，它可以检测物体绕坐标轴转动的"角速度"，如同将速度对时间积分可以求出路程一样，将角速度对时间积分就可以计算出旋转的横滚角、俯仰角、偏航角，如图 7-11 所示。

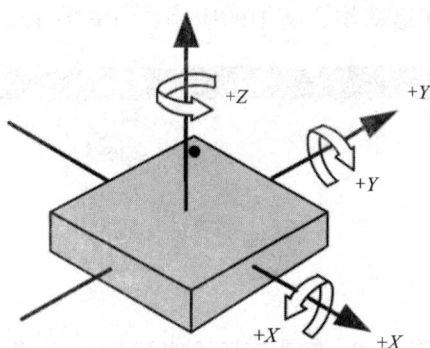

图 7-11　横滚角、俯仰角、偏航角示意图

2）利用加速度计检测倾斜角度

倾斜检测利用重力矢量及其在加速度计轴上的投影来确定倾斜角度，如图 7-12 所示。

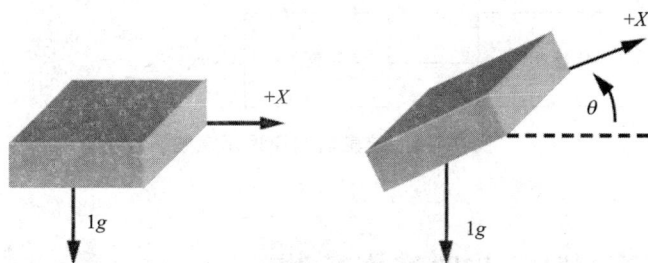

图 7-12　加速度计检测倾斜角度示意图

3）利用磁场检测偏航角度

工作原理是通过磁传感器中两个相互垂直的 X、Y 轴同时感应地球磁场的磁分量，从而计算出方位角度。地球的磁场强度为 0.5~0.6 Gs，在地球上的任意位置，磁场的水平分量永

远指向磁北，这是所有电子罗盘的制造基础。

4）利用 GPS 检测角度

使用 GPS 可以直接检测出载体在地球上的坐标，假如载体在某时刻测得坐标为 A，另一时刻测得坐标为 B，利用两个坐标即可求出它的航向，即可以确定偏航角，且不受磁场的影响，但这种检测方式只有当载体产生大范围位移的时候才有效（GPS 民用精度大概为 10 米级）。

7.4.2 无人驾驶装置的传感器网络

在无人机或自动驾驶行业，自动化都有望显著提高资源效率、设备精度和安全性。为实现这些效益，关键是找出合适的检测技术以增强对设备状况相关情境的了解，使得设备的地点或位置成为有价值的输入。对此，精确地点的确定或精准定位的维持，精密惯性传感器有望发挥巨大作用。在某些应用中，运动是一个重要因素，若将其位置信息和传感器情境信息相关联，将产生意义重大的价值。很多情况下，尤其是在复杂或恶劣环境下工作时，确定位置有着关键性作用。传感器在运动物联网中的应用，如图 7-13 所示

物联网情境传感器		位置传感器		
温度		惯性		
光学		GPS		
化学	+	磁力计	=	运动物联网
气体		气压计		
振动		分布区域		
其他		其他		

图 7-13 传感器在运动物联网中的应用

7.4.3 传感器的原理

传感器一般由敏感元件和信号放大器构成，如图 7-14 所示。敏感元件直接输出的信号包括电压、电势、电位，电流、电荷，电阻、电容、电感，光、磁信号等。信号放大器的输出信号包括标准电压信号：1~5 V，标准电流信号：4~20 mA 等。

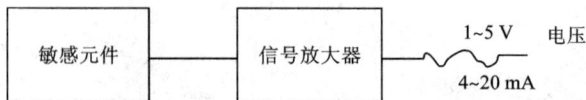

图 7-14 传感器的原理示意图

7.5 案例十 无人驾驶装置姿态检测

7.5.1 方案设计

任务是完成无人驾驶装置的倾斜角度检测，方案采用加速度传感器进行倾斜角度检测。加速度传感器输出为标准电压信号：1~5 V。

7.5.2　硬件设计

STM32 的 ADC1 通道 0 口通过 PA0 引脚接至加速度传感器的输出。ADC1 设置为单通道单次转换模式。本设计采用可调电阻模拟加速度传感器的敏感元件，如图 7-15 所示。

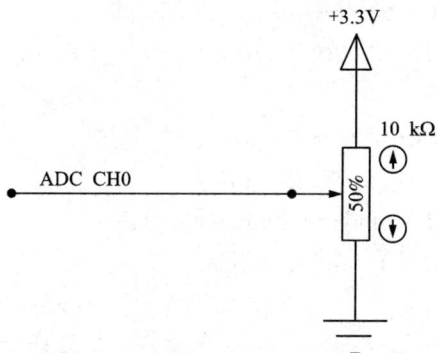

图 7-15　可调电阻模拟加速度传感器示意图

7.5.3　软件设计

无人驾驶装置姿态检测主程序完成对加速度传感器的输出信号的采集任务，软件流程如图 7-16 所示。

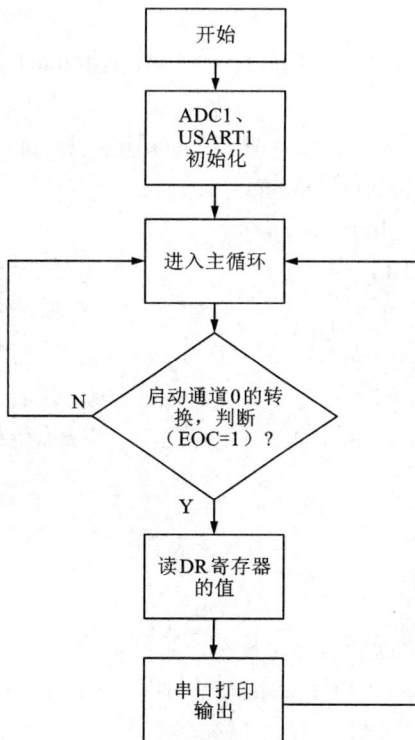

图 7-16　案例十软件流程图

ADC 初始化程序如下：

```
void    Adc_Init( void )
{
   ADC_InitTypeDef ADC_InitStructure;
   GPIO_InitTypeDef GPIO_InitStructure;
   RCC _ APB2PeriphClockCmd ( RCC _ APB2Periph _ GPIOA  | RCC _ APB2Periph _ ADC1,
ENABLE );
   RCC_ADCCLKConfig( RCC_PCLK2_Div6);
   GPIO_InitStructure. GPIO_Pin = GPIO_Pin_0;
   GPIO_InitStructure. GPIO_Mode = GPIO_Mode_AIN;
   GPIO_Init( GPIOA, &GPIO_InitStructure);
   ADC_DeInit( ADC1);                              //复位 ADC1
                                                   //ADC 工作模式: ADC1 和 ADC2
                                                       工作在独立模式
   ADC_InitStructure. ADC_Mode = ADC_Mode_Independent;
                                                //模数转换工作在单通道模式
   ADC_InitStructure. ADC_ScanConvMode = DISABLE;
                                                //模数转换工作在单次转换模式
   ADC_InitStructure. ADC_ContinuousConvMode = DISABLE;
                                                //转换由软件而不是由外部触发启动
   ADC_InitStructure. ADC_ExternalTrigConv = ADC_ExternalTrigConv_None;
                                                //ADC 数据右对齐
   ADC_InitStructure. ADC_DataAlign = ADC_DataAlign_Right;
   ADC_InitStructure. ADC_NbrOfChannel = 1;
   ADC_Init( ADC1, &ADC_InitStructure);
   ADC_Cmd( ADC1, ENABLE);                          //使能指定的 ADC1
   ADC_ResetCalibration( ADC1);                     //使能复位校准
   while( ADC_GetResetCalibrationStatus( ADC1));    //等待复位校准结束
   ADC_StartCalibration( ADC1);                     //开启 AD 校准
   while( ADC_GetCalibrationStatus( ADC1));         //等待校准结束
}
```

读取转换结果子程序如下：

```
u16 Get_Adc( u8 ch)
{
//设置指定 ADC 的规则组通道，一个序列，采样时间
   ADC_RegularChannelConfig( ADC1, ch, 1, ADC _SampleTime _239Cycles5 ); //ADC1,
ADC 通道采样时间为 239.5 个周期
   ADC_SoftwareStartConvCmd( ADC1, ENABLE);
   while( ! ADC_GetFlagStatus( ADC1, ADC_FLAG_EOC)); //等待转换结束
```

//返回最近一次 ADC1 规则组的转换结果

return ADC_GetConversionValue(ADC1);

}

7.5.4 软件仿真

(1)使用 Proteus 软件,绘制如图 7-17、图 7-18 所示硬件电路图,并保存到指定位置。

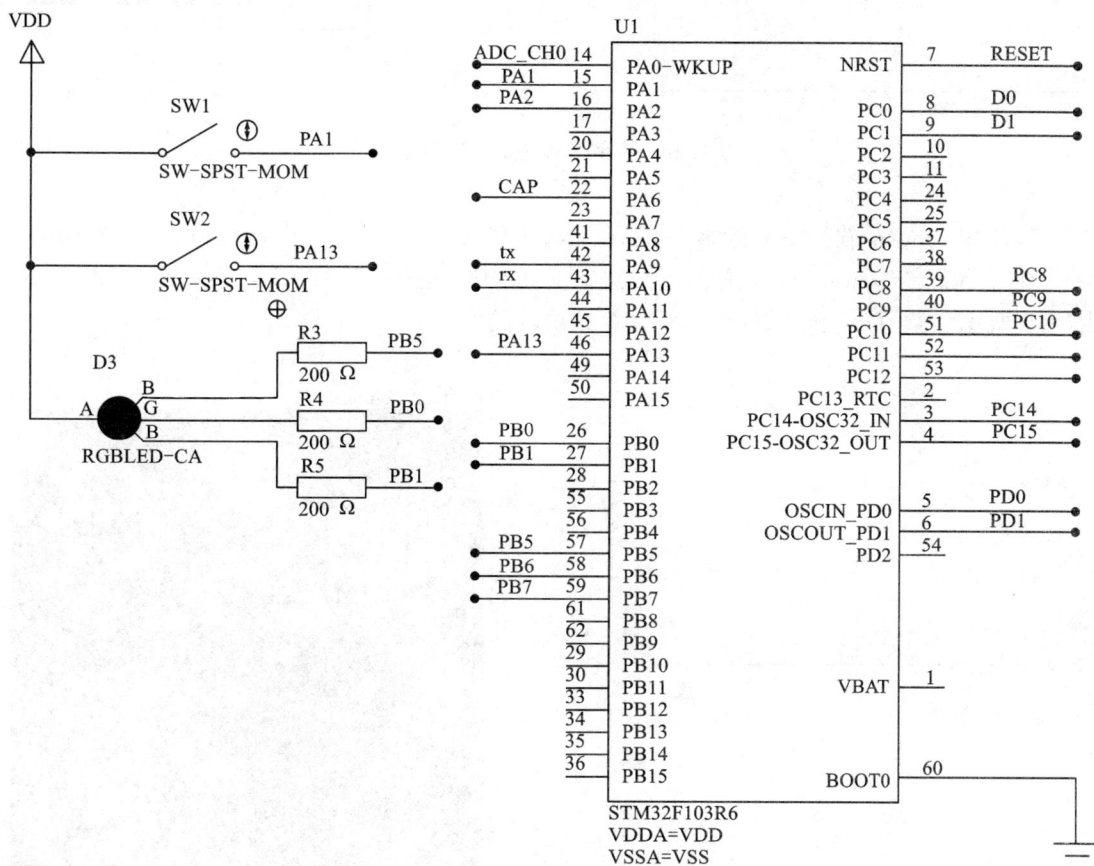

图 7-17 案例十 STM32F103R6 主电路原理图

(2)使用 MDK Keil 建立一个工程项目,在编辑区输入上述源代码,保存并编译,排除所有程序错误后,生产目标代码文件"sensor.hex"。

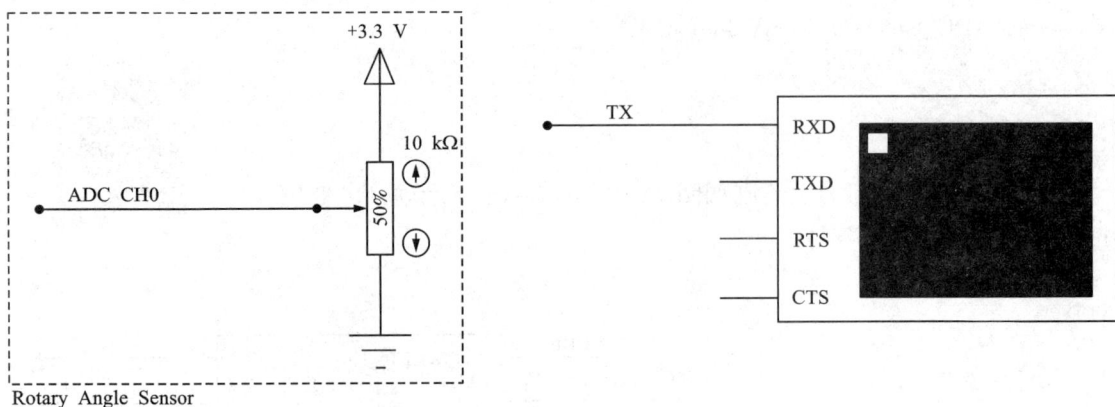

图 7-18 案例十传感器电路原理图

（3）使用 Proteus 软件打开绘制好的无人驾驶装置电路图，双击电路图中 STM32F103R6 元件，把编译好的"sensor. hex"文件下载进去。单击调试按钮开始仿真，Proteus 虚拟终端如图 7-19 所示。调节可变电阻的值，可以看到角度的变化。

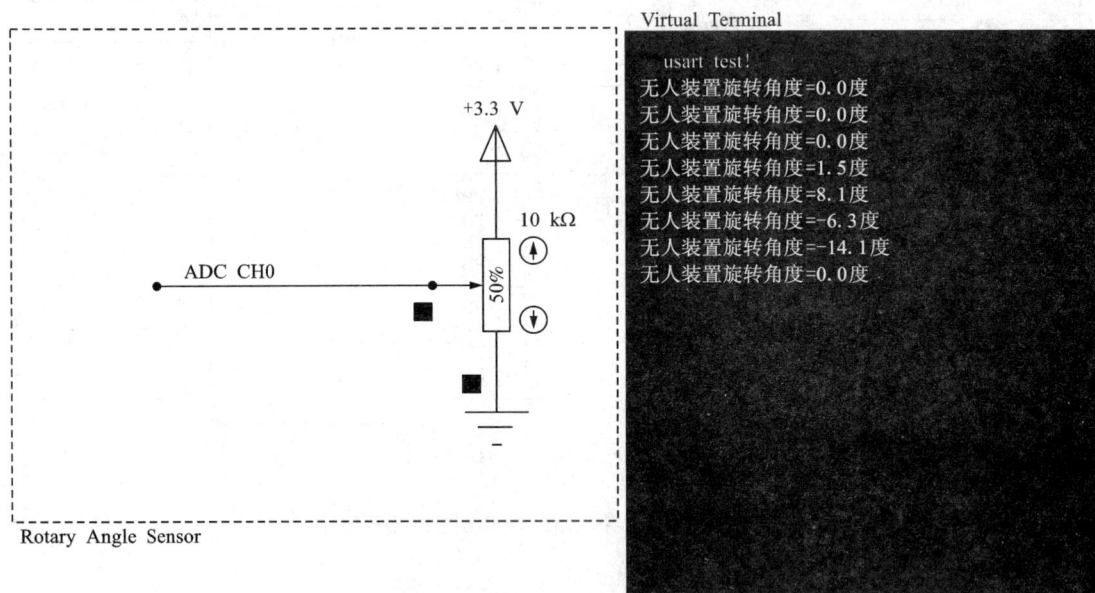

图 7-19 TX 端数据

7.6 超声波测距原理

超声波测距原理是根据超声波收发时间差来计算距离物体的距离。超声波发射器向某一方向发射超声波，在发射时刻的同时开始计时，超声波在空气中传播，途中碰到障碍物就立即返回来，超声波接收器收到反射波就立即停止计时。超声测距原理如图 7-20 所示。

超声波在空气中的传播速度 v 为 340 m/s，根据计时器记录的时间 $t(s)$，就可以计算出发射点距障碍物的距离 L，即：$L=v*t/2$。

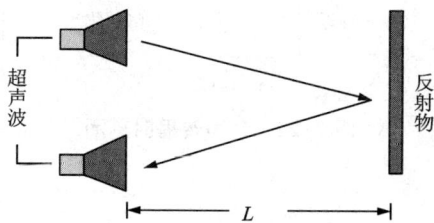

图 7-20　超声测距原理示意图

利用脉冲升压驱动超声波探头，具体流程如图 7-21 所示。

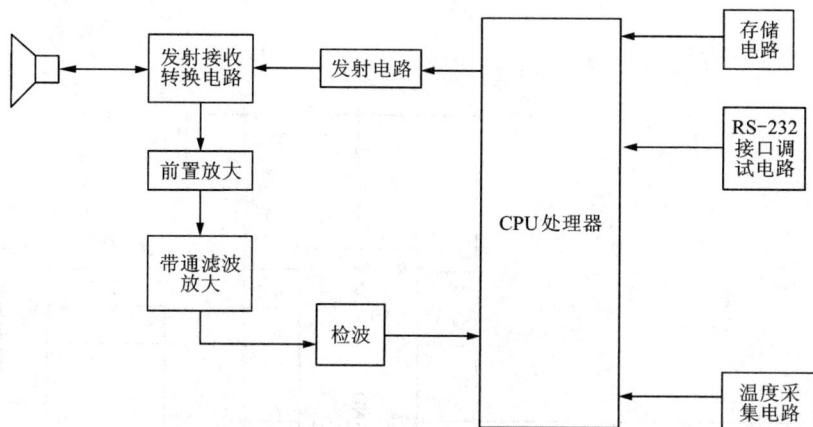

图 7-21　单探头超声测距传感器原理框图

7.7　案例十一　无人驾驶装置障碍物探测

7.7.1　方案设计

任务是完成无人驾驶装置的前方障碍物距离检测，方案采用单探头超声波传感器进行障碍物距离检测。STM32 定时器记录发射超声时刻和超声返回时刻，获得声波在空气中的传播时间，根据公式 $L=vt/2$ 计算出障碍物距离。其中超声发射和返回过程，以及与传播距离的关系可以用图 7-22 模拟。

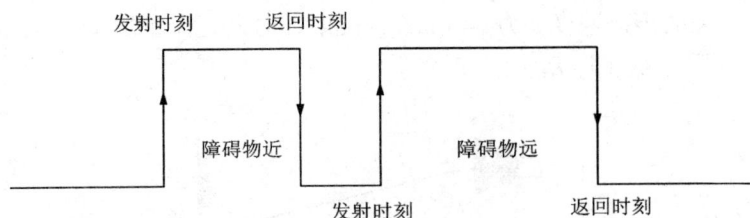

图 7-22　超声传播时刻图

7.7.2　硬件设计

　　STM32 的 TIM3 通道 1 口通过 PA6 引脚接至超声波传感器的信号端。TIM3 设置为捕获模式。本设计采用 555 定时器构成的单稳态触发器模拟超声波传感器发送和接收声波脉冲，如图 7-23 所示。

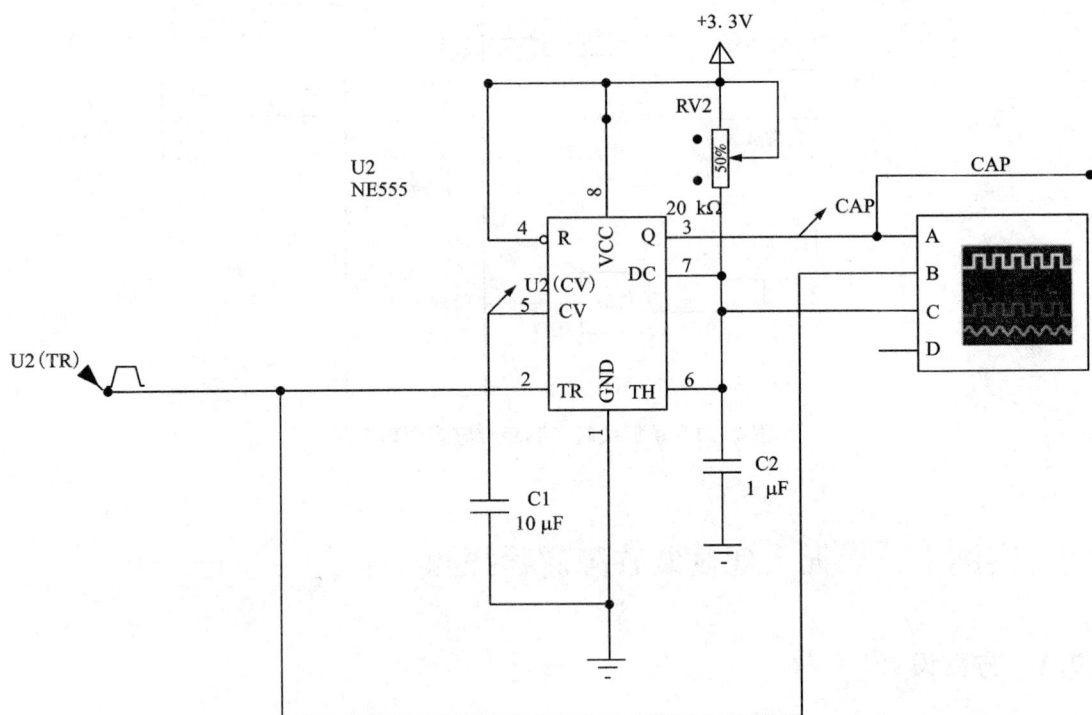

图 7-23　555 定时器构成的单稳态触发器图

7.7.3　软件设计

　　无人驾驶装置障碍物探测主程序完成对单稳态电路输出脉冲宽度的采集任务，TIM3 捕获高电平脉冲宽度，软件流程图如图 7-24 所示。

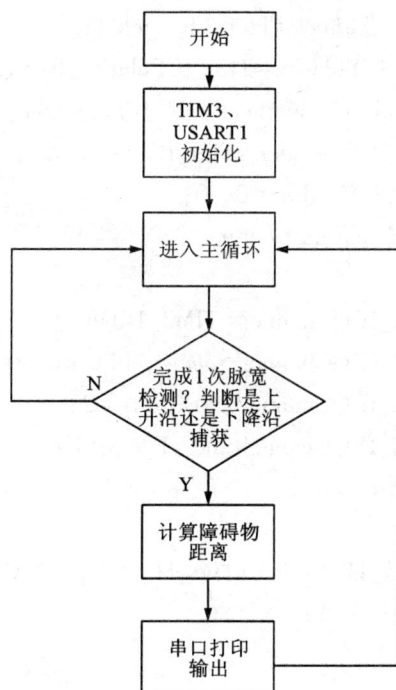

图 7-24 案例十一软件流程图

TIM3 初始化子程序如下:

```
void TIM3_Cap_Init(u16 arr, u16 psc)
{
    GPIO_InitTypeDef GPIO_InitStructure;
    TIM_TimeBaseInitTypeDef   TIM_TimeBaseStructure;
    NVIC_InitTypeDef NVIC_InitStructure;
    TIM_ICInitTypeDef   TIM_ICInitStructure;
    RCC_APB1PeriphClockCmd(RCC_APB1Periph_TIM3, ENABLE);
    RCC_APB2PeriphClockCmd(RCC_APB2Periph_GPIOA, ENABLE);
    GPIO_InitStructure.GPIO_Pin   = GPIO_Pin_6;        //PA6 清除之前设置
    GPIO_InitStructure.GPIO_Mode = GPIO_Mode_IPD;      //PA6 输入
    GPIO_Init(GPIOA, &GPIO_InitStructure);
    GPIO_ResetBits(GPIOA, GPIO_Pin_6);

                                                       //初始化定时器 3
    TIM_TimeBaseStructure.TIM_Period = arr;            //设定计数器自动重装值
    TIM_TimeBaseStructure.TIM_Prescaler = psc;         //预分频器
    TIM_TimeBaseStructure.TIM_ClockDivision = TIM_CKD_DIV1;
    TIM_TimeBaseStructure.TIM_CounterMode = TIM_CounterMode_Up; TIM_TimeBaseInit
(TIM3, &TIM_TimeBaseStructure);

                                                       //初始化 TIM3 输入捕获参数
```

```
    TIM_ICInitStructure. TIM_Channel = TIM_Channel_1;
    TIM_ICInitStructure. TIM_ICPolarity = TIM_ICPolarity_Rising;
      TIM_ICInitStructure. TIM_ICSelection = TIM_ICSelection_DirectTI;
    TIM_ICInitStructure. TIM_ICPrescaler = TIM_ICPSC_DIV1;
      TIM_ICInitStructure. TIM_ICFilter = 0x00;
     TIM_ICInit( TIM3, &TIM_ICInitStructure);
                                                        //中断分组初始化
    NVIC_InitStructure. NVIC_IRQChannel = TIM3_IRQn;        //TIM3 中断
    NVIC_InitStructure. NVIC_IRQChannelPreemptionPriority = 0;
    NVIC_InitStructure. NVIC_IRQChannelSubPriority = 2;
    NVIC_InitStructure. NVIC_IRQChannelCmd = ENABLE;
    NVIC_Init( &NVIC_InitStructure);                       //允许更新中断，允许 CC1IE
                                                              捕获中断
    TIM_ITConfig( TIM3, TIM_IT_Update | TIM_IT_CC1, ENABLE);
      TIM_Cmd( TIM3, ENABLE );                             //使能定时器 3
}
```

TIM3 中断服务程序如下：

```
    void TIM3_IRQHandler( void)
    {
      if(( TIM3CH1_CAPTURE_STA&0x80) = = 0)          //还未成功捕获
      {
        if ( TIM_GetITStatus( TIM3, TIM_IT_Update) ! = RESET)
        {
          if( TIM3CH1_CAPTURE_STA&0x40)               //捕获到高电平
          {
            if(( TIM3CH1_CAPTURE_STA&0x3F) = = 0x3F)
                                                        //高电平太长
            {
              TIM3CH1_CAPTURE_STA | = 0x80;           //成功捕获了一次
              TIM3CH1_CAPTURE_VAL = 0xFFFF;
            }
            else
              TIM3CH1_CAPTURE_STA++;
          }
        }
        if ( TIM_GetITStatus( TIM3, TIM_IT_CC1) ! = RESET)   //发生捕获事件
        {
          if( TIM3CH1_CAPTURE_STA&0x40)               //捕获到一个下降沿
          {
```

```
                    TIM3CH1_CAPTURE_STA|=0x80;              //成功捕获到高电平脉宽
                    TIM3CH1_CAPTURE_VAL=TIM_GetCapture1(TIM3);
                    TIM_OC1PolarityConfig(TIM3,TIM_ICPolarity_Rising);
                }else                                        //还未开始,第一次捕获上
                                                             //升沿
                {
                    TIM3CH1_CAPTURE_STA=0;                   //清空
                    TIM3CH1_CAPTURE_VAL=0;
                    TIM_SetCounter(TIM3,0);
                    TIM3CH1_CAPTURE_STA|=0x40;               //标记捕获到了上升沿
                    TIM_OC1PolarityConfig(TIM3,TIM_ICPolarity_Falling);
                                                             //CC1P=1 设置为下降沿
                                                             //捕获
                }
            }
        }
    TIM_ClearITPendingBit(TIM3, TIM_IT_CC1|TIM_IT_Update);
}
```

障碍物距离计算程序:

```
if(TIM3CH1_CAPTURE_STA&0x80)                        //成功捕获到了一次上升沿
{
    dis=TIM3CH1_CAPTURE_STA&0x3F;
    dis*=65536;                                     //溢出时间总和
    dis+=TIM3CH1_CAPTURE_VAL;                        //得到总的高电平时间
    ultrosonic = ((float)dis) / 1000000.0 * 340.0 /2.0;
                                                    //障碍物距离计算
    printf("距离前方障碍物:%.1f 米\r\n",ultrosonic);
    TIM3CH1_CAPTURE_STA=0;                           //开启下一次捕获
}
```

7.7.4 软件仿真

(1)使用 Proteus 软件,绘制如图 7-25、图 7-26 所示硬件电路图,并保存到指定位置。

(2)使用 MDK Keil 建立一个工程项目,在编辑区输入上述源代码,保存并编译,排除所有程序错误后,生产目标代码文件"sensor.hex"。

(3)使用 Proteus 软件打开绘制好的无人驾驶装置电路图,双击电路图中 STM32F103R6 元件,把编译好的"sensor.hex"文件下载进去。单击调试按钮开始仿真,Proteus 虚拟终端如图 7-27、图 7-28 所示。调节可变电阻的值,可以看到障碍物距离的变化。

图 7-28 中黄色波形为超声波发射和返回时间脉冲。

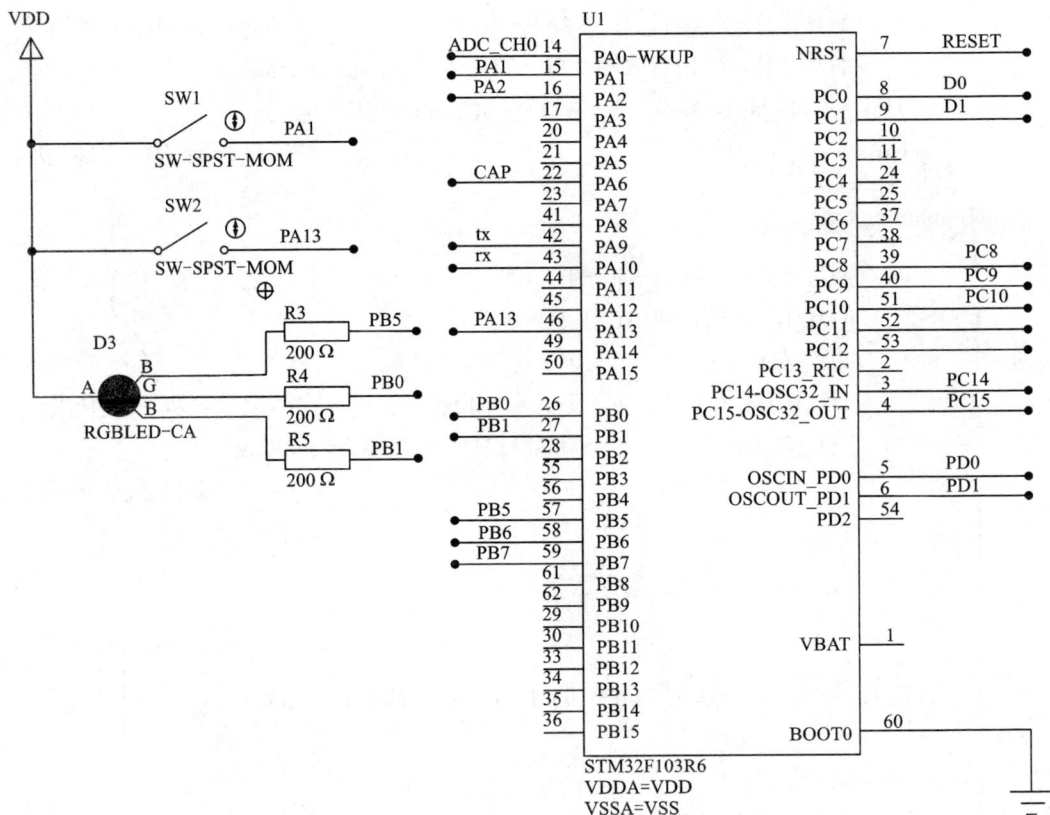

图 7-25 案例十一 STM32F103R6 主电路原理图

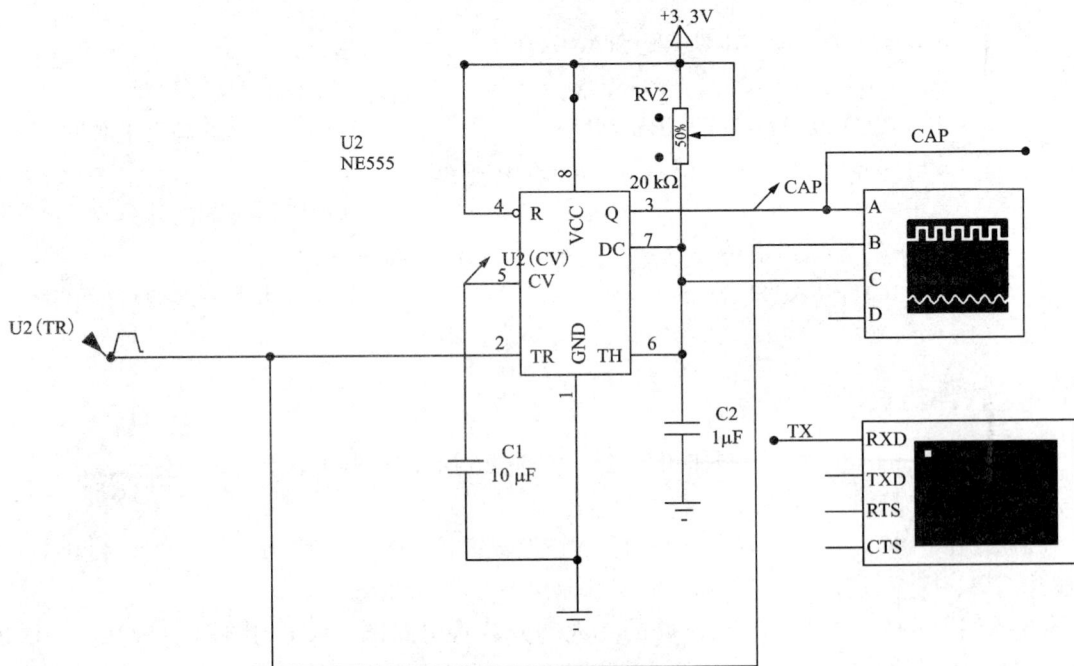

图 7-26 案例十一传感器电路原理图

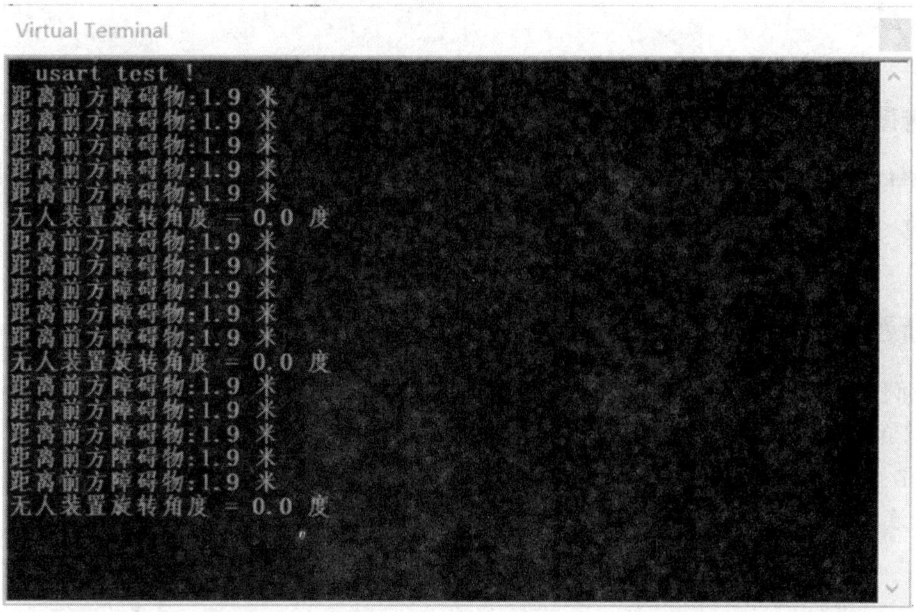

图 7-27　TX 端数据

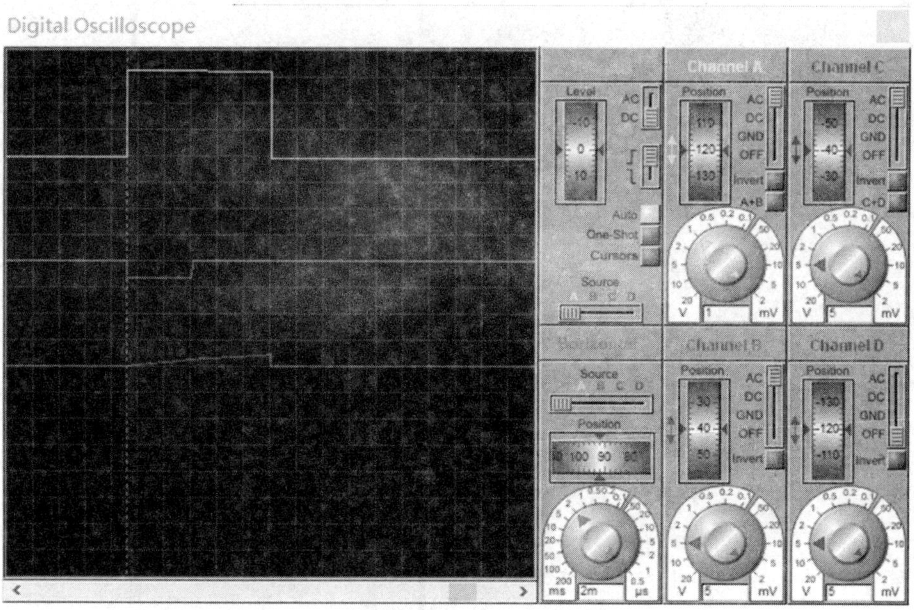

图 7-28　CAP 探测点波形

章节测验

一、单选题

1. STM32 的 ADC 是(　　　)位逐次逼近型的模拟数字转换器。

A. 10　　　　　　　　　　　　　　B. 12

C. 16　　　　　　　　　　　　　　D. 24

二、判断题

1. 我们在设计原理图的时候一般把 VSSA 和 VREF−接地，把 VREF+和 VDDA 接 3.3 V，得到 ADC 的输入电压范围为：0~5 V。

2. 单次转换模式下，ADC 只执行一次转换。

3. 在连续转换模式中，当前面 ADC 转换一结束马上就启动另一次转换。

项目八

工程实例：基于 STM32 的智能机器人

学习目标

1. 了解智能机器人原理及结构；
2. 熟悉智能机器人硬件资源；
3. 根据提供的工程实例，掌握智能机器人基本功能实现。

8.1　智能机器人简介

该智能机器人模仿现代自动智能汽车设计(图 8-1)，本身具有主动的环境感知能力，3.5 寸 TFT 真彩液晶屏提供了优良的人机交互界面，整车信息一览无余。整个平台采用 CAN 总线通信，多个处理器同时工作，数据处理更加流畅稳定。采用多通道无线技术，相关参数一屏显示(OLED 显示)，并且完全满足基于 Android 系统的智能车运动控制、视频采集与处理、二维码识别等高级处理，软硬件资源全部开放，适合二次开发。

8.1.1　循迹板介绍

循迹板由处理器单元、MEMS 传感器单元、CAN 总线通信单元、DAC 数模输出单元、红外线发送接收单元等组成；其接口包括 ARM 仿真器接口、串口调试接口、CAN 接口、预留备用接口等。实物如图 8-2 所示。

循迹板采用 15 路的红外发射管(前七后八)的方式，红外线发射电路的电压由主控器经过 10 位的 DA 转换芯片产生。红外线接收端的电压随着跟随电压而改变，主控制器采用轮询的方式对 CD4051 和 74HC138 芯片同时进行控制，保证了采样的一致性。经过单片机内部的 AD 采样处理，将数据通过 CAN 网络传给小车主核心板的处理器。

循迹板的控制流程框图如图 8-3 所示。

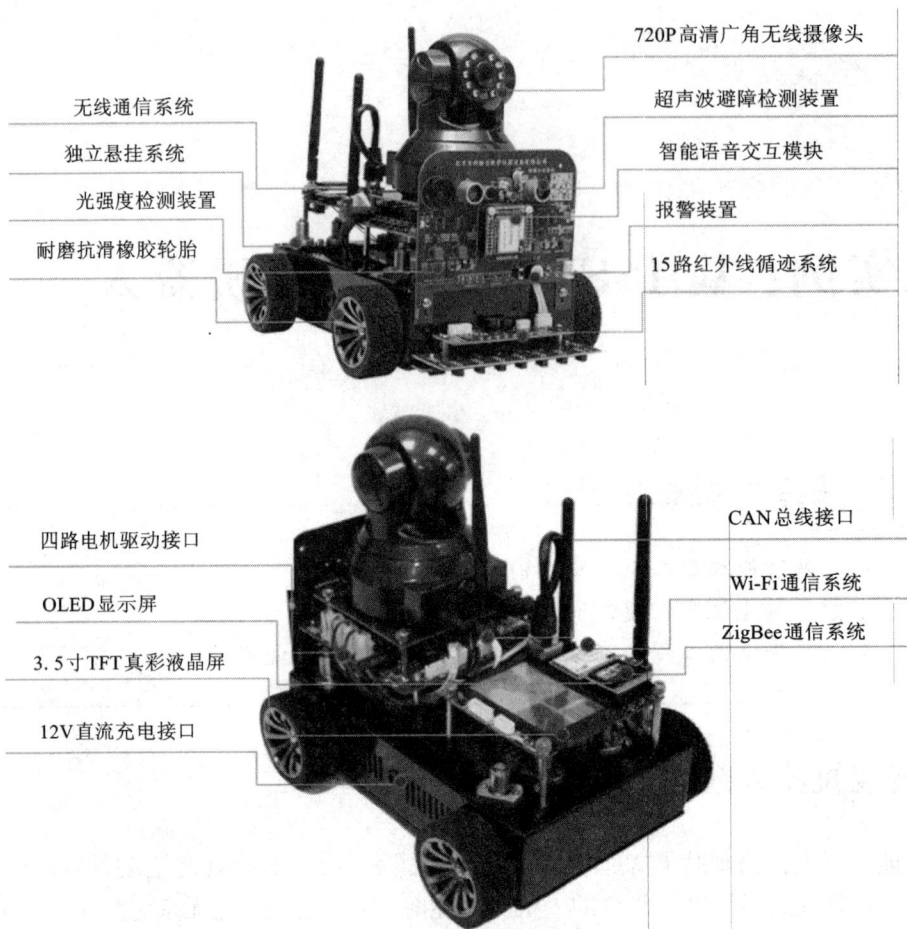

图 8-1 整车外观图

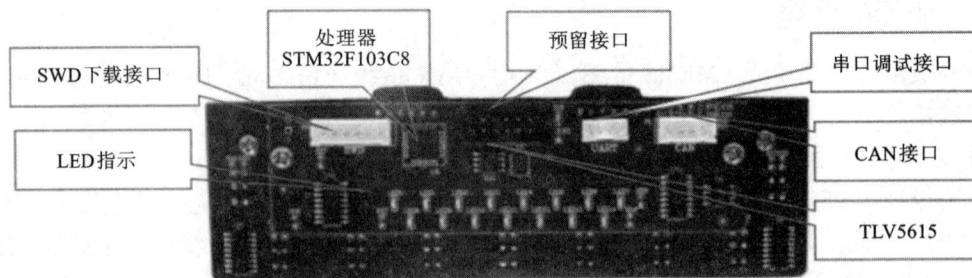

图 8-2 实物图

（一）ARM 处理器：STM32F103C8

该 ARM 处理器采用 ARM Cortex-M3 内核设计，其工作频率为 72 MHz，内部集成 2 个 12 位 AD 转换器、7 个定时器(包括 3 个 16 位通用定时器、2 个看门狗定时器、1 个 16 位电机控

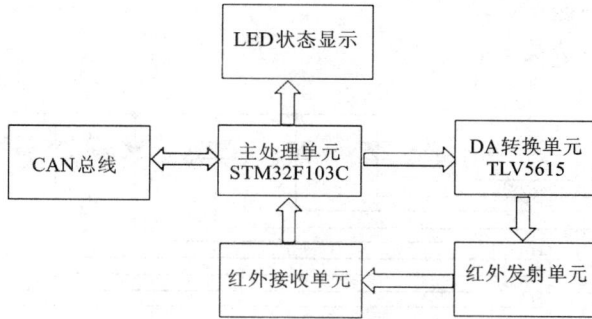

图 8-3 循迹板控制流程图

制 PWM 定时器和 1 个 24 位 SysTick 定时器)，具有多个通信接口(包括 2 个 IIC 接口和 SPI 接口、3 个 USART 接口、1 个 USB2.0 接口和 1 个 CAN 接口)，支持 SWD 和 JTAG 调试，性能稳定。可以在 Keil 软件中直接调试/下载程序。

(二)电压跟随电路

控制信息通过 TLV5615 芯片的 DA 转换输出到 LMV358 运放的同向端，经过电压跟随电路，输出接到三极管功率放大电路，然后输出驱动红外线发射管，如图 8-4 所示。

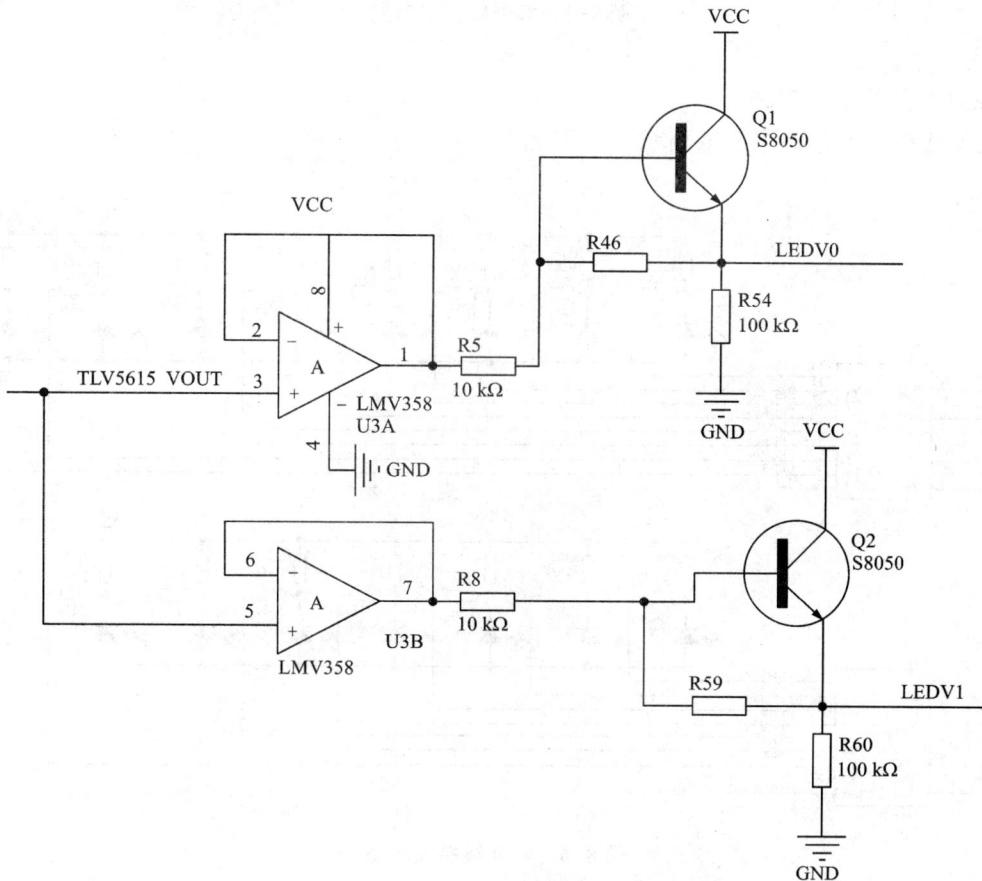

图 8-4 电压跟随电路

(三)红外线发射电路

红外线发射电路如图 8-5 所示。

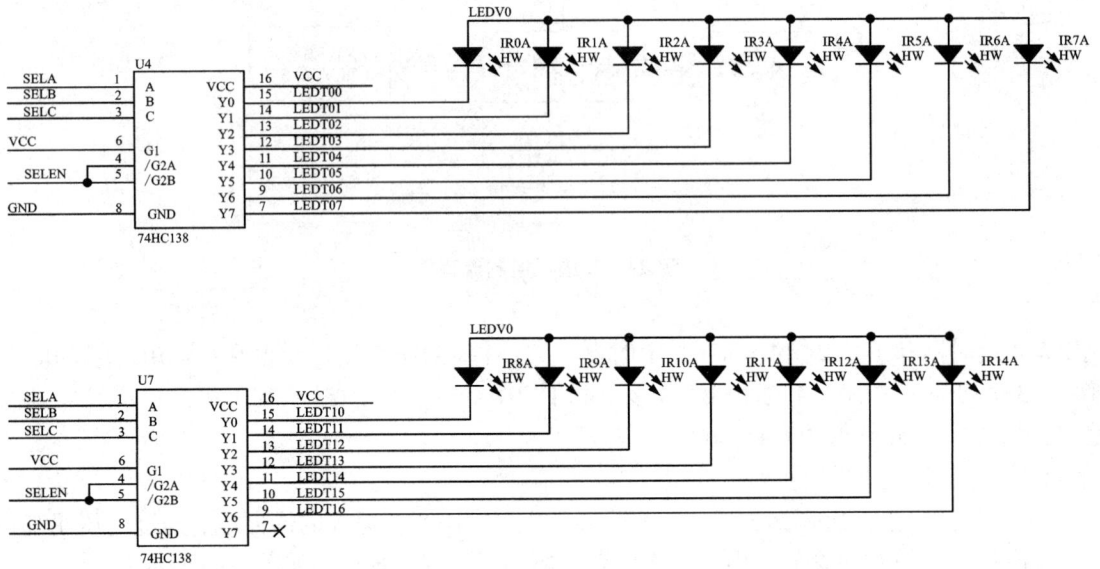

图 8-5　红外线发射电路

(四)红外线接收电路

红外线接收电路如图 8-6 所示。

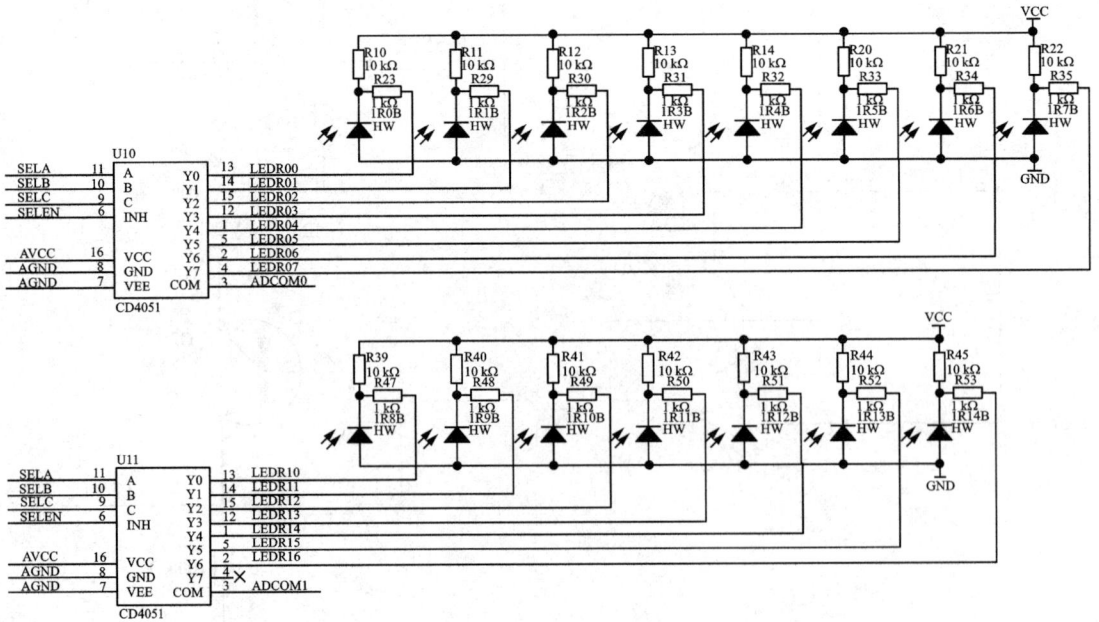

图 8-6　红外线接收电路

8.1.2 云台摄像头介绍

智能机器人采用了支持左右 355°上下 120° 的云台摄像头，真正实现了 360°无死角检测。它的视频传输方式有两种，既可以接网线又可以通过 Wi-Fi 无线配置。

云台摄像头的电源从主控制板的电源拓展接口输入，如图 8-7 所示。摄像头和小车 Wi-Fi 模块的以太网接口已经配置好，直接插上网线即可使用。开启摄像头和小车 Wi-Fi，摄像头自动连接 Wi-Fi。Wi-Fi 模块配置与摄像头为有线网卡模式。使用说明请参考"环境搭建"文件夹的摄像头配置方案。

图 8-7　摄像头接口

8.1.3 任务板介绍

任务板包括多个传感器单元和控制单元。传感器单元包括超声波传感器、语音交互模块、光强度传感器等；控制单元由许多逻辑芯片组成，包括 74HC14、74HC08、CD4069、74HC00、74HC595、LM393 和 CX20106A 等。任务板实物图如图 8-8 所示。

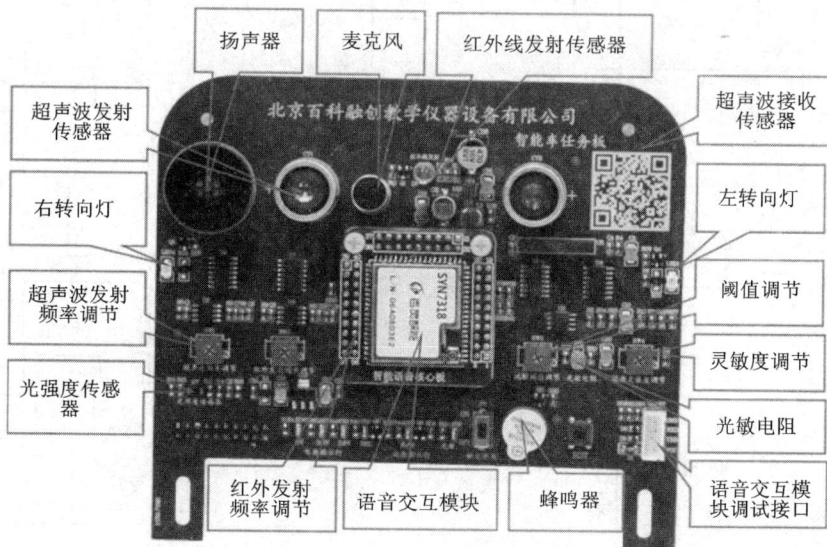

图 8-8　任务板实物图

图 8-9 至图 8-12 为部分逻辑芯片引脚图。

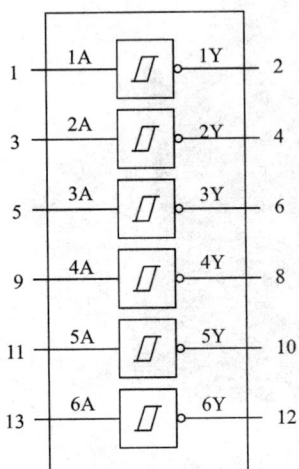

图 8-9　74HC14(反相施密特触发器)

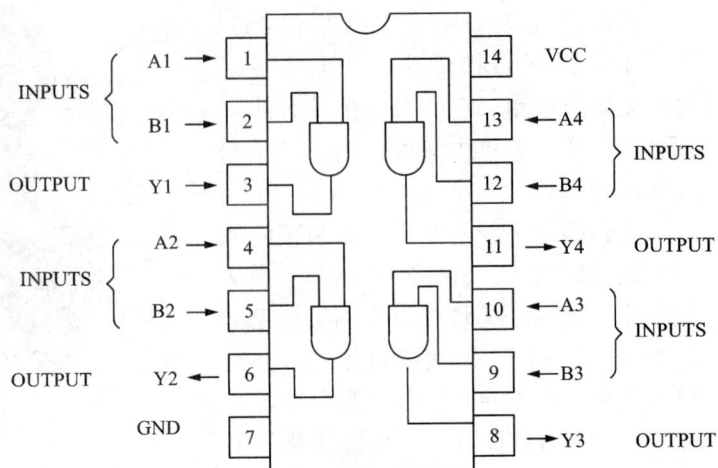

图 8-10　74HC08(二输入与门)

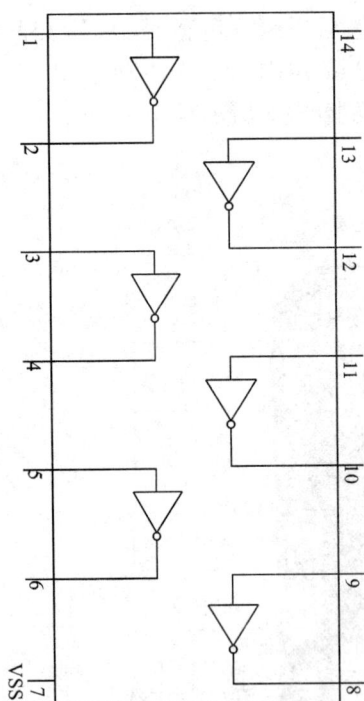

图 8-11　CD4069(非门)

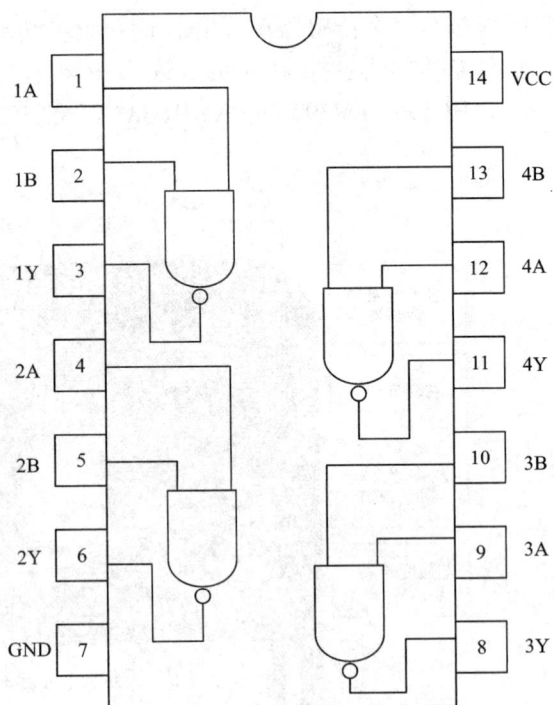

图 8-12　74HC00(二输入与非门)

1）超声波发射、接收电路

超声波发射、接收电路分别如图 8-13、图 8-14 所示。

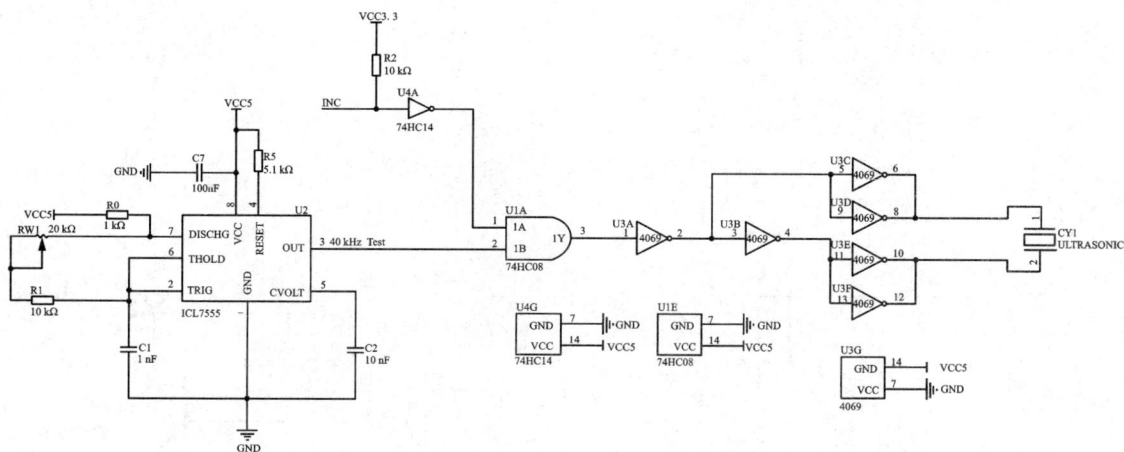

图 8-13　超声波发射电路

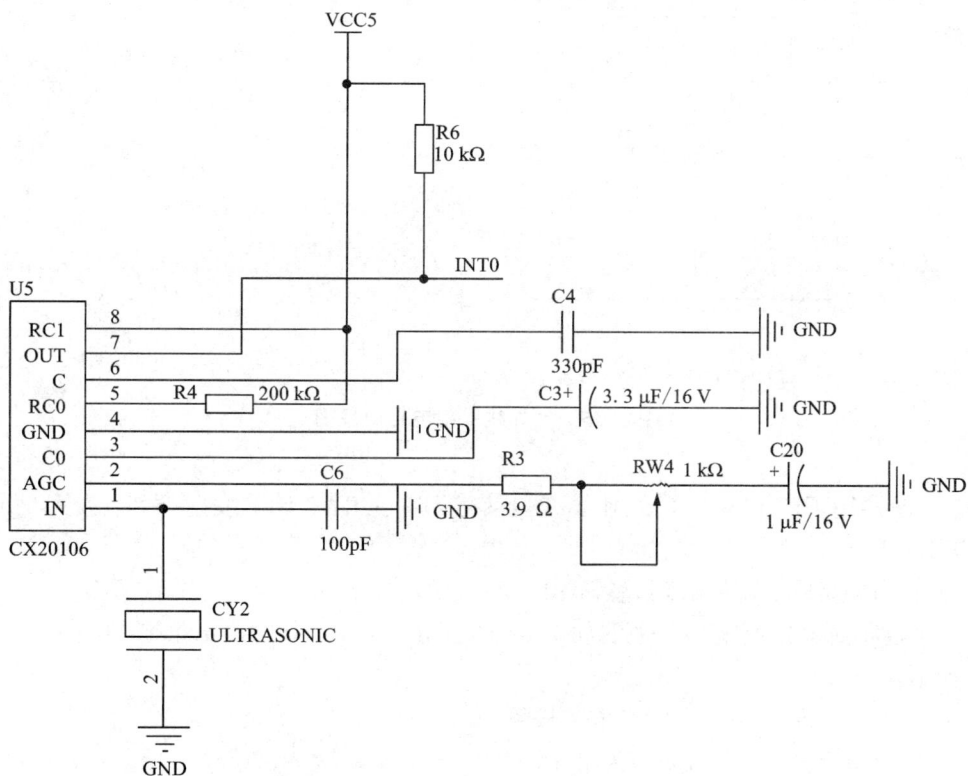

图 8-14　超声波接收电路

由电路图可以看出，调节电位器 RW1 可以调节 TCL7555 芯片产生波形频率，只有电平控制引脚 INC 为低电平时，超声波信号才可以发出去。接收端通过调节 RW4 调整接收解码电路，接收信号输出至 INT0。

2）红外线发射电路

红外线发射电路原理图如图 8-15 所示。

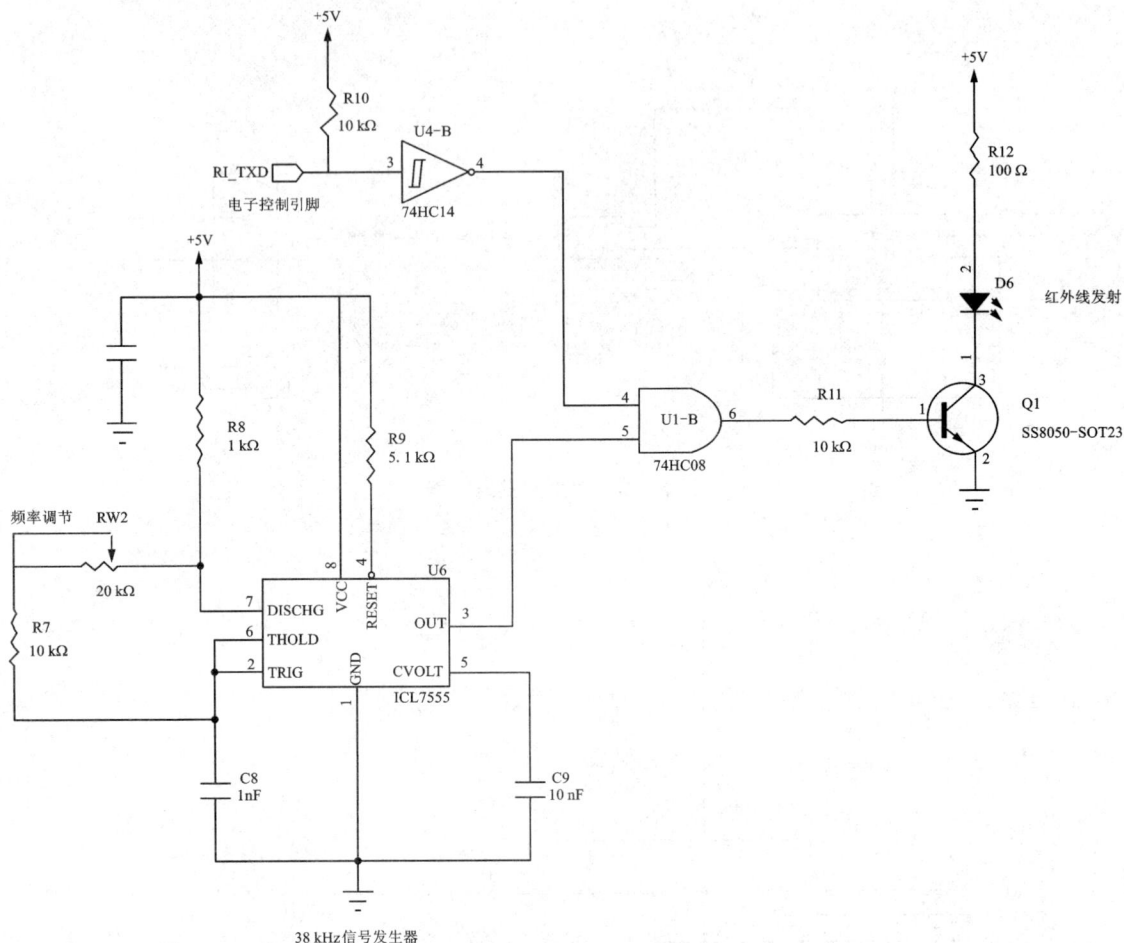

图 8-15　红外线发射电路原理图

555 定时器用于产生 38 kHz 红外线载波信号，通过 RW2 调节发射频率，发射信号通过 RI_TXD 引脚输出。

3）基于 IIC 总线的光照强度传感器 BH1750

光照强度传感器控制电路原理图如图 8-16 所示。BH1750 的内部框图如图 8-17 所示，其说明如下：

- PD：具有近似人眼反应的光电二极管。
- APM：用于将 PD 电流转换为电压。
- ADC：16 位 AD 转换器。
- Logic+I^2C interface：逻辑+I^2C 接口，环境光计算和 I^2C 总线接口，包括两个寄存器。

数据寄存器：用于环境光数据的存储，初值为 0000_0000_0000_0000。

测量时间寄存器：用于测量时间的存储，初值为 0100_0101。

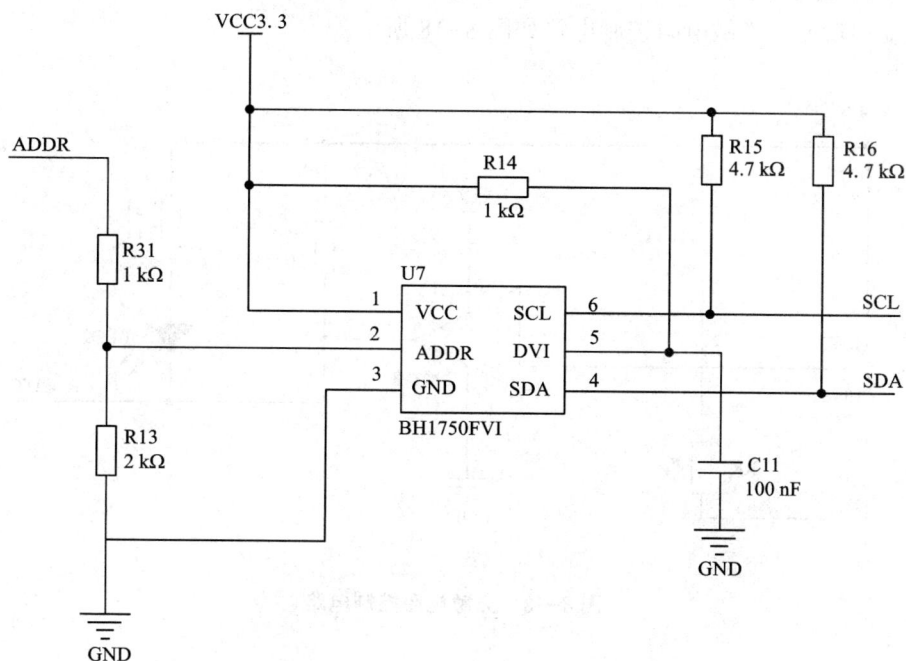

图 8-16　光照强度传感器控制电路原理图

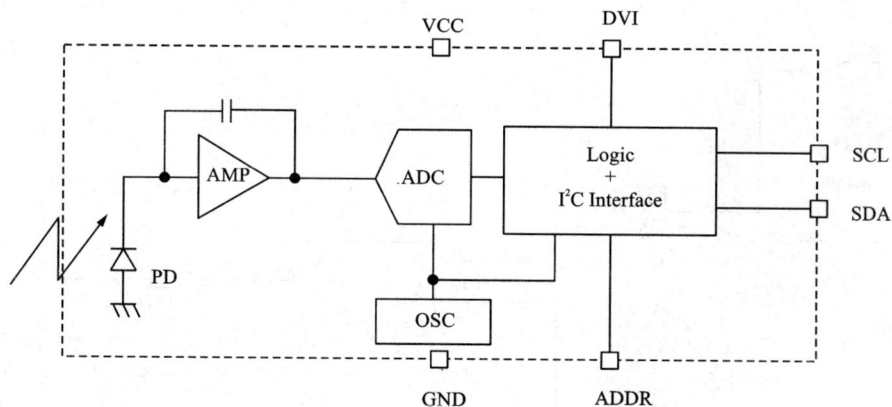

图 8-17　BH1750 内部框图

- OSC：内部振荡器（典型值 320 kHz），它是内部逻辑的时钟。
- ADDR 引脚说明：

ADDR 引脚为高电平（ADDR≥0.7VCC）地址为"1011100"；

ADDR 引脚为低电平（ADDR≤0.3VCC）地址为"0100011"。

- DVI：DVI 为参考电压，当供电后，DVI 引脚至少延时 1 μs 后变为高电平。若 DVI 持续低电平，则芯片不工作。

4）光敏电阻

在不同光照强度下，调节 RW3 即可调节电压比较器基准电压，从而实现在不同环境下测试光强度的功能。光敏电阻控制电路如图 8-18 所示。

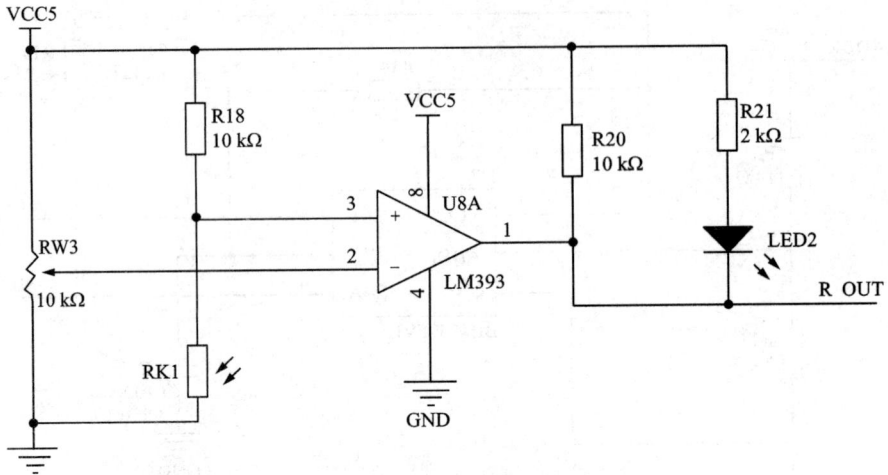

图 8-18　光敏电阻控制电路

5）蜂鸣器控制电路

本设计利用施密特触发器构成多谐振荡器产生 2Hz 方波。只要 BEEP 引脚为低电平，蜂鸣器便以 2Hz 的频率鸣叫。蜂鸣器控制电路如图 8-19 所示。

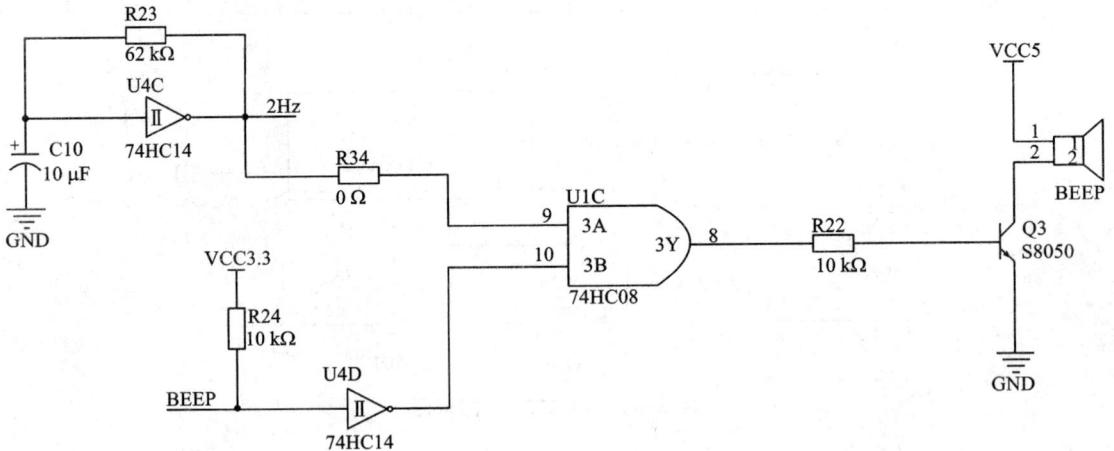

图 8-19　蜂鸣器控制电路

6）指示灯控制电路

本设计与蜂鸣器控制电路共用一组 2Hz 方波信号。只要 LED_R 为低电平，LED4、LED5 便以 2Hz 频率闪烁；只要 LED_L 为低电平，LED1、LED3 便以 2Hz 频率闪烁。指示灯控制电路如图 8-20 所示。

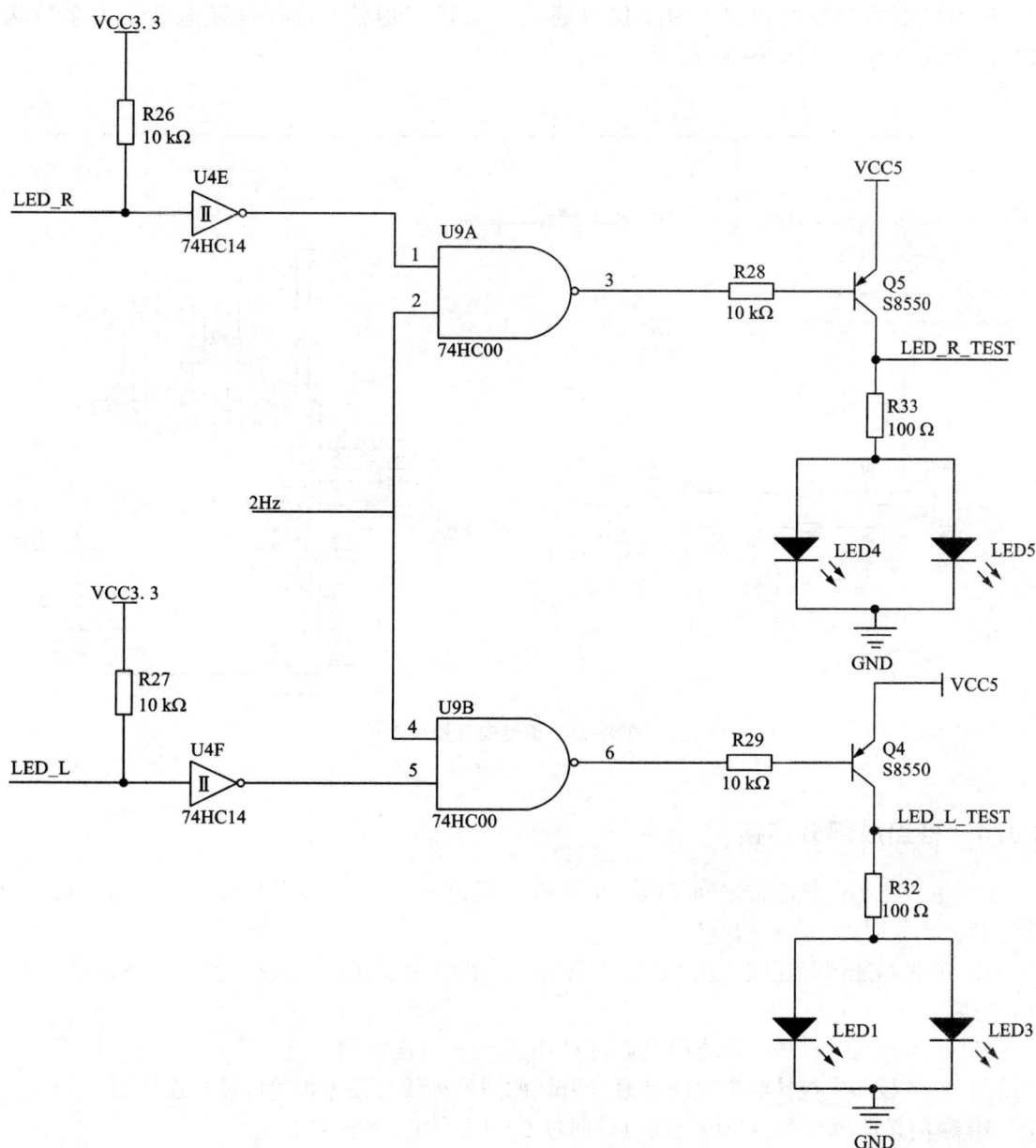

图 8-20 指示灯控制电路

7) 语音交互模块

SYN7318 智能语言交互模块集成了语音识别、语音合成和语音唤醒功能。其中语言识别方面,支持 10000 条词条的语音识别,可实现语义理解,并支持识别词条的分类反馈能力。如对于"请开灯 1""开灯 1""打开灯 1"均可以反馈为用户指定的命令 ID = 1。语音合成方面,具有清晰、自然、准确的中文语音合成效果。模块支持任意中文文本的合成,可以采用 GB2312、GBK、BIG5 和 Unicode 大头或 Unicode 小头四类五种编码方式。支持多种有趣的唤醒名字，并且为了适应用户的个性化需求支持自定义唤醒名字功能。所有的命令帧都是通过 UART 接口通信方式进行通信，可以很好地满足大多数场景。语音交互模块如图 8-21 所示。

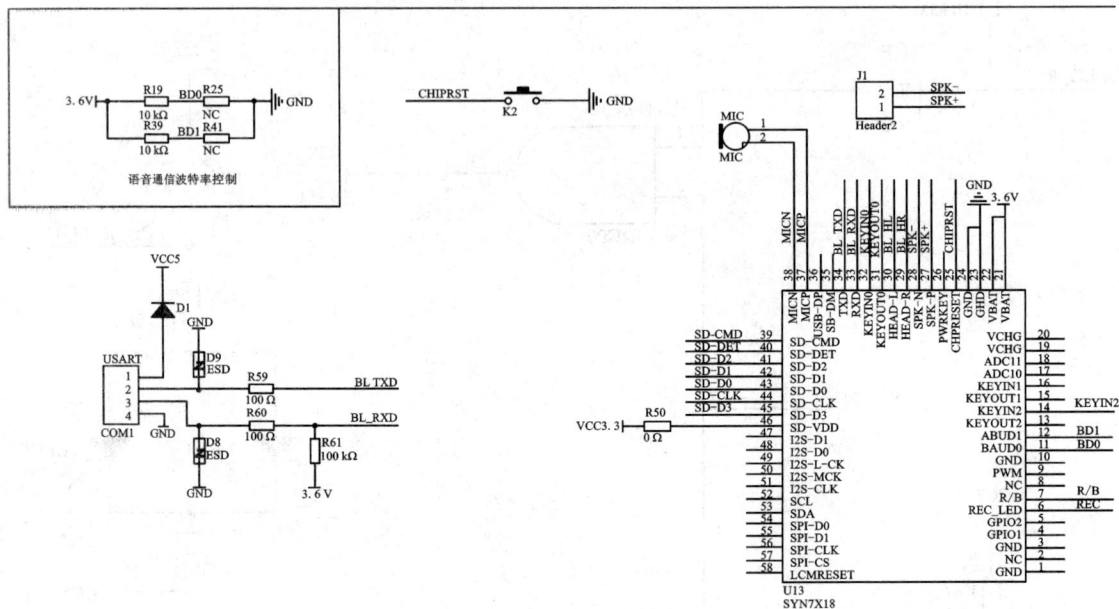

图 8-21 语音交互模块

8.1.4 各组成部分连接

（1）电机与小车核心板之间接线。小车核心板 2P 端子 J3、J4 分别接小车左边电机，2P 端子 J7、J8 分别接小车右边电机。

（2）电机测速部分连线。左、右电机码盘线分别用 4P 的防反插线与主控制核心板的 J6、J10 连接。

（3）循迹板与主控核心板之间是通过 CAN 总线进行连接的。

（4）任务板与主控核心板之间是通过 16P 的防反插线与任务板接口进行连接的。

5D 通信显示板与主控制板之间也是通过 CAN 总线进行连接的。

具体接线如图 8-22 所示。

图 8-22　各模块单元连线说明图

8.2　智能机器人硬件资源

8.2.1　主控核心板硬件资源

主控核心板由主处理器单元、电机驱动单元、扩展用户 LED 灯单元、扩展用户按键单元、蜂鸣器控制单元、CAN 总线通信单元、DC-DC 电源转换单元等组成；其接口包括 Jlink 仿真器接口、串口调试接口、码盘测速接口、CAN 接口、16P I/O 扩展口（接任务板）、14P I/O 扩展口（预留）。右侧系统开关是除电机驱动单元以外的所有单元的总开关，电机驱动单元由左侧拨挡开关控制。核心板模块实物说明图如图 8-23 所示。

1）ARM 处理器：STM32F103VCT6

该 ARM 处理器采用 ARM Cortex-M3 内核设计，其工作频率最高为 72 MHz，内部集成 12 位高精度 AD 转换器、11 个定时器、5 路 USART 等，性能稳定。可以在 Keil 软件中直接调试/下载程序。注意，需要将核心板的拨动开关 BOOT0 拨到 L 端。

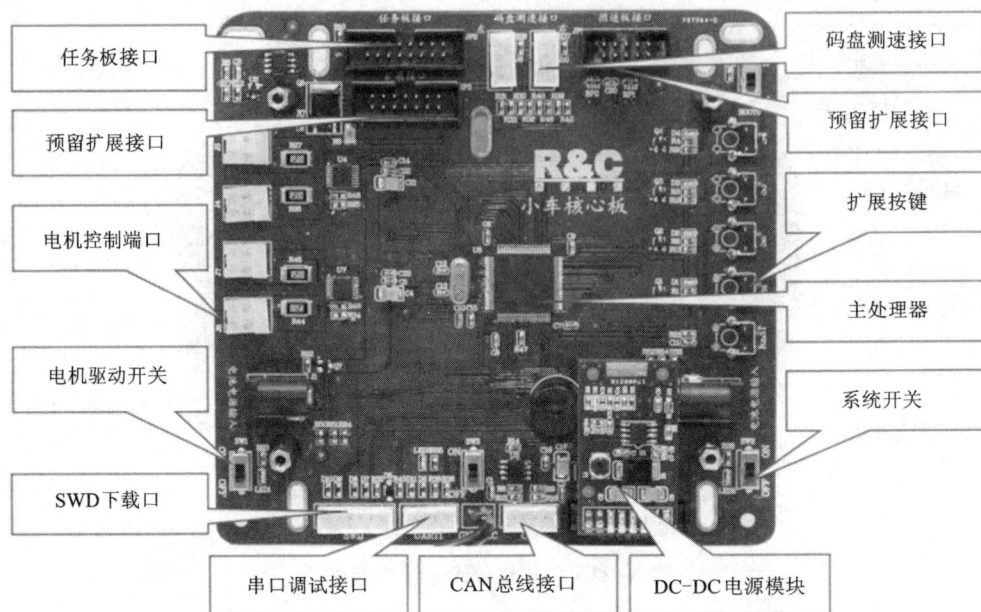

图 8-23　核心板模块实物说明图

2）DC-DC 电源转换电路

DC-DC 电源转换电路原理图如图 8-24 所示。

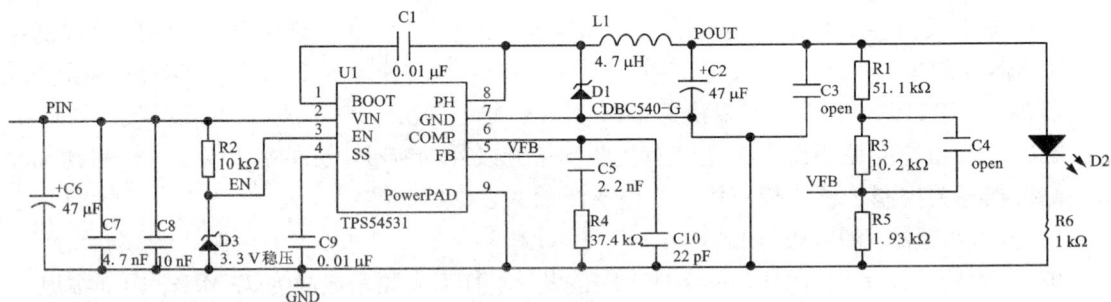

图 8-24　DC-DC 电路原理图

3）电机驱动电路

电机驱动电路原理图如图 8-25 所示。

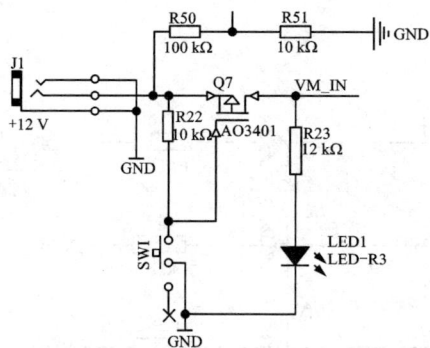

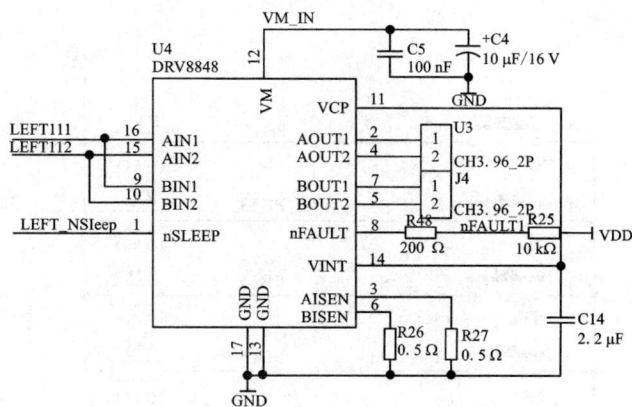

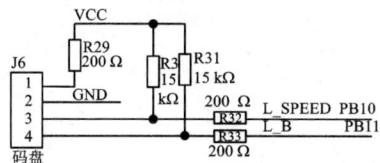

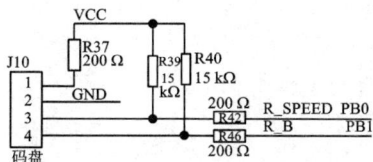

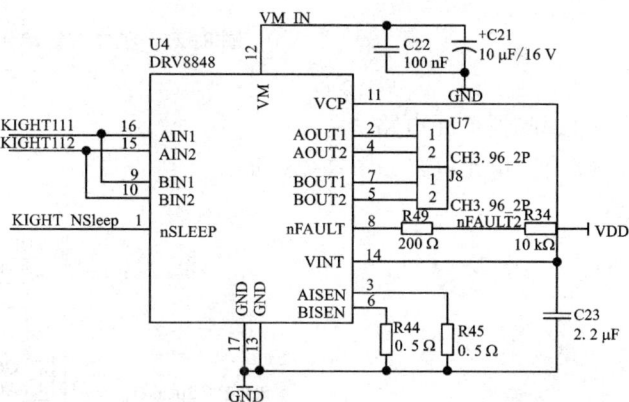

图 8-25 电机驱动电路原理图

4）LED 灯单元电路

LED 灯单元电路如图 8-26 所示。

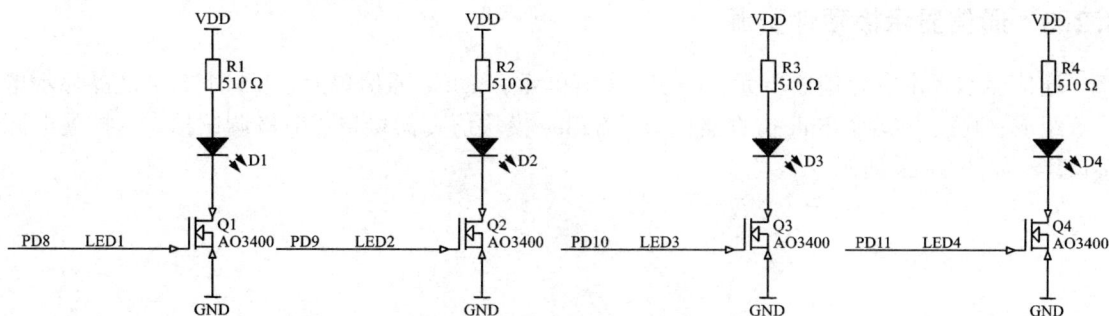

图 8-26 LED 灯单元电路

5）独立按键单元电路

独立按键单元电路如图 8-27 所示。

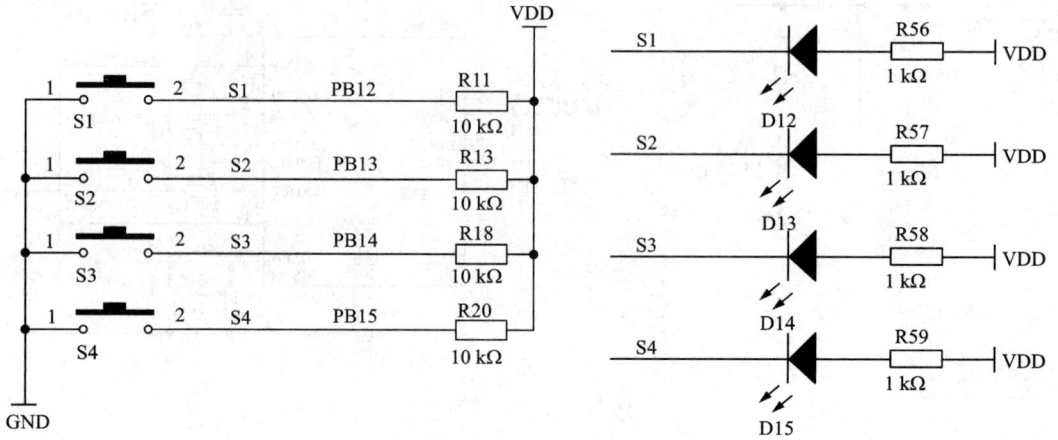

图 8-27 独立按键单元电路

6）蜂鸣器单元电路

蜂鸣器单元电路如图 8-28 所示。

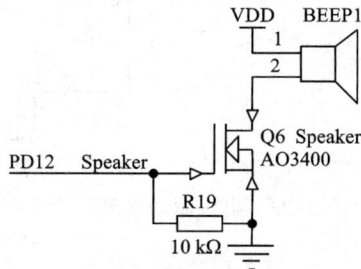

图 8-28 蜂鸣器单元电路

8.2.2 通信显示板硬件资源

通信显示板由主处理器单元、Wi-Fi 通信单元、Zigbee 通信单元、3.5 寸 TFT 液晶显示单元等组成；其接口包括 Jlink 仿真器接口、ZigBee 模块仿真器接口、串口调试接口、扩展电源接口等，如图 8-29 所示。

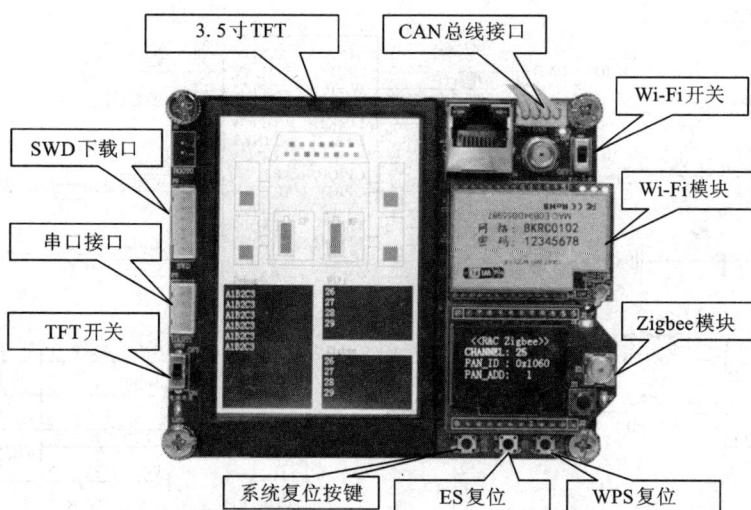

图 8-29　通信显示板实物说明图

通信显示板的控制框图如图 8-30 所示。

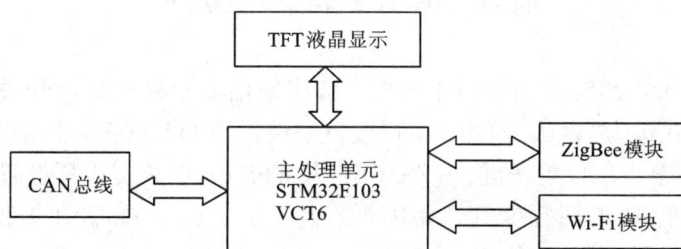

图 8-30　通信显示板控制框图

1）ARM 处理器：STM32F103VCT6

该 ARM 处理器采用 ARM Cortex-M3 内核设计，其工作频率为 72 MHz，内部集成 AD 转换器、11 个定时器、5 路 USART 等，性能稳定。可以在 Keil 软件中直接调试/下载程序。

2）Wi-Fi 通信模块电路

Wi-Fi 通信模块电路原理图如图 8-31 所示。

Wi-Fi 模块采用 RM04 模块，是海凌科电子新推出的低成本高性能嵌入式 UART-ETH-Wi-Fi（串口-以太网-无线网）模块。基于通用串行接口的符合网络标准的嵌入式模块，内置 TCP/IP 协议栈，能够实现用户串口、以太网、无线网（Wi-Fi）3 个接口之间的任意透明转换。通过 HLK-RM04 模块，传统的串口设备在不需要更改任何配置的情况下，即可通过 Internet 网络传输自己的数据，为用户的串口设备通过以太网传输数据提供了平台。

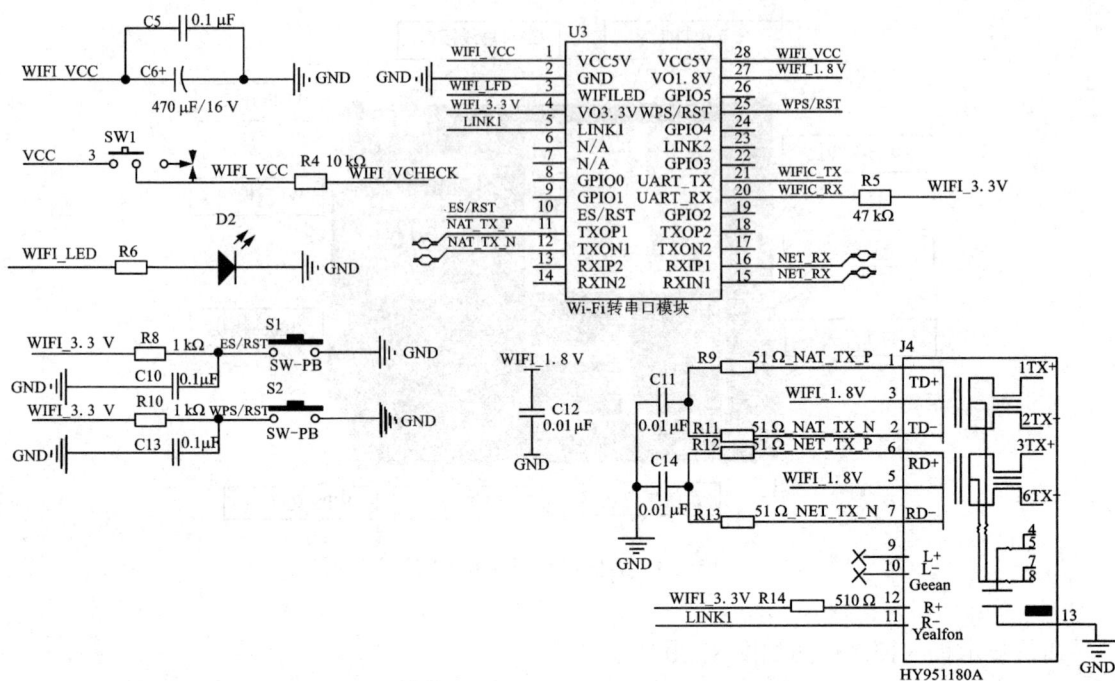

图 8-31　Wi-Fi 通信模块电路原理图

在使用智能嵌入式系统应用创新平台时，请将通信显示板的拨动开关 SW1 拨至 ON 端（Wi-Fi 供电）。模式选为"默认"模式，串口波特率设置为 115200 bps，端口号为 60000。ES/RST 为退出透传/恢复出厂设置按键，WPS/RST 为 WPS 模式/恢复出厂设置按键。上电后 Wi-Fi 模块的红灯先亮，接着两颗绿灯开始闪烁。复位时，长按 ES/RST 7 秒以上，两个绿灯灭，只有红灯亮，松开按键即可复位。

其无线数据检测采用网络串口助手便可查看，如图 8-32 所示。配置是选择 TCP Client 协议类型。IP 地址为 192.168.XX.254。XX 为小车编号（BKRC_xx），端口号为 60000。

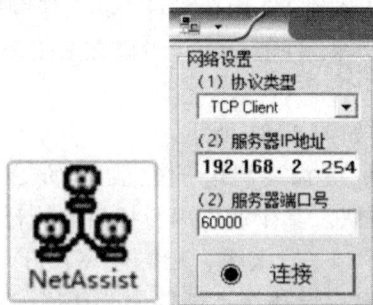

图 8-32　网络串口助手查看界面

3）ZigBee 通信模块电路原理图

ZigBee 通信模块接口如图 8-33 所示。ZigBee 通信模块采用 TI 公司的 ZigBee SOC 射频芯片 CC2530F256，片上集成高性能 8051 内核、ADC、USART 等，支持多种组网方式。通信显示板上的 ZigBee 模块采用同样遵循 2.4G 频段的 IEEE802.15.4 标准的 Z-Stack 协议栈。各节点之间采用地址寻址的方式，设置主从状态，将获得的数据通过串口与通信显示板上的 ARM 处理器通信，波特率为 115200 bps，每次区分数据帧时间间隔为 2ms。

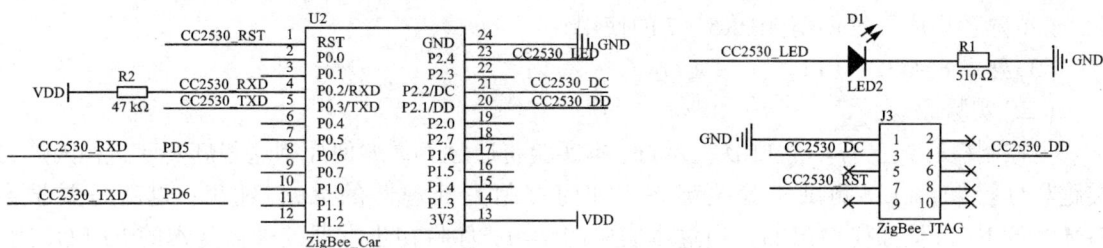

图 8-33 ZigBee 通信模块接口

4）TFT 显示单元电路

TFT 显示单元电路如图 8-34 所示。

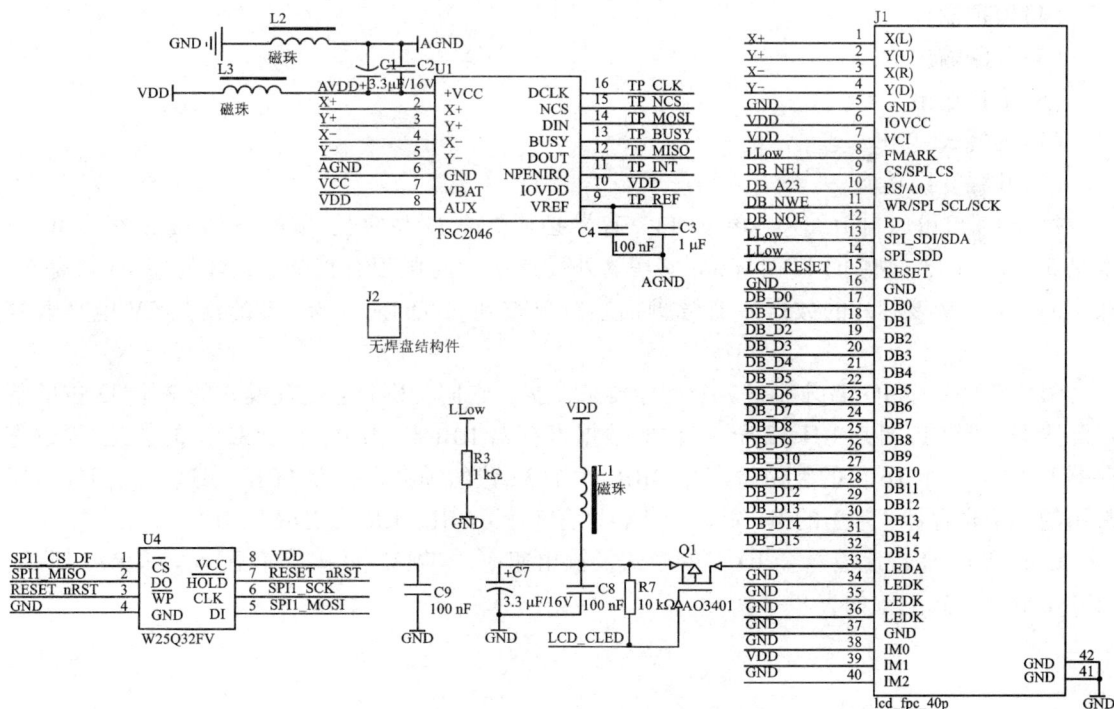

图 8-34 TFT 显示单元电路原理图

8.3　工程实例

8.3.1　LED 测试实验

（一）实验目的

（1）掌握基本的 IO 读写技巧。

（2）熟悉集成开发环境 MDK5.17 的使用。

（3）熟悉 STM32 IO 口。

（二）实验原理

主控制核心板上有 4 个 LED 指示灯，本实验将通过教你如何控制这些灯实现交替闪烁的类跑马灯效果。LED 测试实验关键在于如何控制主处理器的 IO 口输出，也就是要学会 STM32 的 IO 口是如何输出的。通过本实验的学习，你将初步掌握处理器基本的 IO 口使用，而这是迈向 STM32 开发的第一步。

STM32 的 IO 口可以由软件配置成 8 种模式：

（1）输入浮空

（2）输入上拉

（3）输入下拉

（4）模拟输入

（5）开漏输出

（6）推挽输出

（7）推挽式复用功能

（8）开漏复用功能

每个 IO 口可以自由编程，单 IO 口寄存器必须要按 32 位字长访问。STM32 的很多 IO 口都是 5V 兼容的，这些 IO 口在与 5V 电平的外设连接的时候很有优势，具体哪些 IO 口是 5V 兼容的，可以从该芯片的数据手册管脚描述章节查到（I/O Level 标 FT 的就是 5V 电平兼容的）。

STM32 的每个 IO 端口都有 7 个寄存器来控制。它们分别是：配置模式的 2 个 32 位的端口配置寄存器 CRL 和 CRH；2 个 32 位的数据寄存器 IDR 和 ODR；1 个 32 位的置位/复位寄存器 BSRR；一个 16 位的复位寄存器 BRR；1 个 32 位的锁存寄存器 LCKR。这里我们仅介绍常用的几个寄存器，常用的 IO 端口寄存器只有 4 个：CRL、CRH、IDR、ODR。

CRL 和 CRH 控制着每个 IO 口的模式及输出速率。STM32 的 IO 口位配置如表 8-1 所示，STM32 输出模式配置如表 8-2 所示。

表 8-1　STM32 的 IO 口位配置表

配置模式		CNF1	CNF0	MODE1	MODE0	PxODR 寄存器
通用输出	推挽式（Push-Pull）	0	0	01		0 或 1
	开漏（Open-Drain）		1	10		0 或 1
复用功能输出	推挽式（Push-Pull）	1	0	11		不使用
	开漏（Open-Drain）		1	见表 8-2		不使用
输入	模拟输入	0	0	00		不使用
	浮空输入		1			不使用
	下拉输入	1	0			0
	上拉输入					1

表 8-2　STM32 输出模式配置表

MODE[1:0]	意义
00	保留
01	最大输出速度为 10 MHz
10	最大输出速度为 2 MHz
11	最大输出速度为 50 MHz

接下来我们看看端口低配置寄存器 CRL 的描述，如图 8-35 所示。

该寄存器的复位值为 0X44444444，从表 8-1 可以看到，复位值其实就是配置端口为浮空输入模式的值。从图 8-35 还可以得出：STM32 的 CRL 控制着每个 IO 端口（A~G）的低 8 位的模式。每个 IO 端口的位占用 CRL 的 4 个位，高两位为 CNF，低两位为 MODE。这里我们可以记住几个常用的配置，比如 0X4 表示模拟输入模式（ADC 用）、0X3 表示推挽输出模式（作输出口用，50 MHz 速率）、0X8 表示上/下拉输入模式（作输入口用）、0XB 表示复用输出（使用 IO 口的第二功能，50 MHz 速率）。

CRH 的作用和 CRL 完全一样，只是 CRL 控制的是低 8 位输出口，而 CRH 控制的是高 8 位输出口。这里我们对 CRH 就不做详细介绍了。

给个实例，比如我们要设置 PORTC 的 11 位为上拉输入，12 位为推挽输出。代码如下：

GPIOC->CRH&=0XFFF00FFF；//清除掉这 2 个位原来的设置，同时也不影响其他位的设置

GPIOC->CRH|=0X00038000；　//PC11 输入，PC12 输出

GPIOC->ODR=1<<11；//PC11 上拉

通过这 3 句话的配置，我们就设置了 PC11 为上拉输入，PC12 为推挽输出。

IDR 是一个端口输入数据寄存器，只用了低 16 位。该寄存器为只读寄存器，并且只能以 16 位的形式读出。该寄存器各位的描述如图 8-36 所示。

要想知道某个 IO 口的状态，你只要读这个寄存器，再看某个位的状态就可以了，使用起来是比较简单的。

31	30	29	28	27	26	25	24	23	22	21	20	19	18	17	16
CNF7[1:0]		MODE7[1:0]		CNF6[1:0]		MODE6[1:0]		CNF5[1:0]		MODE5[1:0]		CNF4[1:0]		MODE4[1:0]	
rw	rw	rw	rw	rw	rw	rw	rw	rw	rw	rw	rw	rw	rw	rw	rw

15	14	13	12	11	10	9	8	7	6	5	4	3	2	1	0
CNF3[1:0]		MODE3[1:0]		CNF2[1:0]		MODE2[1:0]		CNF1[1:0]		MODE1[1:0]		CNF0[1:0]		MODE0[1:0]	
rw	rw	rw	rw	rw	rw	rw	rw	rw	rw	rw	rw	rw	rw	rw	rw

位31:30 27:26 23:22 19:18 15:14 11:10 7:6 3:2	CNFy[1:0]：端口 x 的配置位（y=0,1,…,7） 软件通过这些位配置相应的 I/O 端口 在输入模式（MODE[1:0]=00）： 00：模拟输入模式 01：浮空输入模式（复位后的状态） 10：上拉/下拉输入模式 11：保留 在输出模式（MODE[1:0]＞00）： 00：通用推挽输出模式 01：通用开漏输出模式 10：复用功能推挽输出模式 11：复用功能开漏输出模式
位29:28 25:24 21:20 17:16 13:12 9:8，5:4 1:0	MODEy[1:0]：端口 x 的模式位（y=0,1,…,7） 软件通过这些位配置相应的 I/O 端口 00：输入模式（复位后的状态） 01：输出模式，最大速度 10 MHz 10：输出模式，最大速度 2 MHz 11：输出模式，最大速度 50 MHz

图 8-35 端口低配置寄存器 CRL 各位描述

31	30	29	28	27	26	25	24	23	22	21	20	19	18	17	16
保留															

15	14	13	12	11	10	9	8	7	6	5	4	3	2	1	0
IDR15	IDR14	IDR13	IDR12	IDR11	IDR10	IDR9	IDR8	IDR7	IDR6	IDR5	IDR4	IDR3	IDR2	IDR1	IDR0
r	r	r	r	r	r	r	r	r	r	r	r	r	r	r	r

位31:16	保留，始终读为 0
位15:0	IDRy[15:0]：端口输入数据（y=0,1,…,15） 这些位为只读并只能以字（16 位）的形式读出。读出的值为对应 I/O 口的状态

图 8-36 端口输入数据寄存器 IDR 各位描述

ODR 是一个端口输出数据寄存器，也只用了低 16 位。该寄存器虽然为可读写，但是从该寄存器读出来的数据都是 0。只有写是有效的。其作用就是控制端口的输出。该寄存器的各位描述如图 8-37 所示。

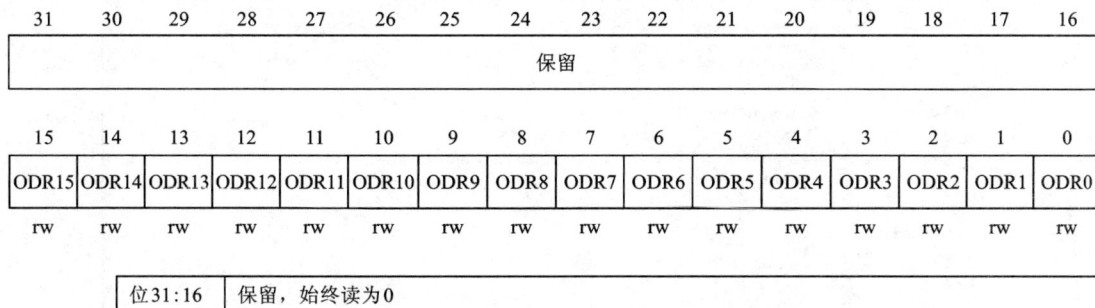

31	30	29	28	27	26	25	24	23	22	21	20	19	18	17	16
							保留								

15	14	13	12	11	10	9	8	7	6	5	4	3	2	1	0
ODR15	ODR14	ODR13	ODR12	ODR11	ODR10	ODR9	ODR8	ODR7	ODR6	ODR5	ODR4	ODR3	ODR2	ODR1	ODR0
rw	rw	rw	rw	rw	rw	rw	rw	rw	rw	rw	rw	rw	rw	rw	rw

位31:16	保留，始终读为 0

图 8-37 端口输出数据寄存器 ODR 各位描述

了解了这几个寄存器，我们就可以开始跑马灯实验的真正设计了。

(三) 实验步骤

1) 硬件资源连接

小车核心板的 PD8~PD11 位与 D1~D4 灯相连，如图 8-38 所示。

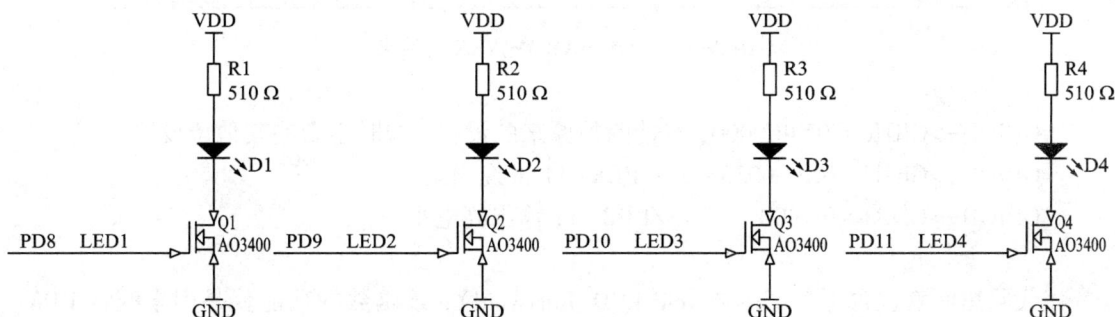

图 8-38 LED 硬件设计

2) 软件设计

首先，找到实验对应的 TEST 工程，在该文件夹下面新建一个 HARDWARE 的文件夹，用来存储以后与硬件相关的代码。然后在 HARDWARE 文件夹下新建一个 LED 文件夹，用来存放与 LED 相关的代码，如图 8-39 所示。

打开 TEST 工程，按 File 菜单下的 ▯ 按钮新建一个文件，然后保存在 HARDWARE->LED 文件夹下面，保存文件名为 led.c。在该文件中输入如下代码：

```
#include "led.h"
//初始化 PD 为输出口，并使能这个口的时钟
//LED IO 初始化
void LED_Init(void)
{
    RCC->APB2ENR| =1<<5;        //使能 PORTD 时钟
```

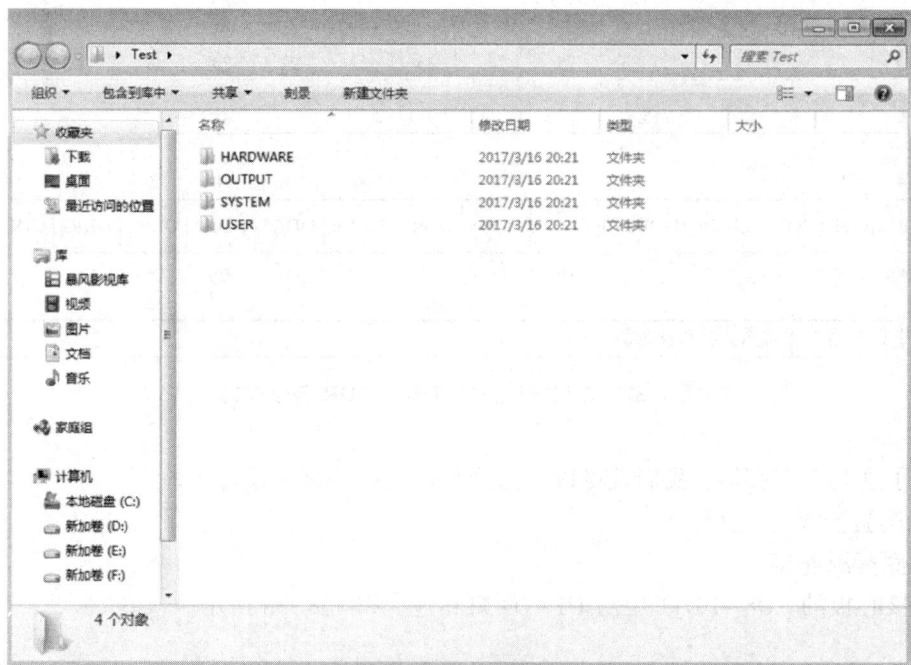

图 8-39 新建 HARDWARE 文件夹

GPIOD->CRH&=0Xffff0000；//清除掉原来的设置，同时不影响其他位设置
GPIOD->CRH|=0X00003333；//PD8~11 推挽输出
GPIOD->ODR|=0x0f00；   //PD8~11 输出高电平
}

该代码里面就包含了一个函数 void LED_Init(void)，该函数的功能就是用来配置 PD8~PD11 为推挽输出。APB2ENR 是 APB2 总线上的外设时钟使能寄存器，其各位的描述如图 8-40 所示。

31	30	29	28	27	26	25	24	23	22	21	20	19	18	17	16
保留															

15	14	13	12	11	10	9	8	7	6	5	4	3	2	1	0
ADC3 EN	USART1 EN	TIM8 EN	SPI1 EN	TIM1 EN	ADC2 EN	ADC1 EN	IOPG EN	IOPF EN	IOPE EN	IOPD EN	IOPC EN	IOPB EN	IOPA EN	保留	AFI0 EN
rw	rw	rw	rw	rw	rw	rw	rw	rw	rw	rw	rw	rw	rw		rw

图 8-40 寄存器 APB2ENR 各位描述

我们要使能 PORTD 的时钟使能位，该位在第 5 位 IOPDEN，只要将这位置 1 就可以使能 PORTD 的时钟了。该寄存器还包括了很多其他外设的时钟使能。大家在以后会慢慢使用到的。

设置 IO 口时钟后，使用 LED_Init( ) 函数配置 PD8~PD11 的模式为推挽输出，并且默认输出 1。这样就完成了对相应 IO 口的初始化。

保存 led. c 代码，然后在 HARDWARE->LED 文件夹下面，新建一个 led. h 文件，也保存在 LED 文件夹下面。

在 led. h 中输入如下代码：

#ifndef_LED_H

#define_LED_H

#include " sys. h"

//LED 端口定义

#define LED0 PDout(8)// PD8

#define LED1 PDout(9)// PD9

#define LED2 PDout(10)// PD10

#define LED3 PDout(11)// PD11

void LED_Init(void)；//初始化

#endif

最后点击保存 LED. h 文件。

接着，我们在 Manage Components 管理里面新建一个 HARDWARE 的组，并把 led. c 加入到这个组里面，如图 8-41 所示。

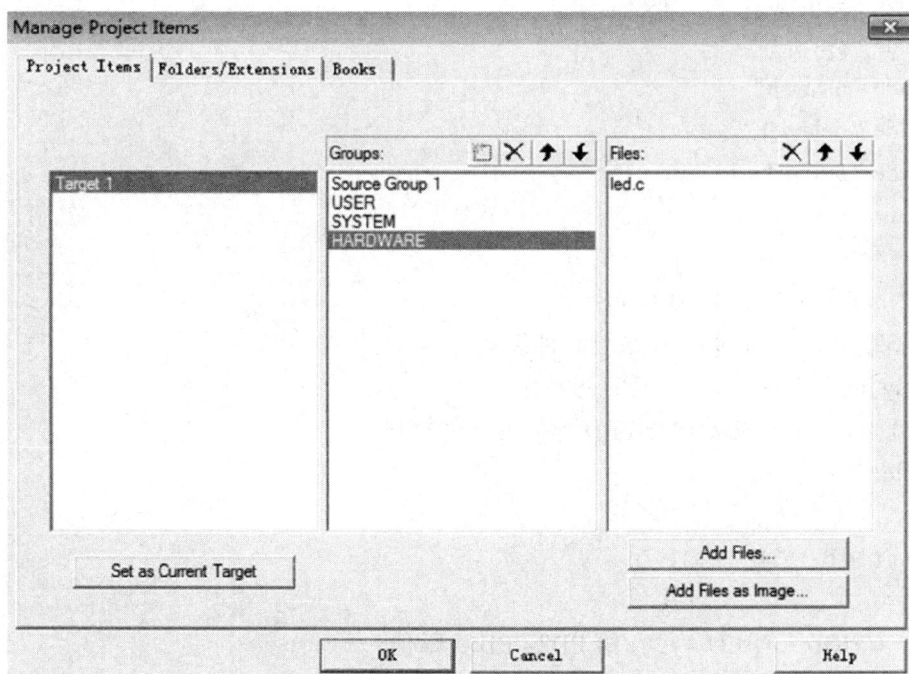

图 8-41　给工程新增 HARDWARE 组(一)

单击"OK"，回到工程，然后你会发现在 Project Workspace 里面多了一个 HARDWARE 的组，在该组下面有一个 led. c 的文件，如图 8-42 所示。

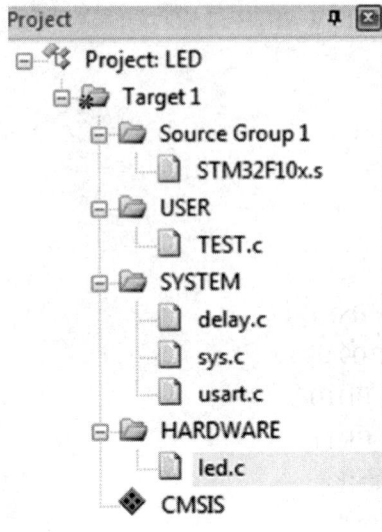

图 8-42　给工程新增 HARDWARE 组(二)

回到主界面, 在 main 函数里面编写如下代码:

```c
#include <stdio. h>
#include "sys. h"
#include "usart. h"
#include "delay. h"
#include "led. h"
int main(void)
{
    u32 j=0x0100, i, k=0x0f00;
    Stm32_Clock_Init(9); //系统时钟设置
    delay_init(72);      //延时初始化
    LED_Init(); //初始化与 LED 连接的硬件接口
    while(1)
    {
        for(i=0; i<4; i++)
        {
            GPIOD->ODR|=j; //给 PD8~PD11 赋值
            delay_ms(600);
            j<<=1;   //左移
            GPIOD->ODR&=0x00;
        }
        j=0x0100;
```

```
        for( i = 0; i<4; i++)
         {
          GPIOD->ODR| = k; //给 PD8~PD11 赋值
          delay_ms( 600);
          k>>= 1; //右移
          GPIOD->ODR&= 0x00;
         }
        k = 0x0f00;
       }
      }
```

代码先包含了#include "led.h"这句，使得在 led.h 头文件中定义的函数如 LED_Init 或变量等能在 main 函数里被调用。接下来，main 函数先配置系统时钟为 72 MHz，然后把延时函数初始化一下。接着就是调用 LED_Init 来初始化 PD8~PD11（设置为输出）。最后在死循环里面实现流水灯功能。

然后按 ，编译工程，得到结果如图 8-43 所示。

```
linking...
Program Size: Code=3312 RO-data=268 RW-data=12 ZI-data=812
FromELF: creating hex file...
"..\Output\LED.axf" - 0 Error(s), 0 Warning(s).
Build Time Elapsed:  00:00:00
```

图 8-43　编译结果

3）程序下载

打开小车核心板电源（请确保 BOOT0 设置开关拨到"L"侧），点击下载按钮，进行程序下载。

4）观察实验结果

4 个 LED 灯实现流水灯功能。

（四）参考实验代码

实验源代码请参考"主控板测试程序\LED 测试实验"。

8.3.2　按键实验

（一）实验目的

（1）学习基本的数据处理方法、数据的传输、基本指令的使用。

（2）了解 STM32 的 IO 口作为输入使用的方法。

（二）实验原理

主控核心板处理器 STM32 的 IO 控制在 8.3.1 节已经有详细的介绍，这里不再细述。当 STM32 的 IO 口作输入使用的时候，是通过读取 IDR 寄存器的内容来读取 IO 口状态的。了解了这点，就可以开始我们的代码编写。

这一节，我们将通过小车核心板上载有的 4 个独立按钮 S1、S2、S3 和 S4，来控制核心板上自带的 4 个 LED 灯，其中 S1 控制 D1，S2 控制 D2，S3 控制 D3，S4 控制 D4，按一次灯亮，再按一次灯灭，如此循环。

(三)实验步骤

1)硬件资源连接

小车核心板的四个独立按键与 PB12~PB15 口相连并自带独立 LED 灯状态显示，其电路原理图如图 8-44 所示。

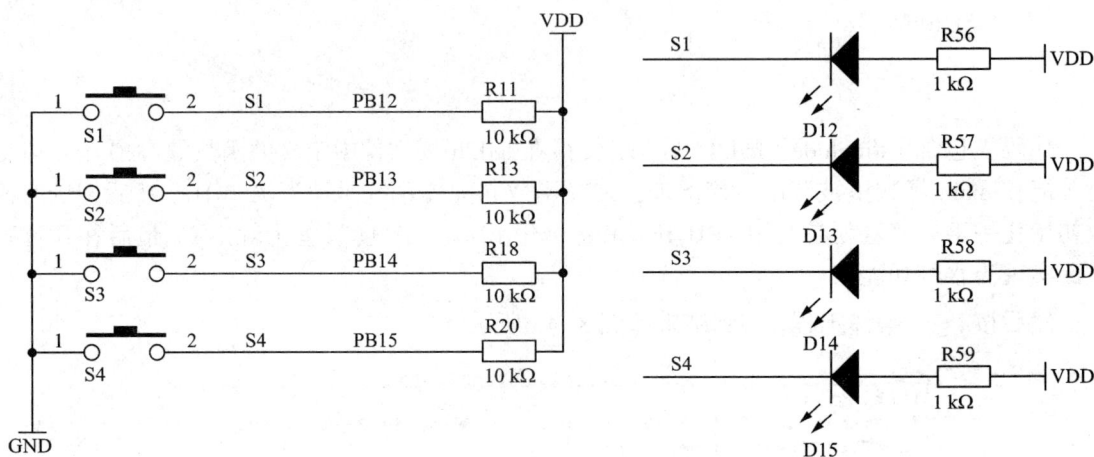

图 8-44　独立按键电路原理图

2)软件设计

找到实验对应的 TEST 工程，双击 TEST.uvproj 工程文件，按键的实现过程请参阅工程中的 key.c 和 key.h。

3)程序下载

程序下载设置请参考 MDK 说明文档的第 3 小节程序下载配置部分，最后打开小车核心板电源(请确保 BOOT0 设置开关拨到"L"侧)，点击下载按钮，进行程序下载。

4)观察实验结果

S1 控制 D1 状态翻转，S2、S3、S4 同理。

(四)参考实验代码

实验源代码请参考"主控板测试程序\按键实验"。

8.3.3　PWM 输出实验

(一)实验目的

(1)了解 STM32 的内部定时器原理。

(2)掌握 STM32 的 PWM 输出的编程方法。

(二)实验原理

脉冲宽度调制(PWM)，是英文"Pulse Width Modulation"的缩写，简称脉宽调制，是利用微处理器的数字输出来对模拟电路进行控制的一种非常有效的技术。简单一点，就是对脉冲宽度的控制。STM32 的定时器除了 TIM6 和 TIM7。其他的定时器都可以用来产生 PWM 输出。其中高级定时器 TIM1 和 TIM8 可以同时产生多达 7 路的 PWM 输出。而通用定时器也能同时产生多达 4 路的 PWM 输出，这样，STM32 最多可以同时产生 30 路 PWM 输出。这里我们利用 TIM1 产生 4 路 PWM 输出。

要使 STM32 的通用定时器 TIMx 产生 PWM 输出，除了上一节介绍的寄存器外，我们还会用到 3 个寄存器来控制 PWM 输出。这三个寄存器分别是捕获/比较模式寄存器（TIMx_CCMR1/2）、捕获/比较使能寄存器（TIMx_CCER）、捕获/比较寄存器（TIMx_CCR1~4）。接下来我们简单介绍一下这三个寄存器。

首先是捕获/比较模式寄存器（TIMx_CCMR1/2），该寄存器总共有 2 个：TIMx_CCMR1 和 TIMx_CCMR2。TIMx_CCMR1 控制 CH1 和 CH2 通道，而 TIMx_CCMR2 控制 CH3 和 CH4 通道。该寄存器的各位描述如图 8-45 所示。

15	14	13	12	11	10	9	8	7	6	5	4	3	2	1	0
OC2CE	OC2M[2:0]			OC2PE	OC2FE	CC2S[1:0]		OC1CE	OC1M[2:0]			OC1PE	OC1FE	CC1S[1:0]	
IC2F[3:0]				IC2PSC[1:0]				IC1F[3:0]				IC1PSC[1:0]			
rw	rw	rw	rw	rw	rw	rw	rw	rw	rw	rw	rw	rw	rw	rw	rw

图 8-45　寄存器 TIMx_CCMR1 各位描述

该寄存器的有些位在不同模式下，功能不一样，所以上图把寄存器分成了 2 层，上面一层对应输出而下面则对应输入。这里需要说明的是模式设置位 OCxM，此部分由 3 位组成，总共可以配置成 7 种模式，我们使用的是 PWM 模式，所以这 3 位必须设置为 110/111。这两种 PWM 模式的区别就是输出电平的极性相反。

接下来，我们介绍捕获/比较使能寄存器（TIMx_CCER），该寄存器控制着各个输入输出通道的开关。该寄存器的各位描述如图 8-46 所示。

15	14	13	12	11	10	9	8	7	6	5	4	3	2	1	0
保留		CC4P	CC4E	保留		CC3P	CC3E	保留		CC2P	CC2E	保留		CC1P	CC1E
		rw	rw			rw	rw			rw	rw			rw	rw

图 8-46　寄存器 TIMx_CCER 各位描述

该寄存器比较简单，有不明白的地方，请参考相关的参考手册。最后，我们介绍一下捕获/比较寄存器（TIMx_CCR1~4），该寄存器总共有 4 个，对应 4 个传输通道 CH1~4。因为这 4 个寄存器都差不多，我们仅以 TIMx_CCR1 为例介绍，该寄存器的各位描述如图 8-47 所示。

在输出模式下，该寄存器的值与 CNT 的值比较，根据比较结果产生相应动作。利用这点，我们通过修改这个寄存器的值，就可以控制 PWM 的输出脉宽了。

至此，我们把这一节要用的几个 TIMx 相关寄存器都介绍完了，我们以 TIM1 的 4 个通道为例，采用其复用功能进行说明。在软件上要做的就是控制 TIM1_CH1、TIM1_CH2、TIM1_CH3 和 TIM1_CH4 的 PWM 输出。

（1）开启 TIM1 时钟，配置 PE9、PE11、PE13 和 PE14 为复用输出。

要使用 TIM1，必须先开启 TIM1 的时钟（通过 APB1ENR 设置），这里我们还要配置 PE9、

15	14	13	12	11	10	9	8	7	6	5	4	3	2	1	0
						CCR1[15:0]									
rw	rw	rw	rw	rw	rw	rw	rw	rw	rw	rw	rw	rw	rw	rw	rw

位15:0	CCR1[15:0]：捕获/比较1的值
	·若CC1通道配置为输出：
	CCR1包含了装入当前捕获/比较1寄存器的值（预装载值）；
	如果在TIMx_CCMR1寄存器(OC1PE位)中未选择预装载特性，写入的数值会立即传输至当前寄存器中；否则只有当更新事件发生时，此预装载值才传输至当前捕获/比较1寄存器中；当前捕获/比较寄存器参与同计数器TIMX_CNT的比较，并在OC1端口上产生输出信号
	·若CC1通道配置为输入：
	CCR1包含了由上一次输入捕获1事件(IC1)传输的计数器值

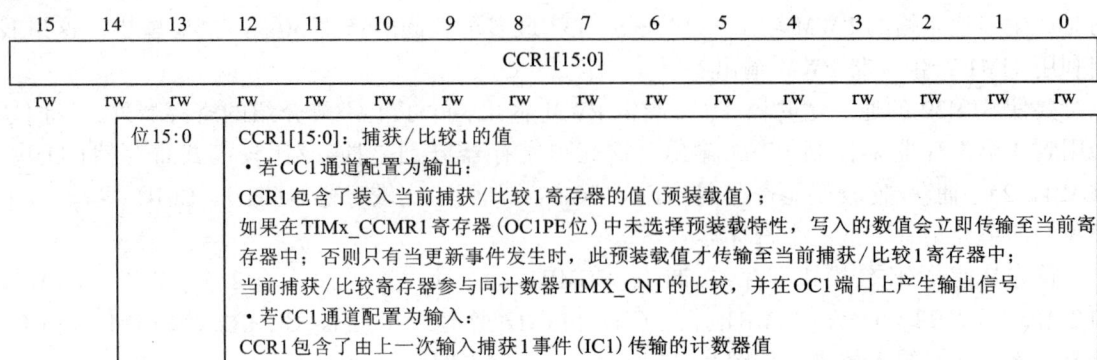

图 8-47　寄存器 TIMx_ CCR1 各位描述

PE11、PE13 和 PE14 为复用输出。这是因为 TIM1 的 4 个通道是以 IO 复用的形式连接到 PE 的 4 个引脚上的。

（2）设置 TIM1 的 ARR 和 PSC。

在开启了 TIM1 的时钟之后，就要设置 ARR 和 PSC 两个寄存器的值来控制输出 PWM 的周期。PWM 周期在这里不宜设置得太小。

（3）设置 TIM1 四个通道的 PWM 模式。

接下来，就要设置 TIM1_CHx 为 PWM 模式（默认是冻结的）。我们要通过配置 TIM1_CCMR1 的相关位来控制 TIM1_CH1 和 TIM1_CH2 的模式，通过配置 TIM1_CCMR2 的相关位来控制 TIM1_CH3 和 TIM1_CH4 的模式。

（4）使能 TIM1 的四个通道输出，使能 TIM1 定时器。

在完成以上设置之后，我们需要开启 TIM1 的通道 1～4 的输出以及 TIM1。前者通过 TIM1_CCER 来设置，是单个通道的开关，而后者则通过 TIM1_CR1 来设置，是整个 TIM1 的总开关。只有设置了这两个寄存器，才能在 TIM1 的通道 1～4 上看到 PWM 波输出。

（5）修改 TIM1_CCRx 来控制占空比。

最后，在经过以上设置之后，PWM 其实已经开始输出了，只是其占空比和频率都是固定的，而我们通过修改 TIM1_CCRx 则可以控制 CHx 的输出占空比变化。通过以上 5 个步骤，我们就可以控制 TIM1 的四个通道输出 PWM 波了。

（三）实验步骤

1）硬件资源连接

小车核心板内部已连接，PE9 和 PE11 分别连接左边的两个电机，PE13 和 PE14 分别连接右边的两个电机。

2）软件设计

打开例程工程里面的 USER 文件夹，双击 TEST.uvproj 工程，具体的 PWM 产生过程请参阅 motor.c 和 motor.h。

3）程序下载

程序下载设置请参考 MDK 说明文档的第 3 小节程序下载配置部分，最后打开小车核心板电源（请确保 BOOT0 设置开关拨到 "L" 侧），点击下载按钮，进行程序下载。

4）观察实验结果

通过按键控制 PWM 的占空比，从而控制小车电机转的快慢。按下 S1 键增加 PWM 占空比，小车电机转得越快；按下 S2 键减少 PWM 占空比，小车电机转得越慢；按下 S3 键 PWM 的占空比为 50%。

（四）参考实验代码

实验源代码请参考"主控板测试程序\PWM 输出实验"。

8.3.4 CAN 总线测试实验

（一）实验目的

（1）学习光电对管的工作原理。

（2）学习 CAN 总线的使用方法。

（二）实验原理

1）CAN 总线概括

CAN 是"Controller Area Network"的缩写，意思是控制器局域网，是国际上应用最为广泛的现场总线之一。起初，CAN 被设计作为汽车环境中的微控制器通信使用，在车载的各种电子控制装置之间交换信息，形成汽车电子控制网络。CAN 总线是一种多主方式串行通信协议，在通信时由 CAN 组成的局域网中的各个设备都可以工作于主机模式。

CAN 总线具有许多十分优越的特点，被广泛应用在分布式实时系统中，包括：

（1）低成本。

（2）极高的总线利用率。

（3）很远的数据传输距离（10 km）。

（4）高速的数据传输速度（高达 1Mbps）。

（5）可根据报文的 ID 决定接收或者屏蔽该报文。

（6）可靠的错误处理和检错机制。

（7）节点在错误严重的情况下具有自动退出总线的功能。

（8）发送的信息遭到破坏后，可自动重复。

2）CAN 总线帧的格式和类型

CAN 总线具有两种不同的帧格式，不同之处在于标识符的长度不同：具有 11 位标识符的帧称为标准帧，而含有 29 位标识符的称为扩展帧。CAN 网络中交换与传输的数据单位称为报文，在传输过程中会不断地将数据封装成帧来进行传输，封装的方式就是添加一些信息。帧是按照一定格式组织起来的数据，一个帧可能由几个帧来组成。报文传输由以下 4 个不同的帧类型来表示和控制。

数据帧：将数据从发送器传输到接收端；

远程帧：总线单元发出远程帧，请求其他单元发送具有统一标识符的数据帧；

错误帧：任何单元检测到总线错误就发出错误帧；

过载帧：过载帧用以在先行和后续的数据帧或远程帧之间提供一个附加的延时。

CAN 总线上的信号使用差分电压进行传送，两条信号线被称为"CAN_H"和"CAN_L"，静态时均是 2.5V 左右，这时的状态表示为逻辑 1，也称为隐形电平。用 CAN_H 的电平比 CAN_L 的电平高的状态表示逻辑 0，称为显性电平，如图 8-48 所示。

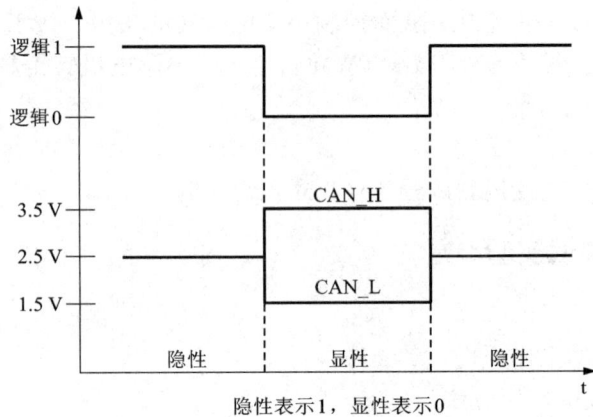

图 8-48　CAN 总线电平

数据帧格式如图 8-49 所示,由 7 个不同的位场组成:帧起始、仲裁场、控制场、数据场、CRC 场、应答场、帧结尾。

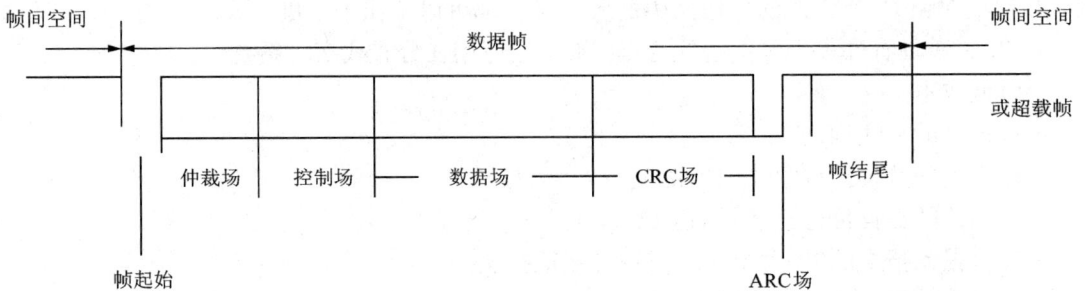

图 8-49　数据帧格式

以标准帧为例,帧起始标志着数据帧和远程帧的开始,仅由一个"显性"位组成,网络中的 CAN 节点只能在总线空闲时才允许开始发送信号。所有的节点必须同步于首先开始发送报文的节点的帧起始前沿。

对于仲裁场,仲裁场由 11 位的标识符和 RTR 位组成,标识符位由 ID28…ID18 组成。这些位按 ID28 到 ID18 的顺序发送,最低位是 ID18。注意,7 个最高位必须不能全是隐形。RTR 的全称为"远程发送请求位",RTR 在数据帧里必须为显性,而在远程帧里必须为隐形。

控制场由 6 个位组成(图 8-50),包括数据长度代码、IDE 位以及保留位 r0。数据长度代码指示了数据场里的字节数量。数据长度代码为 4 位,数据长度代码取值范围为 0~8,其他的数值不允许使用。

数据场由数据帧里需要发送的数据组成,它可以为 0~8 个字节,每个字节包含 8 位,首先发送的是 MSB 位。

3)CAN 总线的位仲裁

图 8-50 控制场具体位情况

CAN 总线解决冲突的方法是，按位对标识符进行仲裁，各节点在向总线发送电平的同时，也对总线上的电平进行读取，并与自身发送的电平进行比较，如果电平相同，则继续发送下一位；如果不同则停止发送并退出总线竞争。剩下的节点获得总线的控制权。获得总线控制权的节点始终被跟踪，一直到数据发送完毕。

在本实验例程中，我们通过 CAN 总线发送数据，通过不同的 CAN ID 实现向通信显示板上的 Debug、Wi-Fi、Zigbee 显示区发送数据，同时上传电量信息与电机模拟转速等。

在实训平台上，我们预留了一个 4P CAN 总线接口，可供用户接入 CAN 设备，采集、监测 CAN 总线数据。

（三）实验步骤

1）硬件资源连接

请参照"各组成部分连接"小节。

2）软件设计

打开例程工程里面的 USER 文件夹，双击 TEST. uvproj 工程，相关实现函数请参考实验例程中"函数使用说明简介. txt"文档。

3）程序下载

程序下载设置请参考 MDK 说明文档的第 3 小节程序下载配置部分，最后打开小车核心板电源（请确保 BOOT0 设置开关拨到"L"侧），点击下载按钮，进行程序下载。

4）观察实验结果

程序正常运行，可以观察到小车通信显示板上 Debug 显示区显示"A1B2C3"；Wi-Fi 与 Zigbee 显示区数据自增，打开电脑连接小车无线网络，配置网络调试助手，可以观察同步数据自增，如图 8-51 所示；电量显示区显示当前电量，电量计算标准为 12 V ~ 9 V，即当检测到电源电压大于等于 12 V 时，计算电量为 100%，同理，当检测到电源电压低于 9 V 时，计算电量为 0%；电机转速显示区显示实时电机转速。

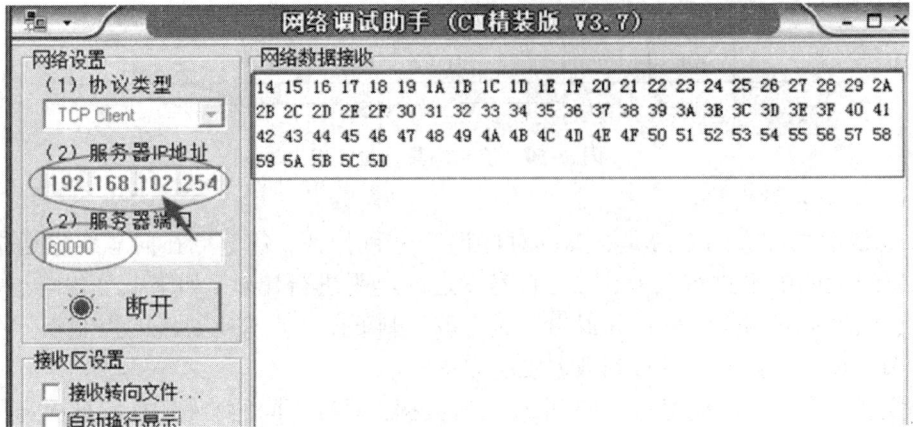

图 8-51　网络调试助手显示数据

(四)参考实验代码

实验源代码请参考"主控板测试程序\CAN 总裁测试实验"。

8.3.5　Wi-Fi 测试实验

(一)实验目的

(1)熟悉 Wi-Fi 模块的使用方法。

(2)掌握单指令控制电机的方法。

(二)实验原理

Wi-Fi 模块已设置为服务器模式,使用 TCP 协议,端口统一设置为 60000,IP 地址设置为 192.168.xxx.254,Wi-Fi 的名称为 BKRC0xxx,例如 IP 地址为 192.168.88.254,则 Wi-Fi 的名称为 BKRC0088。每个小车上的 Wi-Fi 模块 IP 地址不相同,查看各 Wi-Fi 模块上标签,就可以知道 Wi-Fi 的 IP 地址。

使用电脑也可以查看小车上 Wi-Fi 的 IP 地址。电脑连接小车上的 Wi-Fi,打开电脑的控制面板,在控制面板中打开网络和共享中心,在无线网络图标上单击右键选择"状态",如图 8-52 所示。

此模块通过串口方式与通信显示板的单片机连接。当 Wi-Fi 模块接收数据后,会通过串口将数据发送给小车通信显示板上的单片机。此单片机通过 CAN 总线把数据发送给核心板的单片机进行数据处理。

该实验实现 Wi-Fi 串口的自发自收功能,利用 Wi-Fi 串口调试助手进行调试。Wi-Fi 串口调试助手和普通串口调试助手相像,它需要配对相关的通信接口、协议类型、服务器 IP、服务器端口。这些相关设置如图 8-53 所示(不同小车的服务器 IP 不同)。

(三)实验步骤

1)硬件资源连接

请参照"各组成部分连接"小节。

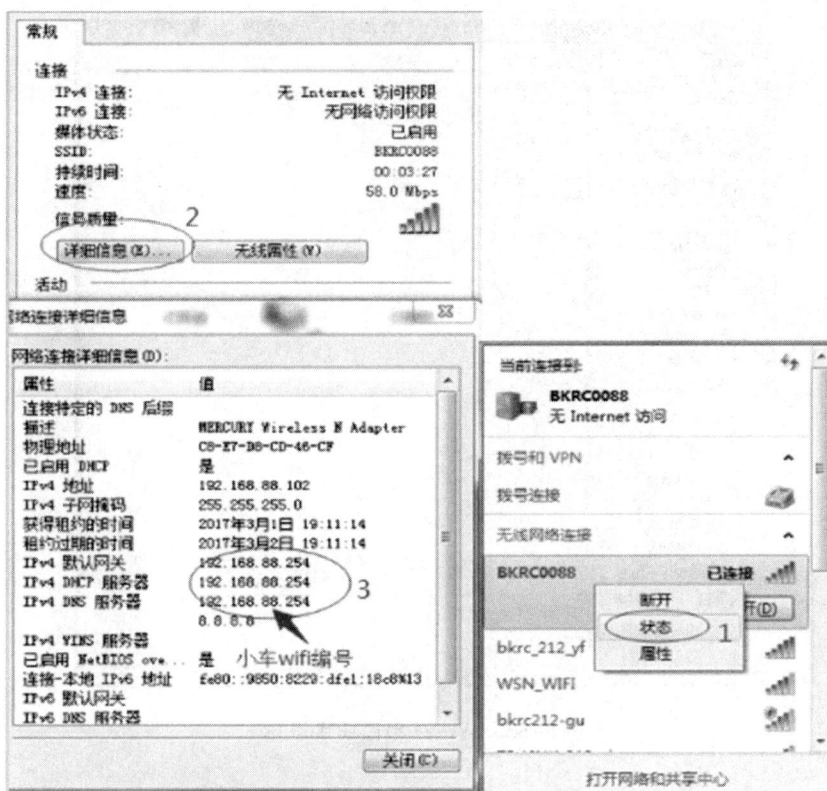

图 8-52　查看 Wi-Fi IP

2）软件设计

打开例程工程里面的 USER 文件夹，双击 TEST. uvproj 工程。具体可参考例程工程。

3）程序下载

程序下载设置请参考 MDK 说明文档的第 3 小节程序下载配置部分，最后打开小车核心板电源（请确保 BOOT0 设置开关拨到"L"侧），点击下载按钮，进行程序下载。

4）观察实验结果

打开 Wi-Fi 串口调试助手软件，设置网络设置并连接，Wi-Fi 串口调试助手发送什么则返回什么，实现自发自收，如图 8-53 所示。

（四）参考实验代码

实验源代码请参考"主控板测试程序\Wi-Fi 测试实验"。

8.3.6　光强度测量实验

（一）实验目的

（1）熟悉光强度传感器的使用。

（2）掌握串口通信的使用方法。

（3）掌握 IIC 总线的使用方法。

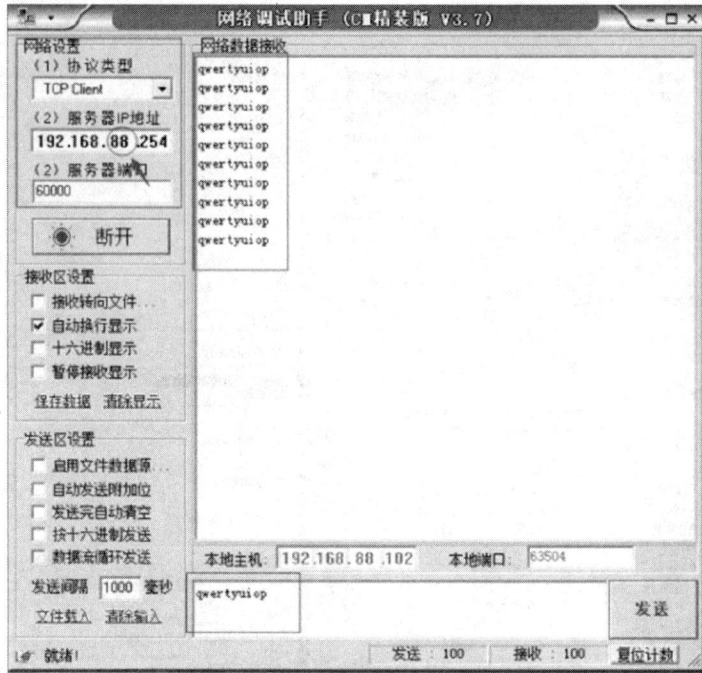

图 8-53　Wi-Fi 串口助手设置

(二) 实验原理

BH1750FVI 是一种用于两线式串行总线接口的数字型光强度传感器集成电路。这种集成电路可以根据收集的光线强度数据来调整液晶或者键盘背景灯的亮度。利用它的高分辨率可以探测较大范围的光强度变化(1～65535lx)。

BH1750 内部框图如图 8-54 所示。

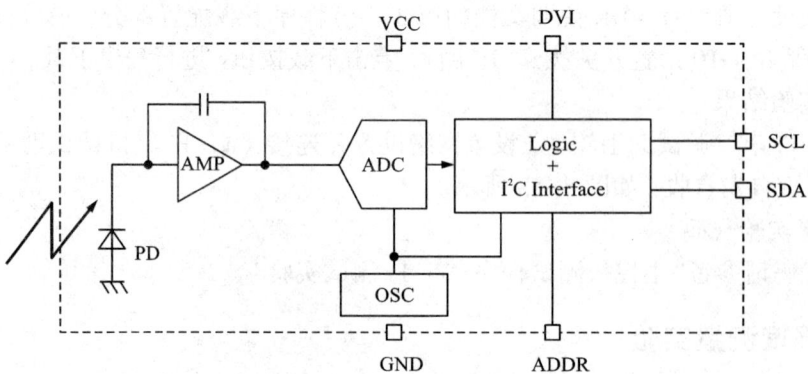

图 8-54　BH1750 内部框图

方框图说明:

● PD:具有近似人眼反应的光电二极管。

- APM：用于将 PD 电流转换为电压。
- ADC：16 位 AD 转换器
- Logic+I^{2}C interface：逻辑+I^{2}C 接口，环境光计算和 I^{2}C 总线接口，包括两个寄存器。
- 数据寄存器：用于环境光数据的存储，初值为 0000000000000000B。
- 测量时间寄存器：用于测量时间的存储，初值为 01000101B。

OSC：内部振荡器（典型值 320 kHz），它是内部逻辑的时钟。

ADDR：引脚说明：

ADDR 引脚为高电平（ADDR≥0.7VCC）地址为"1011100"；

ADDR 引脚为低电平（ADDR≤0.3VCC）地址为"0100011"。

- DVI 为参考电压。当供电后，DVI 引脚至少延时 1 μs 后变为高电平。若 DVI 持续低电平，则芯片不工作。

BH1750FVI 测量分为 3 种模式，如表 8-3 所示。

表 8-3 测量模式表

测量模式	测量时间	分辨率
H-分辨率模式 2	120 ms	0.5 lx
H-分辨率模式 1	120 ms	1 lx
L-分辨率模式	16 ms	4 lx

H-分辨率模式下足够长的测量时间（积分时间）能够抑制一些噪声。同时，H-分辨率模式 1 的分辨率在 1lx 下，适用于黑暗场合下的检测。H-分辨率模式 2 同样适用于黑暗场合下的检测。

以 H-分辨率模式 2 为例，当数据为高字节"10000011"和低字节"10010000"时计算得到的结果为：

$$(2^{15}+2^9+2^8+2^7+2^4)/1.2=28067(\text{lx})$$

具体的控制指令可以参考 BH1750 的参考手册。本次测量实验通过 IIC 总线操作，来读取 BH1750 光强度传感器所测量到的环境的一个光强度值，将测量到的值通过核心板的串口通信，发送到电脑的 PC 端，通过串口通信软件来显示当前环境光强值。

（三）实验步骤

1）硬件资源连接

请参照"各组成部分连接"小节。

2）软件设计

打开例程工程里面的 USER 文件夹，双击 TEST. uvproj 工程，具体程序参考相关的例程工程代码。

3）程序下载

程序下载设置请参考 MDK 说明文档的第 3 小节程序下载配置部分，最后打开小车核心板电源（请确保 BOOT0 设置开关拨到"L"侧），点击下载按钮，进行程序下载。

4）观察实验结果

使用 USB 转 TTL 工具连接 UART1 接口，UART1 接口的 1 脚为 VCC，2 脚为 RXT，3 脚为 TXD，4 脚为 GND。打开串口调试软件，选择串口号，波特率为 115200 bps。打开串口，串口显示当前测得的光强度。

(四)参考实验代码

实验源代码请参考"主控板测试程序\光强度实验"。

8.3.7 超声波测量实验

(一)实验目的

(1)加强 Wi-Fi 通信的学习。

(2)学习超声波测距的方法。

(二)实验原理

通过超声波发射装置发出超声波，根据接收器接收到超声波时的时间差就可以知道距离了。超声波发射器向某一方向发射超声波，在发射时刻的同时开始计时，超声波在空气中传播，途中碰到障碍物就立即返回来，超声波接收器收到反射波就立即停止计时。超声波在空气中的传播速度为 v，而根据计时器记录测出发射和接收超声波的时间差 Δt，就可以计算出发射点距障碍物的距离 L。

$$L = v \cdot \Delta t / 2$$

这就是所谓的时间差测距法。

由于超声波也是一种声波，其声速 v 与温度有关，表 8-4 列出了几种不同温度下的声速。在使用时，如果温度变化不大，则可以认为声速是基本不变的。常温下超声波的传播速度是334 m/s，但其传播速度 v 易受到空气中温度、湿度、压强等因素的影响，其中受温度的影响较大，如果温度每升高 1℃，声速增加约 0.6 m/s。如果测距精度要求很高，则应通过温度补偿的方法加以校正。已知现场环境温度 T 时，超声波传播速度 v 的计算公式为：

$$v = 331.45 + 0.607 * T$$

声速确定后，要测得超声波往返的时间，即可求得距离。这就是超声波测距的原理。

表 8-4　声速与温度关系表

温度/℃	−30	−20	−10	0	10	20	30	100
声速/(m/s)	313	319	325	332	338	344	349	386

(三)实验步骤

1)硬件资源连接

请参照"各组成部分连接"小节。

2)软件设计

打开例程工程里面的 USER 文件夹，双击 TEST. uvproj 工程，具体程序参考例程工程代码。

3)程序下载

程序下载设置请参考 MDK 说明文档的第 3 小节程序下载配置部分，最后打开小车核心板电源(请确保 BOOT0 设置开关拨到"L"侧), 点击下载按钮, 进行程序下载。

4) 观察实验结果

使用 USB 转 TTL 工具连接 UART1 接口, UART1 接口的 1 脚为 VCC, 2 脚为 RXT, 3 脚为 TXD, 4 脚为 GND。打开串口调试软件, 选择串口号, 波特率设置为 115200 bps。打开串口, 串口打印超声波测量的距离, 如图 8-55 所示。

图 8-55 超声波测距结果图

(四) 参考实验代码

实验源代码请参考"主控板测试程序\超声波实验"。

8.3.8 RFID 读卡器实验

(一) 实验目的

(1) 掌握 RFID 使用原理。

(2) 掌握 MFRC522 驱动原理。

(二) 实验原理

1) MFRC522 概述

MFRC522 是高度集成的非接触式(13.56 MHz)读写卡芯片。此发送模块利用调制和解调的原理, 并将它们完全集成到各种非接触式通信方法和协议中, 即集成了模拟前端和数据成帧系统, 成帧系统支持 ISO 14443 和 ISO15693 协议。内置的可编程特性使器件非常适合各种接近式 RFID 系统的应用。

MFRC522 的内部发送器部分可驱动读写器天线与应答机的通信, 无需其他的电路。接收器部分提供一个功能强大和高效的解调和译码电路, 用来处理兼容 ISO 14443A 卡和应答机的信号。数字电路部分处理完整的 ISO 14443A 帧和错误检测。可支持 SPI、UART 和 I2C 功能接口。本实验用的是串行 UART 模式。

2) 简化 MFRC522 框图

简化 MFRC522 框图如图 8-56 所示。非接触式 UART 用来处理与主机通信时的协议要

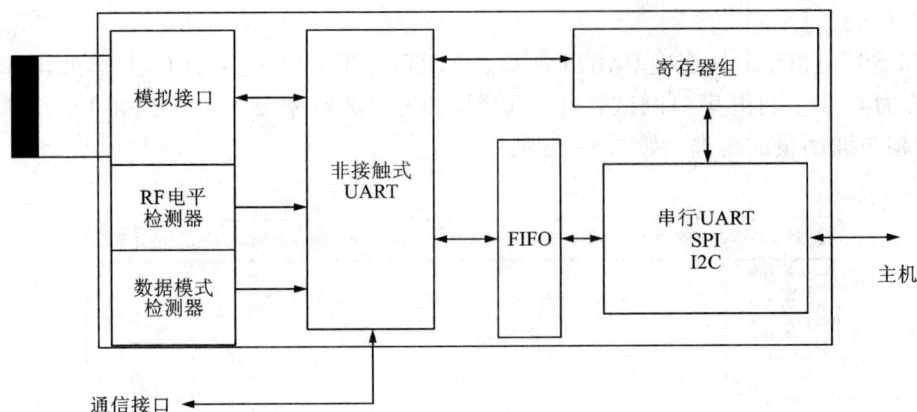

图 8-56　MFRC522 简化框图

求。FIFO 缓冲区快速而方便地实现了主机和非接触式 UART 之间的数据传输。

3) 读卡器软件流程图

为了方便试验和体验我们把读卡器分为三种模式: 只读、只写、读写, 如图 8-57 所示。

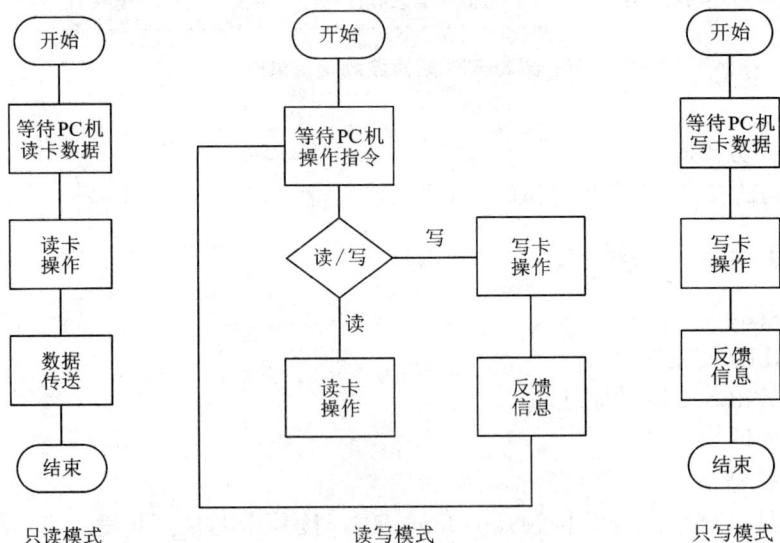

图 8-57　读卡器的三种模式

4) IC 卡主要指标

- 容量为 8K 位(bits) = 1K 字节(bytes) EEPROM。
- 分为 16 个扇区, 每个扇区为 4 块, 每块 16 个字节, 以块为存取单位。
- 每个扇区有独立的一组密码及访问控制。
- 每张卡有唯一序列号, 为 32 位。
- 具有防冲突机制, 支持多卡操作。

- 无电源，自带天线，内含加密控制逻辑和通信逻辑电路。
- 数据保存期为 10 年，可改写 10 万次，读无限次。
- 工作温度：−20℃~50℃(湿度为 90%)。
- 工作频率：13.56 MHz。
- 读写距离：10 cm 以内(与读写器有关)。

5)IC 卡存储结构

IC 卡分为 16 个扇区，每个扇区由 4 块(块 0、块 1、块 2、块 3)组成。我们也将 16 个扇区的 64 个块按绝对地址编号为 0~63，存储结构如图 8-58 所示。

表

扇区 0	块 0		数据块	0
	块 1		数据块	1
	块 2		数据块	2
	块 3	密码 A 存取控制密码 B	控制块	3
扇区 1	块 0		数据块	4
	块 1		数据块	5
	块 2		数据块	6
	块 3	密码 A 存取控制密码 B	控制块	7
⋮	⋮	⋮		⋮
扇区 15	0		数据块	60
	1		数据块	61
	2		数据块	62
	3	密码 A 存取控制密码 B	控制块	63

每个扇区的块 0、块 1、块 2 为数据块，可用于存贮数据。

第 0 扇区的块 0(即绝对地址 0 块)，它用于存放厂商等代码，已经固化，不可更改。数据块可作两种应用：

用作一般的数据保存，可以进行读、写操作。

用作数据值，可以进行初始化值、加值、减值、读值操作。

每个扇区的块 3 为控制块，包括了密码 A、存取控制、密码 B。具体结构如下：

A0 A1 A2 A3 A4 A5	FF 07 80 69	B0 B1 B2 B3 B4 B5

密码 A(6 字节)   存取控制(4 字节)   密码 B(6 字节)

建议不要对第 0 扇区的块 0 和每个扇区的块 3 进行随意操作。

	块0		数据块	0
扇区0	块1		数据块	1
	块2		数据块	2
	块3	密码A、存取控制、密码B	数据块	3
	块0		数据块	4
扇区1	块1		数据块	5
	块2		数据块	6
	块3	密码A、存取控制、密码B	数据块	7
⋮	⋮		⋮	⋮
	块0		数据块	60
扇区15	块1		数据块	61
	块2		数据块	62
	块3	密码A、存取控制、密码B	数据块	63

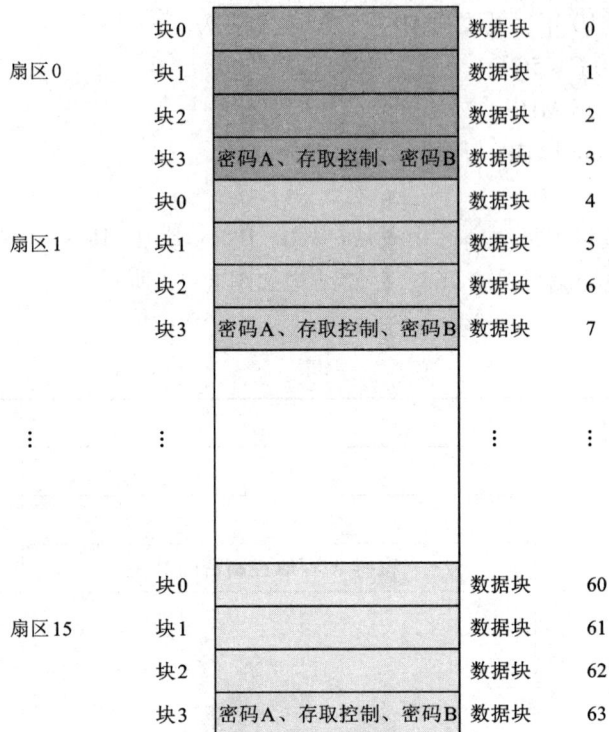

图 8-58　存储结构图

6) IC 卡工作原理

卡片的电气部分只由一个天线和 ASIC 组成。

天线：卡片的天线是只有几组绕线的线圈，很适合封装到 ISO 卡片中。

ASIC：卡片的 ASIC 由一个高速(106 kbps 波特率)的 RF 接口、一个控制单元和一个 8K 位 EEPROM 组成。

工作原理：读写器向卡片发一组固定频率的电磁波，卡片内有一个 LC 串联谐振电路，其频率与读写器发射的频率相同，在电磁波的激励下，LC 谐振电路产生共振，从而使电容内有了电荷。在这个电容的另一端，接有一个单向导通的电子泵，将电容内的电荷送到另一个电容内储存，当所积累的电荷达到 2V 时，此电容可作为电源为其他电路提供工作电压，将卡内数据发射出去或接取读写器的数据。

(三) 实验步骤

1) 硬件资源连接

安装高频 RFID 读卡器。

2) 软件设计

打开例程工程里面的 USER 文件夹，双击 TEST. uvproj 工程。具体可参考例程工程。

3) 程序下载

程序下载设置请参考 MDK 说明文档的第 3 小节程序下载配置部分，最后打开小车核心板电源(请确保 BOOT0 设置开关拨到"L"侧)，点击下载按钮，进行程序下载。

4）观察实验结果

听到蜂鸣器第一声"滴"后开始进行寻卡，如果正在读卡或者写卡，LED1 和 LED2 亮，写卡成功后蜂鸣器响一声，LED3 亮，读卡成功后，蜂鸣器响一声，LED4 亮。每一次成功读卡或者写卡后都需要进行复位，才可以对下一个卡进行操作。

（四）参考实验代码

实验源代码请参考"主控板程序\RFID 读卡实验"。

8.3.9　智能语音控制实验

（一）实验目的

（1）学习 SYN7318 语音交互模块的原理。

（2）学习用上位机控制 SYN7318 语音交互模块。

（3）掌握语音交互模块的通信帧定义。

（4）掌握通过语音命令控制小车。

（二）实验原理

1）概述

SYN7318 智能语言交互模块集成了语音识别、语音合成和语音唤醒功能，如图 8-59 所示。其中语言识别方面，支持 10000 条词条的语音识别，可实现语义理解，并支持识别词条的分类反馈能力。如对于"请开灯 1""开灯 1""打开灯 1"均可以反馈为用户指定的命令 ID=1。支持多种有趣的唤醒名字，并且为了适应用户的个性化需求支持自定义唤醒名功能。

2）实验原理

SYN7318 模块支持 UART 通信方式，允许上位机发送数据的最大长度为 4KB。通信标准：UART。

- 波特率：最高为 115200 bps
- 起始位：1bit
- 数据位：8bit
- 停止位：1bit
- 校验位：无

SYN7318 模块的 UART 通信接口支持 4 种通信波特率：4800bps、9600bps、57600bps、115200bps。硬件配置方法：通过配置 BAUD0（11 脚）和 BAUD1（12 脚）上的电平改变波特率。（00—4800bps、01—9600bps、00—57600bps、11—115200bps）。我们的任务板采用 115200bps。

在语音合成系统中，主控制器和 SYN7318 模块之间通过 UART 接口连接。主控制器可通过 UART 接口向智能语音交互模块 SYN7318 发送控制命令和文本，SYN7318 模块在接收到文本后将其合成语音信号输出，输出的信号经功率放大器进行放大后连接喇叭进行播放。

在使用语音识别或者语音唤醒功能时，上位机发送启动语音识别或语音唤醒功能的命令给语音模块，语音模块把从麦克风采集到的语音数据，通过内部的识别模块进行识别，再把识别结果通过通信接口回传给控制器。

（三）实验步骤

（1）连接上位机串口，进行用户自定义词条的烧录（包括自定义唤醒名、自定义控制命

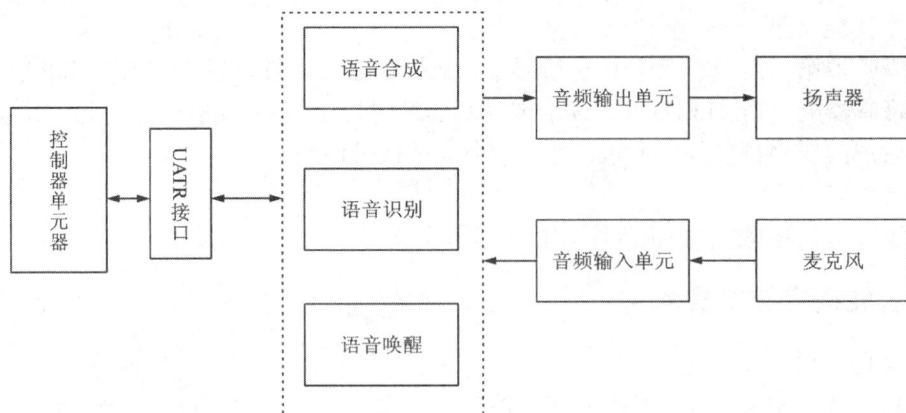

图 8-59　智能语音交互系统框图

令)。具体方法请参照《智能语音交互模式使用说明书》。注意烧录词条的时候需要将任务板取下来,并拔掉后面的 16P 排线,以免烧坏主控板。

(2)程序下载。程序下载设置请参考 MDK 说明文档的第 3 小节程序下载配置部分,最后打开小车核心板电源(请确保 BOOT0 设置开关拨到"L"侧),点击下载按钮,进行程序下载。

(3)实验结果。按下 S1 按键,小车进入智能语音控制模式,等待 5 s 左右,语音交互模块发出提示音,用户请根据提示音发出唤醒词。

人工下达语音唤醒名(默认为"语音驾驶")。语音启动驾驶后,任务板上的录音灯再次亮,下达语音驾驶小车的控制命令(即用户烧录的自定义词条(默认为 03 词典——用户 1))。

03 词典——用户 1 的部分词条如下:前进、后退、左转、右转、停止、循迹、开报警器、开道闸、关道闸、数码管显示、开始计时、关闭计时、显示距离、开左灯、开右灯、关闭提示灯、开启蜂鸣器、关闭蜂鸣器、显示车牌、打开隧道、图片翻页、调光挡位、语音播报、原地掉头、再见。

如果长时间检测不到控制语音,小车则进入休眠模式。

(四)参考实验代码

实验源代码请参考"主控板测试程序\语音智能控制实验"。

8.3.10　综合实验

(一)实验目的

(1)学习单片机 IO 口模拟 I2C 原理。

(2)学习 Wi-Fi 通信工作原理。

(3)学习超声波测距工作原理。

(4)学习电机驱动 PCA 控制 PWM 的工作原理。

(5)掌握通过安卓 APK 控制小车。

(二)实验原理

手机通过 UART—Wi-Fi 与小车连接,通过手机 APK 软件向小车发送控制指令,小车接收到手机发送的指令后,分别做出相应的动作。软件中的方向键分别表示小车的运动方向。长按前进键,当按键变红之后松开,小车即进入循迹状态,将沿着循迹线到达十字路口;还可通过 Zigbee 与红外通信控制若干标志物。

（三）实验步骤

1）硬件资源连接

请参照"各组成部分连接"小节。

2）软件设计

打开例程工程里面的 USER 文件夹，双击 TEST. uvproj 工程。

3）程序下载

程序下载设置请参考 MDK 说明文档的第 3 小节程序下载配置部分，最后打开小车核心板电源（请确保 BOOT0 设置开关拨到"L"侧），点击下载按钮，进行程序下载。

4）观察实验结果

在手机上，安装 APK"2017Car_Synthetical_Demo"，完成安装后打开软件，如图 8-60 所示。

图 8-60　上位机控制界面

用控制小车的安卓手机连接小车的 Wi-Fi。Wi-Fi 模块出厂时已经设置，可以查看模块的标签，Wi-Fi 名称从 BKRC-CAR1 起。连接好后，打开软件，可以看到被控制小车的控制界面。点击不同的按键，小车则执行相应的操作。同时，手机软件上面也将显示从小车上测得的超声波、光强度等数据。

（四）参考实验代码

实验源代码请参考"主控板测试程序\综合实验"。

参考文献

[1] 陶砂，吴建军.嵌入式系统实现(Cortex-M3 基础与提高)[M].北京：高等教育出版社，2018.

[2] 屈微，王志良.STM32 单片机应用基础与项目实践[M].北京：清华大学出版社，2019.

[3] 沈红卫，任沙浦，朱敏杰，等.STM32 单片机应用与全案例实践 [M].北京：电子工业出版社，2017.

[4] 意法半导体.STM32 中文参考手册.第十版.2010.

[5] 刘猛，谭立新，刘海妹.小型嵌入式产品开发 [M].合肥：合肥工业大学出版社，2018.

[6] 王巍，欧泽强.基于阶次分析的在线状态监测装置的研制 [J].仪表技术，2020(02)：14-15，33.

[7] 李红，钟铮.嵌入式 C 语言程序设计教程 [M].北京：机械工业出版社，2013.

[8] 拉伯罗斯.嵌入式实时操作系统 μOS-Ⅲ[M].北京：北京航空航天大学出版社，2012.

[9] 拉伯罗斯.嵌入式实时操作系统 μC/OS-Ⅲ应用开发——基于 STM32 微控制器 [M].北京：北京航空航天大学出版社，2012.

[10] 王浩，谭振文，王治彪，毕树生.基于 STM32 的分体式超声测距与目标定位系统 [J].仪表技术与传感器，2017(02)：58-61.